U0109859

商業策略管理

Business Strategy Management

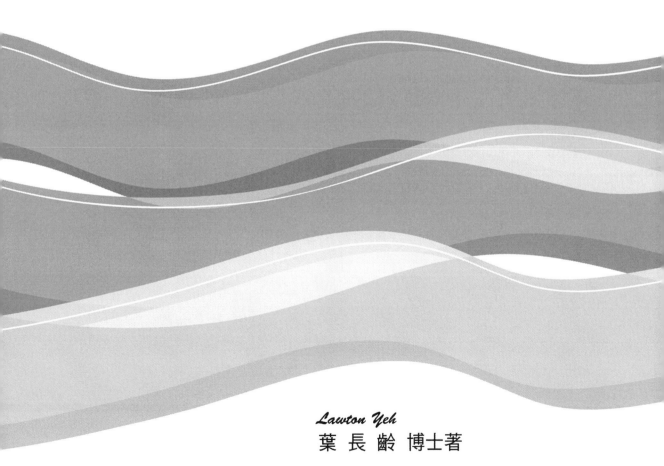

Lawton Yeh

葉 長 齡 博士著

作者序

　　商業策略管理就如同人體維運一般，是多維度系統性運作組合方式，因此管理首要在於取得各系統與維度間運作衡平。我們若把企業發展比擬為人的成長過程，《黃帝內經》中有一段關於人成長過程之描述，非常有意思：「……女子七歲。腎氣盛，齒更發長；二七而天癸至，任脈通，太沖脈盛，月事以時下，故有子；三七，腎氣平均，故真牙生而長極；四七，筋骨堅，髮長極，身體盛壯；五七，陽明脈衰，面始焦，髮始墮；六七，三陽脈衰於上，面皆焦，髮始白；七七，任脈虛，太沖脈衰少，天癸竭，地道不通，故形壞而無子也。

　　丈夫八歲，腎氣實，髮長齒更；二八，腎氣盛，天癸至，精氣溢寫，陰陽和，故能有子；三八，腎氣平均，筋骨勁強，故真牙生而長極；四八，筋骨隆盛，肌肉滿壯；五八，腎氣衰，髮墮齒槁；六八，陽氣衰竭於上，面焦，髮鬢頒白；七八，肝氣衰，筋不能動，天癸竭，精少，腎藏衰，形體皆極；八八，則齒髮去。腎者主水，受五藏六府之精而藏之，故五藏盛，乃能寫。……」，此千年前對於人身成長現象的記載，讀者可以試著品味聯想之於企業發展的相關性。

　　愛因斯坦曾言，想像力比知識還重要。同樣的，商業策略管理的思維，亦可藉由想像力的翅膀，來遨翔各種企業管理運作系統與維度，其所聯結空間景象，將不再僅僅是金錢堆砌，而是更多元的時尚風格、更多不可能的激盪。讀者可參考易經系辭所描述的四個對照空間景象：形而上者謂之道，形而下者謂之器，化而裁之謂之變，推而行之謂之通。對於本書出版，衷心期盼對於即將畢業學生及社會人士之讀者，能有助於其職場發展；對於事業經營管理者，能有助於經營績效提升；對於公務人員，能有助於經濟政策之開展。

葉長齡 *Lawton Yeh*
2008.12.08 序於新加坡

推薦序

　　長齡長於法律與企業管理，再加多年專研中醫、歷史及古文之學習造詣，成就此書可謂係將商業策略管理理論與實務、現代與古代商業營運管理作出統合之研究，對於讀者必能有助於職場發展；經營績效提升及經濟政策之開展。囑余為序引薦，特不揣敝陋；將本書閱讀心得與本身對商業策略管理淺見與讀者分享。

　　本書在啟始的導引篇；既「提綱挈領」的發揮其深入之商業策略管理研究概念，將策略之緣起以「商業利益」為主軸，帶領我們走出對策略之浮光掠影，以為 Strategy就是五力分析，SWOT 就是策略之具體呈現。其實策略之具體架構應該是以達成商業利益方法的管理為目標導向，經由嚴謹之內外部分析，輔以完善之科技、資訊、組織、管理工具及科技架構而成。

　　自 2007 年以降，由於次級房貸（Subprime Mortgage Crisis）影響，全球經濟情勢成長趨緩，經濟景氣衰退產業營運不佳等大環境的影響下，全球企業紛紛放慢對營運之商業策略「創新思維」之腳步，也相對影響企業對商業營運策略互動關係之疑慮，企業經由對產業進行分析，擬定商業營運策略建立營運模式（Business Model）之方式，並無法預警及規避此次的金融海嘯、經濟危機。

　　由於金融風暴重創經濟，全球景氣進入衰退期，導致大家不敢消費，出現通縮現象，即使各國政府積極降息、寬鬆貨幣供給，使基準利率近於零，但商業借貸利率仍然偏高，企業籌資依舊困難，主要是信心問題。因此，研究中國古代歷史上對商業策略管理的變革、思維，不失為鑑往知來之參考途徑。

　　長齡嘗試以易經與中國歷史之多面向實務案例，引發讀者對商業策略管理的聯想發展思維；其以策略之技術、運用、規劃、行動、成本、資金、市場、哲理、執行等，深思熟慮及完整商業策略管理之探討，衷心期盼能對於社會各階層之讀者，能產生有助於安渡金融風暴的商業策略創新發展新思維。

廣達電腦公司

副總經理　方天戢

2009.02.06 序

推薦序

風險管理經常是政治人物面臨特殊情勢時的口頭禪，風險管理也經常是企業界琅琅上口的教化語，大家對風險管理似乎很有認同感。

然而，企業界對於風險管理仍止於口號，無法落實。很普遍的現象是，一般企業在召開經營會議或策略會議時，通常是著重於業績檢討，或提出有利提升成長率或市佔率的積極性策略，鮮少針對風險管理問題提出具體方案或行動，以致於在推動策略時會突然遭遇困境，嚴重者甚至危及企業生命。

風險管理是確保企業任何活動或投資安定與安全的不二法門。但在許多企業的印象裡，風險管理這門學問似乎有其一定的深度，風險管理的實務操作也似乎有一定的複雜性，甚至認為組織內應該具備統計、財務、工程、保險、工安、環保等專業職能與技術的人才，才有能力實施風險管理。其實風險管理在企業各領域都只不過是需要具備高敏感度的管理常識，且風險管理如今已成為現代企業管理的顯學。

本書作者長齡將商業策略管理很有系統的介紹，不僅以現代學理做論述，還援引了中國老祖宗和先賢的智慧做闡釋，同時也潛移默化地將風險管理精神融入各單元當中，誠屬難得。

長榮國際公司

副總經理　邱展發

2009.02.06 序

推薦序

繼「企業風險管理」的大作後，Lawton 更精進的推出了商業策略管理新論，十分令人期待。企業風險的管理在國內被討論重視，也不過近些年來的風潮，過往企業重在利潤最大化的追求，有關營業策略、營運管理，莫不以最高獲利為導向，引進風險控管概念後，利潤目標並未受到挑戰，反而更精準、清晰且技術性的降低了企業目標的負項因素，對企業整體而言，更增長了利潤目標的達成率。

我們在從事法律服務工作時，客戶進行購併、交易時要求提供的資料查核或法律意見分析，都是這樣概念的體現。如果不事前做好風險控管，接下來還是可能要找律師就已發生的糾紛進行處理，而面對另一個訴訟風險，這也是企業風險的一環。

Lawton 以其在企業界多年的經驗，從理論及實務面介紹風險管理概念及控管實務分析後，更擴大層面就整體商業策略的管理提出精闢見解。商業策略或商業管理在一般企管課程中都是必修的學問，但從風險控管的多維角度著眼，加上對企業文化及永續經營面向的切入，以深入淺出的科學模組、案例及說明，傳遞了兼具論理及實用的企業策略管理方向，從商業策略的界定、規劃，到實際的策略運用、成本資金及市場等分析，都讓讀者受惠良多。尤其有意思的是，本書將中國古經典的智慧置入商業策略管理中，從易經、兵法及內經等哲理，轉化為實際的企業策略及管理，擴展了企業管理的格局，讓其不僅是硬梆梆的企管理論典籍，更多了文化哲學面向的思考；又因為套入實用面向，不致流於空泛而不切實際，確實是經營管理者所應審思的方向。

Lawton 在國內大企業服務多年，嫻熟國內企業風險管理及企業策略運作模式，尤其在中國市場的經驗及理論磨練，使其視野及格局都站在一定的制高點，就台灣企業而言是很需要的。身為一位專業服務者及好友，我很高興看到他把相關理論及實務經驗集結成書，尤其是他平常告訴我的古籍智慧之言，也有機會以策略管理面貌傳諸文譜，在全球面臨經濟風暴的此時，讓我們及企業界可以明心以對，思考一個有永續價值的商業策略管理或人生策略管理方向。

李孟融　律師

2008.12.31

推薦序

　　商業策略管理是企業管理各個領域中的核心，其強調的是如何經由一套審慎的管理程序來制定適當的策略，以達成企業一個長期性的願景及目標。商業策略管理亦是一門極為實務的科學，在業界已被廣泛使用併發展出各種學說。本人十幾年前任職於一家英商保險經紀人公司，每年編制的「五年營業計畫」，均需結合各部門主管，耗時三、四個月的時間作資料搜集，以及探討當時整個產業環境中本身的機會（opportunity）與威脅（threat），並對本身與同業競爭者的優劣比較（Strength v. Weakness），配以 DPM 之分析，而來決定未來五年的市場定位及方向。其中因而形成之行動方案，對公司同仁皆有所幫助。時至今日以該策略管理的程序，運用於自營之公司，仍覺受益無窮。此亦驗證商業策略管理運用的良窳，對於公司營運的成長，競爭優勢的提高均有深切的關係。

　　長齡兄的好學不倦、博學審問之精神，令人佩服。其於工作百忙之餘，尚求企業管理知識之精進，結合其實務的經驗，成就此論著。此研究要義乃延展其先前著作《企業風險管理》乙書，進而對於商業經營之策略管理作更深一層及廣泛的探討並分享業界。出書之時正值百年難遇的金融海嘯，百業蕭條之際，商業策略管理的妥善運用，更是企業戰勝此一困境的必要選擇。賀喜　長齡兄，再次新著問世。本人身為　長齡兄多年好友，亦同感喜悅。

信誼菁英保險經紀人（股）公司

董事長　王以文

推薦序

　　商業策略管理是一門抽象且深奧的學問，尤其在具體實踐中更是因地、因人、因主客觀環境之不同而有外人難以一窺其堂奧之細緻操作，然吾人若能從五千多年來所承襲的固有文化中重新體驗，亦能領略出獨特的思想脈絡，並予以實踐。本書以中國古文化之老子思想為切入點，巧妙地結合傳統道家的思想精髓與現代企業發展的脈絡，新穎而不落俗套，於如今景氣低迷、金融及產業風險毫無預警驟至之嚴酷考驗中，本書觀點儼然為當代企業提供一條清晰且具體之思考方向。

　　古人謂，以銅為鑒，可以正衣冠；以人為鑒，可以明得失。而歷史則如同一面鏡子，可使後人知興替。本書帶領讀者一窺企業經營的面貌，以中肯且實際的建議，使企業經營者得以藉此就其事業開展出創新之風貌，對非企業經營者而言，亦得一同領略經營之意涵並進而體現於生活之中，此可謂千年傳統、全新體驗之最佳典範。

　　長齡兄與我乃多年至交，對其深厚學養素感佩服，今有幸能為其新作為序，實為對其將豐富之內涵回饋社會之見證。

梁懷信律師　謹誌

2008.12.10

推薦序

We are pushed to grow. Without financial, personal, family or environmental pressure, we will live in a content or even withdrawn mode. Corporate organizations are also the same, without internal and/or external stimulation, it will remains stagnate.

More and more people are getting more health conscious, annual health check seems to be a norm nowadays. Even our car gets regular maintenance and repairs, shouldn't the organization need it as well? Constant review, check up and repair on organization health status is a must. There are many tools, methods and theories in the market, use it wisely, avoid overdose.

Globalization is not only a trend, it will continue on its path and getting closer and closer. Open water opens up all possible opportunities but at the same time we are also easily exposed with hidden risks, such as global financial crisis that we are facing now. Lawton's book highlights the importance of identifying risk and risk diverse. For an organization to be able to grow stronger at a firm and steady steps, being able to identify risk and take appropriate actions is critical. It is difficult to find that fine balance between organization and stakeholder' benefit vs. long-term company development and value. Minor difference may determine an organization's sustainability and whether it can stretch its life cycle to keep at its peak as long as possible.

Enjoy reading! If you picked up one major learning or point out of this book that is close to you, then this book is already worth its value.

Jo Kao
2008.12.07

推薦序

　　好的作品中總有某種神奇吸引力，吸引著人們一遍遍重讀，從中不斷汲取教益，獲得價值不菲的啟迪，體驗一種難得的美的感受。Lowton 兄的《商業策略管理》，便是這樣一部著作。個人有幸和 Lowton 兄從相識到知己四年當中，每次聚會都有機會聽到 Lowton 兄對管理寶貴的經驗和專業個案分析，深入淺出的對談當中，都讓彰顯收穫不少，尤其是在管理及決策方面，更是讓彰顯在管理公司方面有重大的幫助，實際上使公司的運轉更加順暢。

　　現在大家有相同的機會了，透過這本書可以一覽 Lowton 兄十餘年的策略管理知識，及長期的實戰經驗。Lowton 兄的這本《商業策略管理》，為我們提供了許多問題的解答，也給了有志從事管理工作的人員許多啟示，更是一本管理者可以一讀再讀的好書。讀者閱讀此書後，管理學與市場趨勢相關的專業知識也將會突飛猛進。相信讀者在讀完此書後，將會和我一樣有「我就是喜歡它！」、「有此書真好！」的感覺。

基聯商銀投資顧問有限公司

執行董事　王彰顯博士

2008/12/8 於北京朝陽

推薦序

　　大概在五年多前，因臺灣一家上市公司與內地企業發生的法律糾紛，該公司委派其風管部經理同我商談相關事宜的處理方式。在工作中發現這位經理思路清晰，認真仔細，熟諳兩岸法律及操作模式。後這位經理又改任其他公司風控部負責人，並抽空在北京大學深造博士學位。對兩岸企業運作模式，社會司法制度及執法環境又有了更精深的研究。本書即作者葉長齡先生精心研究並結合自身工作實踐之集成。感謝他以此書奉獻給社會業界同仁學習參考。

上海宏侖宇君律師事務所

合夥人　張俊律師

2008.12.13

前言

　　企業置身全球化廣泛和複雜的利益、風險糾結市場，在資金、人才、技術、時間與事實性風險（Risk-What）、原理性風險（Risk-Why）、技能性風險（Risk-How）和人力性風險（Risk-Who）等多維度商業風險（圖[1]）交織的經營環境中，一方面要面對營運績效的挑戰，另一方面要妥適配置各方利益關係人（stakeholder）的權益。因此，企業在經營過程中，除了著眼營收與利潤成長外，如何取得利益關係人對企業的認同並凝聚其向心力，是企業永續經營與發展的重要關鍵。

　　商業策略管理（Business Strategy Management）在面對這些關鍵議題上，例如，可朝著讓企業遵循商業法規，又能讓利益關係人認同權益配置的獲利方向發展，亦即在『商業策略融入企業文化與風險衡平同時，形成商業模式（Business Model）創新與擴散的驅動力』。至於商業策略融入的維度面向，則可分為集團策略（Group Strategy）維度、事業策略（Unit Strategy）維度或功能策略（Function Strategy）維度等。

　　當商業策略融入企業文化（圖[2]）與風險衡平思維時，過程中要注意的是，相關中、高階主管的價值觀對商業策略管理的影響性，常遠高於他們的言語。對此《老子》強調，聖人處無為之事，行不言之教。萬物作焉而不辭，生而不有，為而不恃，成功

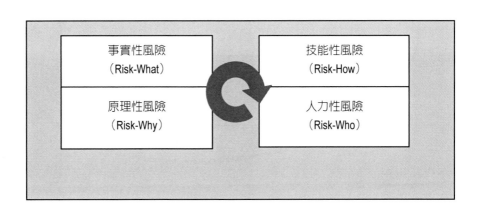

圖[1]　商業風險

而不居。所以，當中、高階主管的價值觀和企業文化出現明顯落差時，融入行動基礎就會受到影響。因此，融入行動公式若為：f（X1 核心價值，X2 願景，X3 使命，X4策略，X5 目標）時，其相應量值可呈現的商業策略管理型態質化的聯結，就非常重要。例如：技術型－製造產品，客戶購買；行銷型－了解客戶，開發產品；菁英型－培養人才，發揮專業；階級型－制度管理，定期改善。

　　再者，商業策略管理的策略因子群：導引因子、關鍵因子、技術因子、界定因子、運用因子、規劃因子、工程因子、行動因子等相互間影響關係，本書作者創新提出為「引衍關係」，並組合風險衡平思維為風險迴避（Risk Avoidance）、風險擴大（Risk Expansion）、風險互補（Risk Complementary）、風險自留（Risk Reserve）、風險交換（Risk Exchange）、風險移轉（Risk Movement）、風險控制（Risk Control）、風險對沖（Risk Opposite）等八個構面，並可從上述策略因子群間的引衍關係互動性，再將之分類為策略引因因子、策略衍因因子與策略聯因因子三個群組，其與企業文化發展及體質成長過程有著密切的關聯性。

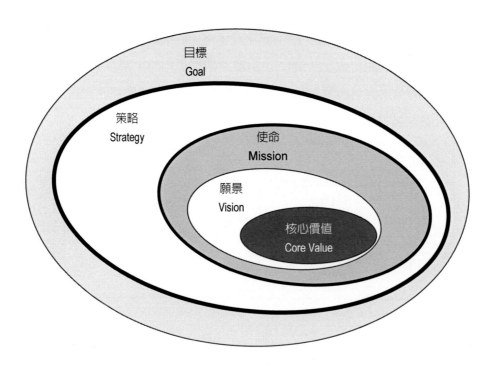

圖[2]　企業文化

目　錄

第一章　商業策略導引

　　商業策略的成功與效率是加速全球化經濟的最大因素之一。然而，它怎樣對非營利組織和營利組織的決策產生影響？他是一種綜合性的價值聚焦過程，包括有關策略、銷售、財務以及組織和資訊科技等議題。

　　The success and efficiency of business strategy is one of the greatest factors that has accelerated the globalization of the world's economy. However, how does it affect decision making for non-profit and profit organizations? It is an integrative value-focused process, including issues of strategy, finance, sales, organizations and IT….

第一節　導引關鍵

　　「商業策略管理」是達成商業利益方法的管理；是「商業策略融入企業文化與風險衡平同時，形成商業模式（Business Model）創新與擴散的驅動力」的管理；是「企業文化與風險衡平，持續成為商業模式動力」的管理。故不論在企業之集團策略（Group Strategy）維度、事業策略（Unit Strategy）維度或功能策略（Function Strategy）維度的商業策略導引關鍵上，對於企業本身或利益關係人的利益實現或權益配置，須掌握其間互動的比例，亦即正向、負向商業利益組成的衡平利益（圖[1.1]）之實現，是否有回避贏者詛咒（Winner's Curse）現象產生。

　　在任何形式的商業利益中，企業的利益實現代價若高於利益關係人權益分配，很可能是企業對利益的價值評價過高，支付了超過其價值的價格。因此，商業策略導引關鍵，並不是相抵概念的思維邏輯。事實上，就衡平利益的實踐而言，在與利益關係人間具體之引衍關聯的要件定義中，引衍關係通常僅是事實決策，而事實決策則常直接決定了利益間之引衍關聯價值。

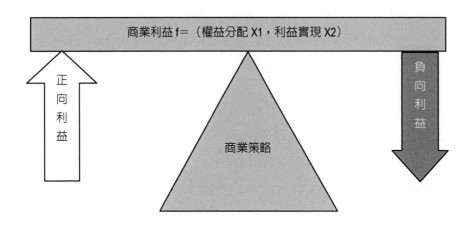

圖[1.1]　衡平利益

　　當然，企業利益實現牽涉的是策略因子的調整，且由於與利益關係人間的權益配置（例如：稅前淨利 EBT、企業所得稅 Tax、稅後淨利 Net profit 等）要件檢驗中，對於是否存在著引衍關係，從利益實現的可能性出發，可給予分配要件一個清楚勾稽的決策標準。並就引衍關係的存在上，考慮分配適當性及規範性，期使商業利益在商業策略中能呈現較為具體的滋味。

第二節　界定運用

　　由於企業進行的商業策略所呈現出的多元化風貌，其界定運用的影響範圍，實際涉及到的已非單純商業的議題，企業往往除需要對商業利益議題進行感受外，還須經驗相關國家性或非營利組織之議題，期使企業的商業策略形成具有穩定性。也因此，當企業在面對策略形成相關界定運用商業利益行動議題時，究竟能如何借助兼顧商業與非商業利益的組合，以相應出具合法性與正當性的商業策略，首先需探討的是，如何與利益關係人價值觀的變化產生關聯性。商業策略的利益形成，必須能融合這種變化關聯性。尤其當投資企業處於利益關係人轉型時期，利益呈現複雜多元化時，調整利益衝突界定的結構化、半結構化、非結構化態勢，以豐富多元化運用方式。（圖[1.2]）

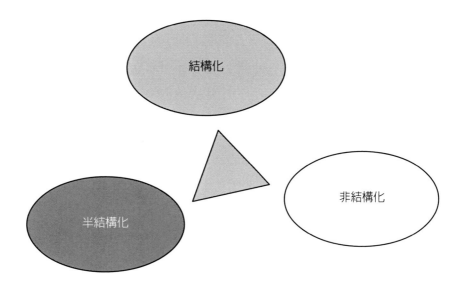

圖[1.2]　運用結構

第三節　規劃工程

　　商業策略如何有一個合適的規劃工程，使商業策略的實現利益在法律上有得以適用規定的同時，當有不符合利益關係人權益配置時，又有彈性為特殊情況而予以調整的機制，是企業在策略形成上必要具備的功能。即企業除了要有合法的策略行動外，尚需參考利益關係人普遍性權益配置的規則與現況，以適時進行形成策略行動的調整。畢竟，利益關係人權益配置與企業實現利益的商業利益風險，若未能藉由風險迴避（Risk Avoidance）、風險擴大（Risk Expansion）、風險互補（Risk Complementary）、風險自留（Risk Reserve）、風險交換（Risk Exchange）、風險移轉（Risk Movement）、風險控制（Risk Control）、風險對沖（Risk Opposite）等組合，來達成風險衡平之關係（圖[1.3]），企業是很難產生穩定的商業利益。

　　商業策略形成可從相關因子搜集出發，並在分析形成策略不同的關鍵因子後，對策略的各種組成方式做整合，亦即從策略形成的宏觀思維面分析，期以瞭解商業策略實行過程中易被忽視的議題所在，並在造成這些議題的關係特點與運作方式組合中，兼顧到利益關係人權益配置。例如風險衡平分析，關鍵公司的類型，可分為非公開發

行公司（Non-Publicly Offering Company）、公開發行公司（Publicly Offering Company）、
興櫃公司（Emerging Stock Company）、上櫃公司（Gre-Tai Traded Company）、上市公司
（Listed Company）、其他（Other）等。而有關風險衡平哲理，可在第十七章的組合、
原理、練習實踐中感受。

　　綜上所述，商業策略可以是具有合法性與正當性的運作機制，由於它與企業商
業利益存在著相當密切的聯繫，當他與企業管理有「接軌」關係時，企業能更充滿
生機與活力，並促進利益關係人對企業誠信價值的認同和凝聚，這也能提升企業形
象和競爭力。

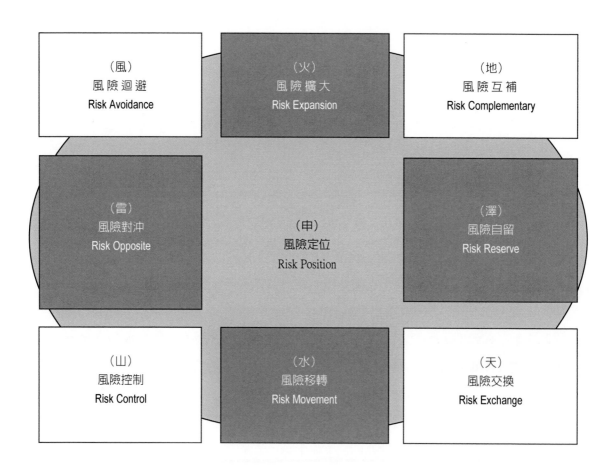

圖[1.3]　風險衡平

第四節 行動指標

一、指標定義

商業策略的行動指標，是從貫穿企業使命、願景、理念、核心價值等過程為導向，並與企業管理重要關鍵因子：資金、技術、人才、市場、產品、客戶相結合。換言之，即是瞭解哪些結合情況會影響商業策略因子，當商業策略的因子相應變化時，會使企業的策略行動指標有所修正。也就是說，行動指標為達成商業策略績效的量化指標。亦即，它是所有關鍵因子組合而成的關鍵指標，關鍵的重點除了該指標之重要性外，亦包括對指標的「經驗」、「客觀」及「主觀」描繪。（圖[1.4]）

「經驗」來自於公司的內外環境影響，我們很難強迫環境符合企業商業策略，所以，行動指標的「經驗」必須衡平內外部的環境情境。由於「客觀」及「主觀」是相對程度的問題；雖然沒有完全主客觀的因子，但對商業策略而言，某些因子是一樣的，而且幾乎是完全合理的，而且有時整個主客觀的因子是相同的。即當「客觀」可以直接預知時，則「主觀」真實存在的程度，就能被不斷地累積。

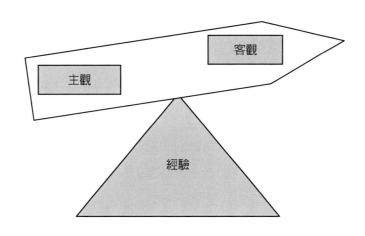

圖[1.4] 經驗衡平

二、指標價格

　　企業對策略運用進入行動之前，基於管理成本的考慮，通常會先對價格做決策，商業策略行動指標價格分為三種類型，分別是成本價格、市場價格以及使用價格，在缺乏衡平的機制下，常容易出現溢價的不合理現象，這是目前實際存在著的現象與議題。這也是行動指標運用上，常受制於企業管理事實運作因子影響的因素。因此，行動指標可以是商業策略運用上的相應關鍵指標，並且當風險利潤的分析愈精確，將更有助於形成較具衡平性的商業策略。

三、指標事實

　　就商業策略運用的需求面來說，使用者的意願會影響市場價格，並影響價格的上漲與否。換言之，隨著價格愈高，管理成本會愈大，直到價格趨緩近於溢價臨界值。從長期來說，即在於商業策略運用與商業利益的比例係數會呈現何種規律關係性。由於商業策略的不確定性，常使被確認的指標事實，被提出不同反向看法，因此指標事實通常可依其確定的程度來排列，並不斷地對其改進及修正，而有時也必須完全捨棄，以較好的指標事實取代。

　　二千多年前，西漢的漢武帝死後，朝廷大臣分成霍光與上官桀兩派，掌握財經大權的桑弘羊站在上官桀這邊，丞相田千秋則站在霍光這邊。為打倒桑弘羊，於是田千秋召集來自全國的社會賢達和儒家學者，展開一場富商和儒家官員的鹽鐵酒辯論。翌年，上官桀和桑弘羊被控「謀反」，處以死刑，而那也是西漢的國力由盛轉衰的轉折點。指標事實的重要，即在於其對商業策略導引的影響性，鹽鐵酒辯論的指標事實為何？能用模型計算事實嗎？企業或政府的商業策略導引，也經常是兩大派的辯論。本章特節錄《鹽鐵論》本議第一，供讀者對比其與商業策略的關聯性。

　　……惟始元六年，有詔書使丞相、御史與所舉賢良、文學語。問民間所疾苦。
　文學對曰：「竊聞治人之道，防淫佚之原，廣道德之端，抑末利而開仁義，
　　毋示以利，然後教化可興，而風俗可移也。今郡國有鹽、鐵、酒榷，均輸，

與民爭利。散敦厚之樸，成貪鄙之化。是以百姓就本者寡，趨末者眾。夫文繁則質衰，末盛則本虧。末修則民淫，本修則民愨。民愨則財用足，民侈則饑寒生。願罷鹽、鐵、酒榷、均輸，所以進本退末，廣利農業，便也。」

大夫曰：「匈奴背叛不臣，數為寇暴於邊鄙，備之則勞中國之士，不備則侵盜不止。先帝哀邊人之久患，苦為虜所繫獲也，故修障塞，飭烽燧，屯戍以備之。邊用度不足，故興鹽、鐵，設酒榷，置均輸，蕃貨長財，以佐助邊費。今議者欲罷之，內空府庫之藏，外乏執備之用，使備塞乘城之士饑寒於邊，將何以瞻之？罷之，不便也。」

文學曰：「孔子曰：『有國有家者，不患貧而患不均，不患寡而患不安。』故天子不言多少，諸侯不言利害，大夫不言得喪。畜仁義以風之，廣德行以懷之。是以近者親附而遠者悅服。故善克者不戰，善戰者不師，善師者不陣。修之於廟堂，而折衝還師。王者行仁政，無敵於天下，惡用費哉？」

大夫曰：「匈奴桀黠，擅恣入塞，犯厲中國，殺伐郡、縣、朔方都尉，甚悖逆不軌，宜誅討之日久矣。陛下垂大惠，哀元元之未瞻，不忍暴士大夫於原野；縱難被堅執銳，有北面復匈奴之志，又欲罷鹽、鐵、均輸，擾邊用，損武略，無憂邊之心，於其義未便也。」

文學曰：「古者，貴以德而賤用兵。孔子曰：『遠人不服，則修文德以來之。既來之，則安之。』今廢道德而任兵革，興師而伐之，屯戍而備之，暴兵露師，以支久長，轉輸糧食無已，使邊境之士饑寒於外，百姓勞苦於內。立鹽、鐵，始張利官以給之，非長策也。故以罷之為便也。」

大夫曰：「古之立國家者，開本末之途，通有無之用，市朝以一其求，致士民，聚萬貨，農商工師各得所欲，交易而退。《易》曰：『通其變，使民不倦。』故工不出，則農用乏；商不出，則寶貨絕。農用乏，則穀不殖；寶貨絕，則財用匱。故鹽、鐵、均輸，所以通委財而調緩急。罷之，不便也。」

文學曰：「夫導民以德，則民歸厚；示民以利，則民俗薄。俗薄則背義而趨利，趨利則百姓交於道而接於市。老子曰：『貧國若有餘，非多財也，嗜欲眾而民躁也。』是以王者崇本退末，以禮義防民欲，實菽粟貨財。市、商不通無用之物，工不作無用之器。故商所以通郁滯，工所以備器械，非治國之本務也。」

大夫曰：「管子云：『國有沃野之饒而民不足於食者，器械不備也。有山海之貨而民不足於財者，商工不備也。』隴、蜀之丹漆旄羽，荊、揚之皮革骨象，江南之楠梓竹箭，燕、齊之魚鹽旃裘，兗、豫之漆絲絺紵，養生送終之具也，待商而通，待工而成。故聖人作為舟楫之用，以通川谷，服牛駕馬，以達陵陸；致遠窮深，所以交庶物而便百姓。是以先帝建鐵官以贍農用，開均輸以足民財；鹽、鐵、均輸，萬民所載仰而取給者，罷之，不便也。」

文學曰：「國有沃野之饒而民不足於食者，工商盛而本業荒也；有山海之貨而民不足於財者，不務民用而淫巧眾也。故川源不能實漏卮，山海不能贍溪壑。是以盤庚萃居，舜藏黃金，高帝禁商賈不得仕宦，所以遏貪鄙之俗，而醇至誠之風也。排困市井，防塞利門，而民猶為非也，況上之為利乎？《傳》曰：『諸侯好利則大夫鄙，大夫鄙則士貪，士貪則庶人盜。』是開利孔為民罪梯也。」

大夫曰：「往者，郡國諸侯各以其方物貢輸，往來煩雜，物多苦惡，或不償其費。故郡國置輸官以相給運，而便遠方之貢，故曰均輸。開委府於京師，以籠貨物。賤即買，貴則賣。是以縣官不失實，商賈無所貿利，故曰平準。平準則民不失職，均輸則民齊勞逸。故平准、均輸，所以平萬物而便百姓，非開利孔而為民罪梯者也。」

文學曰：「古者之賦稅於民也，因其所工，不求所拙。農人納其獲，女工效其功。今釋其所有，責其所無。百姓賤賣貨物，以便上求。間者，郡國或令民作布絮，吏恣留難，與之為市。吏之所入，非獨齊、阿之縑，蜀、漢之布也，亦民間之所為耳。行奸賣平，農民重苦，女工再稅，未見輸之均也。縣官猥發，闟門擅市，則萬物並收。萬物並收，則物騰躍。騰躍，則商賈侔利。自市，則吏容奸。豪吏富商積貨儲物以待其急，輕賈奸吏收賤以取貴，未見準之平也。蓋古之均輸，所以齊勞逸而便貢輸，非以為利而賈萬物也。」

第二章　商業策略關鍵

第一節　關鍵趨勢

商業策略關鍵趨勢，可從趨勢指標的交錯組成中探求。本人於所著《企業風險管理》一書中曾提及，孫子兵法「道、天、地、將、法」相應企業風險管理的關係。其與商業策略的關聯，就在於是否循關鍵趨勢（道），在有利的市場時機（天），掌握內外部有效益的資源（地），聚集關鍵人才形成策略（將），並確實地執行使企業獲利（法）。

例如，對於兩性平等的問題，企業及其所有的從屬公司是否有載明如性騷擾、員工懲戒、中止任用與資遣等事項之人力資源手冊或類似之書面管理準則？

（Does the Business and all of its Subsidiaries have a human resources manual or equivalent written management guidelines that address issues such as sexual harassment, employee disciplinary actions, terminations and layoffs）

第二節　關鍵因子

商業策略的形成資訊來源，可從營運管理的各種策略因子蒐集後，例如：組織管理、財務管理、資訊管理、銷售管理、信用管理、運籌管理、產銷管理、技術管理、投資管理、採購管理、法務管理等，進行歸納分析可能的關鍵因子。在因子分析時可藉由專家與科技的協助，得到一群與策略具關聯性的關鍵因子，一旦歸納出這些關聯特性，在推估未來情況與目前及過去的情形時，可以輸入該因子作是否適用的分析。對於上述關鍵因子關聯特性的歸納，正是為找出運用價值，是策略能成為增強推動企業成長力量的重要途徑和方式。

　　憑藉關鍵因子的可持續使用性，企業與利益關係人自然和諧發展的能力，亦成為策略焦點。策略關鍵因子既已進入必須憑藉更多科技和創新來推動企業發展的階段，因此作為解決企業當前和未來發展重大問題的根本手段，其重要性和緊迫性愈益凸顯。策略確定關鍵因子，就是把利潤創新作為發展的基點，以期開展企業永續經營目標。因此，關鍵因子是企業挑戰未來的重要抉擇，他必須貫穿於策略發展的過程。

第三節　關鍵系統

　　企業關鍵系統的發展，就如愛因斯坦（Albert Einstein）所說：「The significant problems we face cannot be solved by the same level of thinking that created them.」因此關鍵系統發展，可朝向「專業型系統」、「協同型系統」及「共享型系統」（Shared System）的網絡化方向進行，以形成不同層次融合的創新、專業、開放、流動、分享系統。

　　例如：可將應用研發、美學設計、生產技術及和產品採購等專業結合於「協同型系統」的平台，並從成本、利潤、產品、風險等平台指標來分析。網絡化的部份，可朝向虛擬化呈現(Virtual Presentation)、虛擬化應用程式（Virtual Application）、虛擬化作業系統（Virtual Operating System）、虛擬儲存（Virtual Storage）、虛擬網路（Virtual Network）來發展。

第四節　關鍵人才

　　不論是全職員工（permanent employees）、董事會之董事或監察人（directors or supervisors of board）、臨時性員工及人力派遣員工（temporary staff and outsourced employee roles），若為商業策略的關鍵人才，就是企業重要資本，也是企業的重要投資。面對全球激烈的競爭，企業發展需要有足夠的關鍵人才，方能有效地規畫和執行未來經營策略。特別是公司擴張快速的階段，雖可以向外招募人才，但企業本身關鍵人才管理（圖[2.1])若有完善的培養計畫，可避免因人才不足而發生營運風險問題。一個具

競爭優勢的策略，它的執行因素為是否有關鍵人才的推動。由於商業策略是協助企業達成經營目標、擴張方向、營運控管、獲利計畫的過程方法，因此經營層對商業策略的關鍵人才定位就非常重要，其誠如老子所言：「上善若水。水善利萬物而不爭，處眾人之所惡，故幾於道。居善地，心善淵，與善仁，言善信，政善治，事善能，動善時」。作法上，經營層可依據企業的核心能力、領導風格、職位功能等，來定位關鍵人才是否為推動策略時所必須。

開始培養關鍵人才之前，可先仔細瞭解商業策略的職責，確認誰該做什麼、誰要負什麼責任。另許多企業培養關鍵人才時，容易忽略組織管理、情境管理等重要的因子。其結果，就是投入了許多時間和金錢成本，產出行為與績效「不合適」的關鍵人才。因此，關鍵人才培養若能經過「組織規畫」、「流程設計」、「情境模擬」這三個步驟運作，通常較能符合企業所需且發揮效用。

「組織規畫」就是釐清「什麼關鍵人該負責什麼事項」，明確劃分每個商業策略過程中的策略職能（Strategy Competency）、策略職權（Strategy Authority）、策略職責（Strategy Responsibility）。「策略職能」是指員工所具備的特質（underlying characteristic），相應其工作所能擔任的策略職務，「策略職權」意指商業策略帶來的相關策略權力；「策略職責」是指要執行哪些商業策略事項。在將組織規畫好之後，會得出至少兩項實際的成果：一是策略組織圖（Strategy Organization map），說明每個職位的職權與職責關係；另一個是策略說明書（Strategy Description），明白指出每件事該由誰做、又該負責做好什麼樣的商業策略事項。

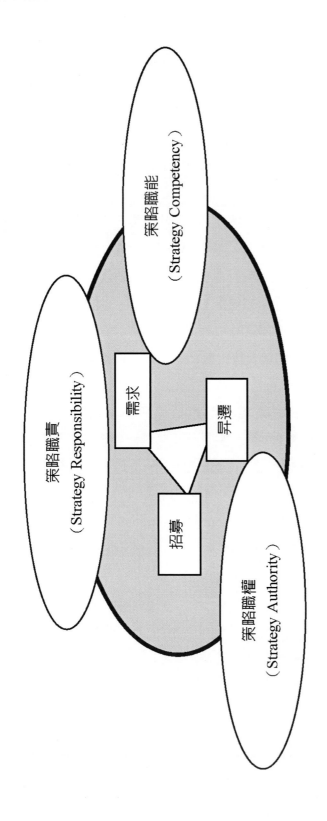

圖[2.1] 關鍵人才管理

第三章　商業策略技術

對許多企業而言，商業策略技術是最大的資本投入，經常超過資本支出的一半。因此，在這章中讓我們來瞭解一下企業技術觀點，並且研究企業是如何從商業策略技術中獲得更多的價值。本章將主要聚焦在可以被獲取的商業價值上而不是在技術細節上。

For many enterprises business strategy work is the largest capital investment, often exceeding 50% of capital expenditure. As a result, in this chapter we take the work perspective of the enterprise and discuss how the enterprise get more value from their Business strategy work . The chapter focuses on the business value that can be achieved rather than the details of the work.

第一節　技術開展

商業策略技術開展，主要為擴展技術、融合技術、轉化技術、虛擬技術的交錯運用。擴展技術要追求的基調就是「延伸」優質競爭力。融合技術為企業致力開發業務時，讓企業與社會、環境和諧共處或和利益關係人能達成共識。轉化技術是用有效率的方式，對問題採用的解決之道。虛擬技術是對所產生的問題，運用最合理經濟方式，另闢虛擬環境來解決之，也就是《老子》所言：知其雄，守其雌，為天下溪。為天下溪，常德不離，復歸於嬰兒。知其白，守其辱，為天下穀。為天下谷，常德乃足，復歸於樸。知其白，守其黑，為天下式。為天下式，常德不忒，復歸於無極。而技術開展指標可從技術成本、技術效益、技術風險、技術資源的維度面向來觀測。

第二節　技術方法

商業策略技術方法，主要在於技術方法的應用主題，因此從技術方法應用過程中的情況來說，為使技術運作與企業的情境、目的、習慣以及原則等應用具協同性，亦即在考慮實際技術應用的行為後選擇出方法。本主題所探討的技術方法，主要著重在統計與易經的技術方法。例如，統計上的常態分配（The normal distribution）又稱為高斯分配（Gaussian distribution），因其呈現對稱鐘型所以又稱鐘型分配。

常態分配大致上會有一個固定的形狀，但是會隨著參數（平均數與標準差）而改變，平均數（μ）會改變常態分配的位置；標準差（σ）會改變常態分配的形狀。標準常態分配是服從～N（0,1）的常態分配，因此當資料違反常態性假設時，意味著須運用其他統計方法來估計或推論。因此，策略的技術方法是一種綜合抽象性及具體性的方法，其原則是關於方法與風險、策略間的聯繫應具聯結調整作用。故相對而言，方法需要較具體、且具約束力。尤其在性質、特點的全面綜合反映上，其效力應通達整體技術運作，同時其另一方面又能具有整合與協調運作。

以因素分析（Factor Analysis）方法來說，他起源於心理學上的研究。在心理學上常會遇到一些不能直接量測的因素，例如：人的智力、EQ、人格特質、食物偏好、消費者的購買行為等。對於這些無法明確表示（抽象的）或無法測量的因素，希望可以經由一些可以測量的變數，加以訂定出這些因素。

因素分析的主要目的是對資料找出其結構，以少數幾個因素來解釋一群相互有關係存在的變數，而又能到保有原來最多的資訊，再對找出因素的進行其命名，如此方可達到因素分析的兩大目標：資料簡化和摘要。相互有關係存在的變數受共同因素（Common Factor）及獨特因素（Specific Factor）的影響。在因素分析的應用上，分別為找出潛在因素、篩選變數、對資料做摘要、由變數中選取代表性變數（在因素中挑選一個變數使用）、建構效度、做資料簡化（相關性高的變數，僅需選取一個做代表），以下範例是探討企業各單位主管在落實公司企業文化時，有哪些具體指標，並模擬各單位的資料，分析影響公司核心價值的因素：

一、統計分析

敘述統計：

(一) 人數：

假設中高階主管的年資分布呈常態分配，即大部分中高階主管年資在 3～7 年，低於 3 年與高於 7 年的較少。

假設訪談人數共 46 人，依職務屬性將其區分成三類：中高階主管、業務人員、業務助理。高階主管一共 30 位，佔 65%；業務人員一共 10 位，佔 22%；業務助理一共 6 位，佔 13%；

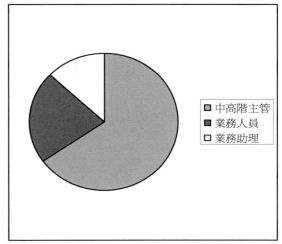

(二) 年資：

中高階主管的人數一共 30 位，依年資區分成四類：年資 1～3 年、年資 3～5 年、年資 5～7 年、年資 7 年以上。其中，年資 1～3 年一共 8 位，佔 27%；年資 3～5 年一共 15 位，佔 50%；年資 5～7 年一共 6 位，佔 20%；年資 7 年以上一共 1 位，佔 3%；

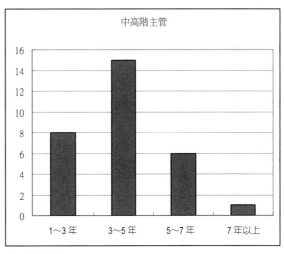

業務人員一共 10 位，依年資區分成四類：年
資 1～3 年、年資 3～5 年、年資 5～7 年、年資
7 年以上。其中，年資 1～3 年一共 2 位，佔 20%；
年資 3～5 年一共 5 位，佔 50%；年資 5～7 年
一共 2 位，佔 20%；年資 7 年以上一共 1 位，
佔 10%；

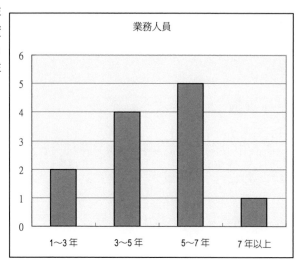

業務助理一共 6 位，依年資區分成四類：年資
1～3 年、年資 3～5 年、年資 5～7 年、年資 7
年以上。其中，年資 1～3 年一共 2 位，佔 33%；
年資 3～5 年一共 3 位，佔 50%；年資 5～7 年
一共 0 位，佔 0%；年資 7 年以上一共 1 位，
佔 17%；

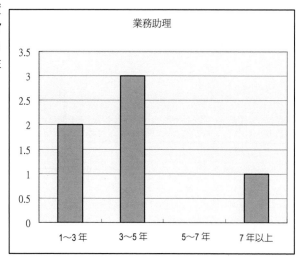

二、因素分析：

多變量因子分析

　　因素陡坡圖（如下圖）是用來篩選因素各數，當因素陡坡漸漸趨緩時，即代表
應選取的各數，保留特徵值大於 1 的主成分，選取的因素解釋的比原來變數平均解
釋的還多。下圖，陡坡在趨近於 4 的時候趨緩，所以本案例的因子可分類成 4 組相
同型態之因子。

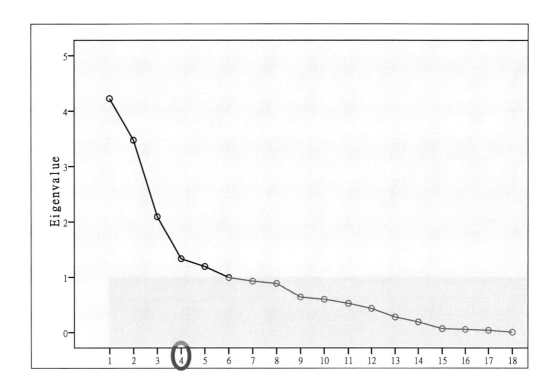

三、因素分類表

透過多變量因子分析得到 4 個因素，此 4 個因素各包含 2～3 個指標。

第三節　技術配適

技術方法實施後，可以進行技術配適（Fitting）的測試（Test）及驗證（Validation），除可避免方法偏誤的問題，亦可檢視技術方法是否過度配適（Over-fitting）的問題。若技術方法測試的穩健度非常好，但驗證時，穩健度卻顯著下降，顯然技術方法不夠穩健，未來實際運用時，會因風險因子不同而產生不一致的結果。唯技術方法終究是幫助企業做策略參考，在技術方法經過驗證後，必須將技術方法產生結果寫入日常使用的管理系統中，以提供未來作策略時參考。

在此階段，資訊部門（IT Department）扮演關鍵角色，但熟悉業務、風險管理及統計與非統計方法人員的配合也很重要。此外，為有助於管理系統運作的一致性，也為降低未來對於策略的誤解或誤用，則可透過定期及持續性的監控，可以確認技術方法的穩健度仍在合理範圍內。若技術方法的穩健度時有顯著差異，則必須調整方法或重新建構新的方法，方較能取得風險與策略的平衡點。

第四節　技術應用

技術應用大致上可分為統計（Statistical）與非統計（Non-statistical）兩種類型。易經的理、數、象三方面的應用方法，「象」是從形象、意象的結構來進行；「數」是數字、數理運作應用；「理」是事理運作的應用，易經從乾卦的「潛龍勿用」，到未濟卦的「有孚於飲酒，無咎，濡其首，有孚失是。」其易象、易數、易理的組合應用，可輔助技術應用不足之處。茲將技術應用從應用分析、應用組合、應用協同的面向分述如下：

一、應用分析

一般來說，應用分析前對於觀察的資料或數據，例如專家意見、利益關係人陳述等量化後描繪成圖形，以圖形判斷觀察資料或數據的趨勢後，再分析問題實際情況進行初步方法建立。最後，隨者應用目的不同，當資料或數據之間存在有統計關係時，並不意味著必然存在引衍關係。引衍關係中，「引因」與「衍因」的關聯性分析是很重要的環節。至於技術應用的資料庫，可藉建置資料倉儲（Data Warehouse）或資料超市（Data Mart）來分析，以方便日後的各種組合應用。

二、應用組合

在策略技術應用組合方面，不論技術是由於策略性質的複雜性決定了技術應用組合多樣性；或技術的多樣性決定了應用組合的多元性，利益關係人對於應用組合是否

具有正當性評價，在過程中往往被低估。因為應用組合若皆具有合法性且沒有過錯，則法律不能強行制止合法行為的邏輯下，一但應用組合發生損害非運作內容的情況下，常會導致企業需分擔其他社會責任。

同時，也因為應用組合的利益衝突本身反映的是社會多元化的發展面貌。唯有表現在以符合社會公平正義的組合，才能作為有效組合的認同。應用組合是調整商業利益平衡關係的工具，其最終結果應盡可能最大限度地滿足各種相關利益關係人的要求，並在就商業利益的協商方案中，確保企業利益最大化整合。

三、應用協同

如何讓應用組合的各方參與人進行協同作業，使企業能持續創造更新更好的應用組合以因應市場、產品與客戶的快速變化，企業必須發展能夠統合所有應用組合相關知識，又能讓所有參與人可協同作業的介面。而要發展協同作業介面，則必須讓每個參與人都有機會涉入協同作業介面的發展過程，如此企業的應用組合才能發揮最大的效益。例如：以 IC 設計公司而言，委外設計（NRE）與客製生產（ASIC）的業務，與上游廠商的協同作業介面發展，就是其訂單能否成長的重要關鍵。

第四章　商業策略界定

本章將討論商業策略界定，同時討論界定管理中的關鍵行動（轉折、邊際、關係），並帶出聯結議題。採用非正式的方法來處理商業策略界定議題是合乎商業利益嗎？所謂非正式的方式，指的是純粹採用解決問題的方式來處理議題，未經過關鍵行動。但就另一個面向來看，單純靠關鍵行動來處理界定問題又合乎商業利益嗎？還是只要靠非正式方式解決？

Discussions of business strategy definition, and discussions of the key action（"turn, margin and relationship"）in the context of definition management, raise definition linkage issues. Is it commercial interest to resolve business strategy definition issues in an informal way(problem-solving)–without the key action? At the other end of the dimension, is it commercial interest to deal with definition issues through the key action? Only through problem-solving?

第一節　界定轉折

界定轉折，主要為界定商業情境（圖[4.1]）轉折的模式。首先，在時間轉折點上，例如以 Fibonacci Sequence 來說，較大機率分別為：1、2、3、5、8、13、21、34、55、89、144、233……等時間數字，1、2、3 順序如同老子所言：道生一、一生二、二生三、三生萬物，萬物負陰而抱陽，沖氣以為和。而轉折結果，常是「禍兮福之所倚，福兮禍之所伏」。轉折狀態界定，例如：四書之中大學所說：「大學之道，在明明德，在親民，在止於至善」，轉折順序界定：「知止而后有定，定而后能靜，靜而后能安，安而后能慮，慮而后能得」。

上述時間轉折比對分析，例如，美國於 1776 年成立，經過 144 年達到繁榮高峰後，緊接而來的是經濟大蕭條；相隔 89 年，邁向成立第 233 年前，美國發生次級房貸（Subprime Mortgage）風暴，2008 年風暴不斷擴大，美國政府出面拯救瀕臨倒閉的「貝

爾斯登」（Bear Stearns），及亞洲央行投資其發行債券甚多的兩大房地產抵押貸款機構「房地美」與「房利美」公司，緊接著「雷曼兄弟控股公司」（Lehman Brothers Holdings Inc.）亦向法院申請重整型（reorganization）破產之保護等，致產生全球金融海嘯。

　　美國成立第 233 年，亦即 2009 年，第一位黑人總統歐巴馬（Barack Obama）就職。又例如，1954 年台塑公司成立，王永慶於 89 歲的隔年「2006 年」，宣佈交棒由弟弟王永在的長子王文淵擔任集團行政中心總裁，而女兒王瑞華出任集團行政中心副總裁，而在台塑公司創辦第 55 年前一年「2008 年」，被譽為台灣經營之神的王永慶，病逝於美國。

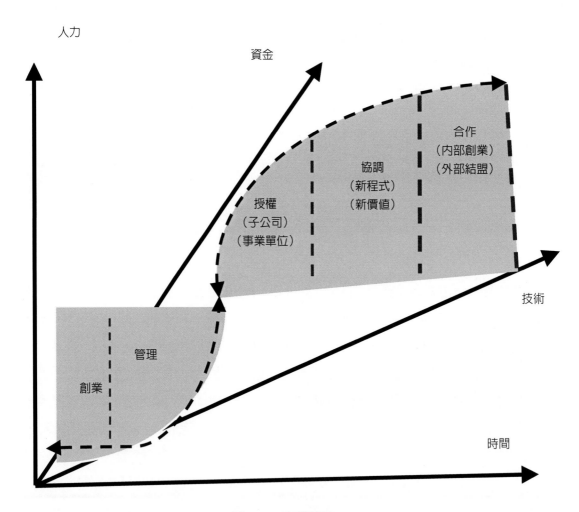

圖[4.1]　商業情境

第二節 界定邊際

　　商業策略界定邊際，主要以充分發揮企業營運過程中，運作的創新活力和能力，並依和利益關係人的研發、授權、銷售、行銷、採購、技術、法律等的相關競合性，完善確認策略運作邊際（圖[4.2]），以提升企業營運的利潤。在界定邊際標的上，我們將其歸納為三種：一是為了業務拓展；二是為了競合對手；三是為了市場資源。其界定邊際目的在使企業融入全球化，並著重特徵性、地區性、動機性三個方面整合。尤其商業策略界定邊際，能間接促成取得全球市場資源，這對於創新具有決定性的轉化作用。

火水未濟

未濟・亨・小狐汔濟・濡其尾・無攸利・

象曰・未濟亨・柔得中也・小狐汔濟・未出中也・濡其尾・
　　　無攸利・不續終也・雖不當位・剛柔應也・

象曰・火在水上・未濟・君子以慎辨物居方・

圖[4.2]　運作邊際

　　但是，就如同全球化發展，商業策略同樣有其負面影響性，即一方面為企業發展提供機會，同時也為企業帶來了策略衡平的挑戰。因此，對於營運現狀和趨勢，企業在界定邊際時應從企業整體發展和長遠的角度去看，它將直接關聯企業成長效應的顯現。綜上所述，商業策略的界定邊際，無疑為其在發展帶來新的局面。抓住界定輕重之局面，能使企業競合實力提升，並能將企業轉化為高價值的產業。在此特摘錄《通典》卷第十二／食貨十二／輕重，讓讀者做界定邊際的對比思維。

　　……太公為周立九府圜法，解在錢幣篇。太公退又行之於齊。至管仲相桓公，通輕重之權曰：「歲有凶穰，故穀有貴賤；令有緩急，故物有輕重。上令急於求米，則民重米；緩於求米，則民輕米。所緩則賤，所急則貴。人君不理，則畜賈游於市，謂賈人之多蓄積也。乘民之不給，百倍其本矣。給，足也，以十取百。故萬乘之國必有萬金之賈，千乘之國必有千金之賈者，利有所並

也。國多失利，則臣不盡忠，士不盡死矣。計本量委則足矣，委，積也。然而民有飢餓者，谷有所藏也。謂富人多藏谷也。民有餘則輕之，故人君斂之以輕；民不足則重之，故人君散之以重。民輕之之時，官為斂糴；民重之之時，官為散之。凡輕重斂散之以時，即准平，守准平，使萬室之邑必有萬鐘之藏，藏鏹千萬；六斛四斗為鐘。鏹，錢貫。

千室之邑必有千鐘之藏，藏鏹百萬。春以奉耕，夏以奉耘，奉謂供奉。耒耜、器械、種饟、糧食必取贍焉。故大賈畜家不得豪奪吾民矣。」豪謂輕侮之。

管子曰：「夫物多則賤，寡則貴，散則輕，聚則重。人君知其然，故視國之羨羨，余也，羊見反。不足而御其財物。谷賤則以幣與食，布帛賤則以幣與衣，視物之輕重而御之以准，故貴賤可調，而君得其利，則古之理財賦，未有不通其術焉。」谷賤以幣與食，布帛賤以幣與衣者，「與」當為「易」，隨其所賤而以幣易取之，則輕重貴賤由君上也。周易損卦六五云：「或益之十朋之龜，弗克違，元吉。」沙門一行注曰：「十朋者，國之守龜，像社稷之臣，能執承順之道，以奉其君。龜之為物，則生人之重寶，為國之本，損而奉上，則國以之存；損而益下，則人以之存。言於法，則調盈虛御輕重中和之要，若伊尹、太公、管仲之所執。」夫龜者，上達神祇之情，下乃不言而信於人也。斯故往昔用之為幣，則一行深知其道矣。

齊桓公問於管子曰：「自燧人以來，其大會可得而聞乎？」對曰：「燧人以來，未有不以輕重為天下也。共工之王，帝共工氏，繼女媧有天下。水處什之七，陸處什之三，乘天勢以臨制天下。至於黃帝之王，謹逃其爪牙，不利其器。藏秘鋒芒，不以示人，行機權之道，使人日用而不知。燒山林，破增藪，焚沛澤，沛，大澤也。一說水草兼處曰沛。逐禽獸，實以益人，然後天下可得而牧也。至於堯舜之王，所以化海內者，北用禺氏之玉，禺氏，西北戎名，玉之所出。南貴江漢之珠，其勝禽獸之仇，以大夫隨之。」勝猶益也。禽獸之仇者，使其逐禽獸，如從仇讎也。以大夫隨之者，使其大夫散邑粟財物，隨山澤之人，求其禽獸之皮。

……凡將為國，不通於輕重，不可以守人，不能調通人利，不可以語制為大理。分地若一，強者能守；分財若一，智者能收。智有什倍人之功，以一取

什。愚有不廪廪猶償也。音庚。本之事，然而人君不能調，故人有相百倍之
生也。夫人富則不可以祿使也，貧則不可以罰威也。法令之不行，萬人之不
理，貧富之不齊也。且天下者處茲行茲，謂塞利途。若此而天下可一也。夫
天下者，使之不使，用之不用。故善為天下者，無曰使之，使不得不使；無
曰用之，用不得不用。使其不知其所以然，若巨橋之粟貴糴，則設重泉戍之
類是。故善為國者，天下下我高，天下輕我重，天下多我寡，然後可以朝天
下。」常以數傾之，若服魯梁綈之類是。

桓公問曰：「不籍而贍國，為之有道乎？」管子曰：「軌守其時，有官天
財，何求於人。泰春、泰夏、泰秋、泰冬，泰猶當也。令之所止，令之所
發，令之所止，令之所發，謂山澤之所禁發。此物之高下之時，此人之所
以相並兼之時也。君素為四備以守之，泰春人之且所用者，泰夏人之且所
用者，泰秋人之且所用者，泰冬人之且所用者，皆已廩之矣。」廩，藏也。
言四時人之所要，皆先備之，所謂耒耜、器械、種饟、糧食必取贍焉，則
豪人大賈不得擅其利。

桓公曰：「行幣乘馬之數柰何。」即臣乘馬，所謂篋乘馬者，臣猶實也。篋
者，以幣為篋，而淺重射輕。管子對曰：「士受資以幣，大夫受邑以幣，人
馬受食以幣，則一國谷貲在上，幣貲在下，國谷什倍數也。皮革、筋角、羽
毛、竹箭、器械、財物苟合於國器君用者，皆有矩券於上，矩券，常券。君
實鄉州藏焉。周制，萬二千五百家為鄉，二千五百家為州。齊雖霸國，尚用
周制。曰某月日苟從責者，責讀為債。

鄉決州決，故曰就庸，一日而決。國筴出於谷軌，國之筴，貨幣乘馬者也。」
貲，價也。言應合受公家之所給，皆與之幣，則谷之價君上權之，其幣在
下，故谷倍重。其有皮革之類堪於所用者，所在鄉州有其數，若今官曹簿
帳。人有負公家之債，若耒耜種糧之類者，官司如要器用，若皮革之類者，
則與其准納。如要功庸者，令就役，一日除其簿書耳。此蓋君上一切權之
也。詳輕重之本旨，摧抑富商兼併之家，隘塞利門，則與奪貧富，悉由號
令，然可易為理也。此篇經秦焚書，潛蓄人間。自漢興，晁、賈、桑、耿
諸子，猶有言其術者，其後絕少尋覽，無人註解，或編斷簡盡，或傳訛寫

謬，年代綿遠，詳正莫由。今且梗概粗知，固難得搜摘其文字。凡閱古人之書，蓋欲發明新意，隨時制事，其道無窮，而況機權之術，千變萬化，若一二模楷，則同刻舟膠柱耳，他皆類此。

……是故人無廢事，而國無失利也。人之所乏，君悉與之，則豪富商人不得擅其利。凡五穀者，萬物之主也。谷貴則萬物必賤，谷賤則萬物必貴。兩者為敵，則不俱平，故人君御穀物之秩相勝，而操事於其不平之閒，秩，積也。食為人天，故五穀之要，可與萬物為敵，其價常不俱平。所以人君視兩事之委積，可彼此相勝，輕重於其閒，則國利不散也。

故萬民無籍而國利歸於君也。夫以室廡籍謂之毀成，小曰室，大曰廡，音武。是使人毀壞廬室。以六畜籍謂之止生，畜，許救反。是使人不競牧養也。以田畝籍謂之禁耕，是止其耕稼也。以正人籍謂之離情，正數之人，若丁壯也。離情，謂離心也。以正戶籍謂之養贏。贏謂大賈蓄家也。正數之戶既避其籍，則至浮浪為大賈蓄家之所役屬，增其利耳。五者不可畢用，故王者偏行而不盡。故天子籍於幣，諸侯籍於食。……

第三節　界定關係

商業策略界定關係，主要為策略引因、策略衍因與策略聯因等引衍關係的界定。因某些行動引起的策略因子稱之為「策略引因」，因策略引因所衍生的策略因子稱之為「策略衍因」。導引策略引因、策略衍因間的交互關係因子稱之為「策略聯因」。因此，引衍關係是就策略衍因、策略引因及策略聯因間交互影響作用之關係。故從界定關係來說，可將引衍關係區分為非策略關係和策略關係。非策略關係是指無論採用何種執行方式或者改變具體的活動方式均不能夠產生策略衍因、策略引因及策略聯因的作用。

反之，策略關係則是指可以通過某一具體方式或者選擇而可以發揮策略衍因、策略引因及策略聯因的作用。引衍關係也可再概括分為直接引衍關係及間接引衍關係。策略藉由策略聯因導入引衍關係時，當策略具有相應策略引因與策略衍因間的客觀、事實的聯結關係，即策略聯因與策略引因、策略衍因間有直接關係時，策略便能夠從直接

關係的客觀聯繫面向來觀察。但當偶會有不符合客觀聯繫面的異常情況時，則可對策略引因、策略衍因中主要、異常的因子作分析，是否異常情況不是策略導入引衍關係過程所引起，而是因損失事實相應的責任義務積極作為或消極不作為所衍生的關係。

通常策略對於相應引衍關係的具體行動，涉及機會成本預判，是對於未來結果的量化值，這種量化值既包括策略實體內容的預測，也包括了對於策略效力的判斷。同時，企業對於策略的明晰度與認可度，將影響策略聯因對策略引因與策略衍因的聯結。

第四節　界定聯結

界定聯結主要為聯結策略聯因時的可替代性選擇，界定聯結為此形成了價值衡平的規則。與此同時，為了理解策略價值，在界定聯結的運作模式中可設立審查策略價值的客觀標準，並列入各種不同的思維觀點，唯須考慮到常態的衡平區間，因為對此原則認知的反作用力是不可忽視的。即只有商業利益是符合衡平利益，界定聯結才會穩定，因此通常採用具互補性方式，以期發揮應有的力量。

有關是否具有彈性以改變引衍關係，尤其在變化動態環境中，並沒有對任何可知的規則及運作模式的細節做相應，而常是需要許多在未來具體事件中方能進行的解釋和決定。因此界定聯結可分為不可觀察面、可觀察面和可證實面。當策略界定聯結僅是可觀察面的聯結行動，而不能證實該行動的執行基礎環境已經存在，此時策略界定聯結就不能被認為有界定的情況。

同時我們可以瞭解，界定聯結如過分強調層級化費用節省，常使策略有執行的障礙。至於界定聯結要件，通常取決於特定使用的局部或部分。對於由多個不同要件策略組成而言，如果要件策略本身不能具有價值，或者不符合利益衡平的要件，較不易成為界定聯結要件。因此欲將界定聯結的原則、規則、機制等主客觀存在價值引入成為策略利益衝突平衡關係的工具，並讓其可最大限度地滿足各種利益關係人的要求，或將其損失程度降低到其可接受程度，最終方能成為有效衡量方式。也就是說，界定聯結應該促進企業利益與利益關係人對商業利益可接受限度間最適宜的平衡點。以下提供企業合併換股合同（見 28 頁），供讀者作界定聯結之分析練習。

企業合併換股合同

　　立合併合同人甲股份有限公司（下稱甲方）與乙股份有限公司（下稱乙方），茲為擴大營運規模，提升營運效率，強化競爭力，經立約人同意合併經營，特訂立合併合同條款如下：

一、合併之方式：立約人同意本合併案之方式為吸收合併，以甲方為存續公司，乙方為消滅公司，本合併案生效後，存續公司之公司名稱仍為甲方。

二、參與合併公司於簽訂本合同時資本額、發行股數及種類：

　　(一) 甲方之資本總額為新台幣二億元，每股面額新台幣十元，均為普通股，已發行股份總額為二千萬股，實收資本額新台幣二億元。

　　(二) 乙方之資本總額為新台幣一億元，每股面額新台幣十元，均為普通股，已發行股份總額為一千萬股，實收資本額新台幣一億元。

三、合併之換股比率：

　　(一) 除甲方原持有乙方之股份及乙方原持有甲方之股份於合併基準日一併銷除外，立約人同意以二〇〇九年七月一日，經會計師查核簽證之財務報告為計算基礎，並參酌立約人之經營狀況、股票市價、每股盈餘、每股淨值、公司展望及其他相關因素（參酌專家換股比率合理性意見書），雙方同意換股比率為乙方普通股 1 股換發甲方普通股 0.5 股，共計換發甲方普通股五百萬股。

　　(二) 前項所換發甲方之股份，不滿 1 股之畸零股部分，由甲方以股票面額按比例折付現金，並由甲方公司授權董事長洽特定人承購。

四、換股比率之調整：

　　　　立約各方自本合同簽訂日起至合併基準日止，若有下述任一情事發生者，第三條所述之換股比例應由甲乙雙方股東會授權其個別之董事會與另一方共同協議調整之，甲方因合併發行新股之股數亦隨同調整之：

　　(一) 除有除權配股之情事，應依第三條第一項所述之換股比率計算外，辦理現金增資、無償配股或員工紅利轉增資、發放股票股利、現金股利、辦理資本公積轉

增資、發行轉換公司債、認股權公司債、附認股權特別股、認股權憑證或其他具有股權性質之有價證券之發行時，由立約雙之董事會共同協議調整之比率；

(二) 立約人有處分公司重大資產，其結果足以嚴重影響公司財務、業務之行為，或發生重大災害、或其他重大事由，其結果足以嚴重影響公司股東權益或證券價格情事時，由立約各方之董事會共同協議調整比率；或

(三) 本合併案經相關主管機關核示或為使本合併案順利取得相關主管機關之核准（包括公平交易委員會同意結合之許可、證券交易所就合併後甲方繼續維持上市之核准意見、證券暨期貨管理委員會就合併增資發行新股之核准及有關主管機關之核准等），而有調整第三條換股比率之必要時，由立約各方之董事會共同協議調整之比率。

五、合併後甲方實收資本額：

(一) 依上開第三條第一項之規定，甲方合併增資發行新股之股份總數預估為一千萬股，均為普通股。

(二) 合併後甲方實收資本總額預估為三億元，每股面額新台幣十元，共計發行股數預估為三千萬股，惟因第三條之換股比例調整時，甲方因合併所增減發行之新股股數另計之。

六、合併基準日：

　　合併基準日於本合併案經各立約人股東會決議通過以及相關主管機關許可或核准後，授權由立約雙方董事會共同訂定合併基準日，並另作成個別董事會之決議。合併基準日暫訂為＿＿年＿＿月＿＿日。如相關主管機關之許可或核准（包括公平交易委員會同意結合之許可、證券交易所就合併後甲方繼續維持上市之核准意見、證券暨期貨管理委員會就合併增資發行新股之核准及有關主管機關之核准等）時點晚於暫訂之合併基準日，或甲乙雙方因其他情形認為有變更合併基準日之必要時，得由立約雙方董事會共同協商決定之。

七、買回庫藏股之禁止：本合同簽訂後以迄合併基準日止，除經立約他方之同意，各立約人均不得自行買回庫藏股（但依第十條第(二)項買回之股份除外）。

八、合併進度及時程：

(一) 立約各方應於＿＿年＿＿月＿＿日前取得各方股東會同意本合併案之決議。

(二) 立約各方應依本合同預定時程執行合併進度，如甲乙任一方無法於＿＿年＿＿月＿＿日前召開股東會取得本合併案之決議，以致於暫訂之合併基準日有無法完成合併時，由立約雙方董事會協商變更時程，繼續執行，不影響本合同之效力。

九、雙方之聲明及承諾：

　　甲乙雙方分別向他方聲明及承諾截至合併基準日止之下列事項：

(一) 公司之合法設立及存續：係依據公司法設立登記且現在依然合法存續之股份有限公司，並已取得所有必要之執照、核准、許可及其他證照以從事其營業。

(二) 董事會之決議及授權：董事會已決議通過本合併案。

(三) 本合同之合法性：

　　　本合同之簽訂及履行並無違反

　　(1) 任何現行法令之規定、

　　(2) 法院或相關主管機關之裁判、命令或處分、

　　(3) 公司章程、或

　　(4) 依法應受拘束之任何合同、協議、聲明、承諾、保證、擔保、約定或其他義務。

(四) 財務報表及財務資料：

　　　雙方所提供予他方之財務報表皆係依據商業會計法及一般公認會計原則編制。

(五) 訴訟及非訟事件：

　　　迄今並無任何訴訟事件或非訟事件，其結果足使公司解散或變動其組織、資本、業務計畫、財務狀況、停頓生產或對公司之業務或財務產生任何重大不利之影響。

(六) 資產及負債：

　　　所有之資產及負債皆已明列於其提供予他方之財務報表。

(七) 或有負債：

　　　除其財務報表已揭露予他方者之外，並無任何或有負債會對公司之業務或財務產生任何重大不利之影響。

(八) 合同及承諾：

　　　迄今所簽訂、同意或承諾之任何形式之重大合同、協議、聲明、保證、擔保、約定或其他義務皆已提供或告知他方，並無任何虛偽、隱匿或不實之情事。

(九) 勞資糾紛：

除已揭露予他方者之外，至今尚無發生任何勞資糾紛或有違反相關勞工法令受勞工單位處分之情事。

(十) 其他事項：

甲方至今尚無任何其他重大虛偽不實、違反法令或喪失債信或足以影響公司繼續營運之重大情事。

十、異議股東之處理：

(一) 立約各方之股東就合併之議案已依法聲明異議者，悉依公司法、企業併購法及相關法令之規定辦理。

(二) 立約各方因前項規定所收回之股份，除相關法令另有規定外，收回之股份應於合併基準日時一併銷除，甲方因合併發行新股之股數及合併後之實收資本額亦隨同減少。

十一、債權人通知及公告：

(一) 立約各方於各方股東會決議通過合併後，應即編造資產負債表及財產目錄，並立即向各債權人分別通知及公告，且指定三十日以上之期限，以供各債權人於期限內提出異議。

(二) 若有債權人於上開期限內提出異議，各立約人應自行清償該債務或提供相當之擔保。

十二、合併後之權利義務：

自合併基準日起，除法令另有規定或本合同另有約定外，乙方截至合併基準日仍為有效之權利義務及債權債務概由甲方承受。

十三、合併後之員工：

自合併基準日起，甲方同意繼續聘僱乙方留用之員工，並承認合併基準日前乙方公司員工之年資，惟乙方公司員工已依相關法規及合同辦理結算之年資部分應予扣除。

十四、稅捐及費用：

除本合同另有約定者外，因本合同之簽訂或履行所生之一切稅捐或費用，除合於免稅或免徵規定者外，均由甲方負擔。

若本合併案未獲主管機關核准或因其他事由而解除、終止或不生效力,除本合同另有規定者外,則已發生之費用由立約雙方平均負擔。

十五、合併後存續公司董事會、章程:

(一) 合併後存續公司之董事長、董事或監察人等若有必要變更者,由存續公司另行召開股東會及董事會依法改選之。

(二) 合併後存續公司之公司章程依甲方原訂之公司章程,如有必要修改,得修改之。

十六、參與合併家數增加:

本約各項合併事宜於未完成前,若有其他公司欲參予合併者,已進行之各項程序及法律行為應由所有參予合併之公司重行為之。

十七、本合同之生效及履行:

(一) 本合同於立約各方董事會決議通過後簽訂,並於各方股東會決議通過及取得相關主管機關之許可或核准(包括公平交易委員會同意結合之許可、證券交易所就合併後甲方繼續維持上市之核准意見、證券暨期貨管理委員會就合併增資發行新股之核准及有關主管機關之核准等)後始生效力。

(二) 本「合併合同」經立約各方股東會決議通過後,得由各股東會授權其董事會為各項必要之調整。

十八、合同之解除:

在合併基準日前,立約各方同意如有下列情形之一者,一方得以書面通知他方解除:

(一) 立約各方以書面同意解除本合同。

(二) 任一方之股東會未通過本合併案。

(三) 存續公司或消滅公司違反其依本合同所為之聲明、擔保、承諾或重大事由,經一方以書面通知他方限期補正而未補正者,得以書面通知他方解除本合同。

(四) 本合併案於本合同簽訂後一年內仍未完成,任一方得以書面通知他方解除本合同。

(五) 相關主管機關要求修訂本合同之內容,係存續公司或消滅公司無法同意者,任一方得以書面通知他方解除本合同。

　　本合同經解除後，甲乙任何一方得要求他方於本合同解除後七日內返還或銷毀他方依本合同之規定所取得之文件、資料、檔案、物件、計畫、營業秘密及其他有形之資訊。返還或銷毀之一方應由具有代表權限之人出具切結書，保證已完全履行本項所訂之返還或銷毀義務。

十九、違約：

　　於合併基準日前，若任一方有違約之情事，他方得檢附相關舉證資料請求違約方負損害賠償之責。

第五章　商業策略運用

第一節　運用效益

　　對於企業的資源、價值、定位等運用，若缺乏明確效益指標，例如營業損益、營業收入、營業毛利及客戶關係等，將使策略運用難以發揮效益。因此將資源、價值、定位等運用效益進行分析之主要任務，在於找出與策略運用中可能的型態因子（Patterns Factor）、集群因子（Clusters Factor）、趨勢因子（Trends Factor）等。例如：企業的長短期策略規劃、長期技術及產品發展策略定位朝向價值鏈夥伴關係的建立與強化時，就可運用引進對產業價值熟悉且具相關人脈資源的人士擔任企業經理人或顧問的方式進行。

第二節　運用資源

　　企業運用資源以適應商業多元化事實，首要在於如何使資源運用能讓策略具高度交叉替代或特定排他的聯結適用性（圖[5.1]），對於商業策略而言，運用資源無疑是扮演了重要的角色。當策略具備高度交叉替代性，這在某種程度上使企業經營能有更大的變動優勢。惟可運用資源可能影響商業策略的權利義務時，這種變動優勢需經過比較嚴謹程序的確認。

　　由於商業策略常受制於資源運用中眾多關聯資源、內部資源和外部資源等動態與靜態因子影響，當資源運用愈精確，將更有助於形成一個比較具衡平性的商業策略的基礎。因此與其強調資源管理控制，不如深化資源運用的有機性管理，讓交易供應鏈能隨不同的情況彈性地調整。

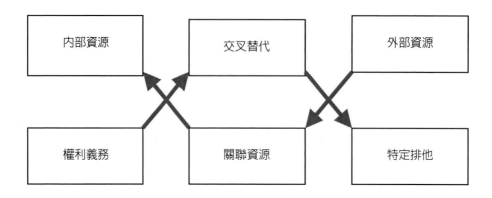

圖[5.1]　資源聯結

第三節　運用價值

　　商業策略的運用價值主要從其內涵性、參與性、成本性等來做審視，其中參與性通常會成為運用價值特別注重的環節。在某些情況下，成本性往往具有擴張幅度效力，可以使運用價值達到效果。運用價值內涵性，主要為運用價值所設定的原則、機制的交換標準。一般在交換標準背後，隱含的是對各種相互衝突利益的折衷，因此交換標準首重在維護企業權利及聲譽的同時，體現價值的對稱性。當運用價值具有可能影響對稱性的情形時，就可能使運用價值難以呈現事實適用。

　　運用價值成本性，主要由情境成本、釋明成本、時間成本所構成。在形成運用價值的狀態過程中，對成本的穩定要求，必須考慮成本的制約方式。成本標的中如果情境成本不明確，常易導致權利以及義務的混淆。釋明成本簡要的來說有三個成本因子，即利益成本因子、停損成本因子及回復成本因子，也就是要以最合適的成本達成最合理的運用價值。運用價值參與性，則在於形成策略前，充分瞭解參與性因子間關係的發生、變更、終結等過程中，所相對應的各種可能發表的、提出的、建議的、承認的以及接受的或否定的任何陳述、意見、觀點或請求的依據為何，也是影響策略發展的重要因素。以下特提供讀者採購合同範例（見 37 頁），以進行運用價值的分析練習。

採購合同

前言：

　　本合同書為甲、乙雙方關於採購標的的買賣合同之主合同，相關補充附件亦構成本合同書之一部，亦生同等效力。若乙方屬甲方之策略採購夥伴並簽署關於繼續性供給採購標的之「附約」者，該「附約」內容亦構成本合同書之一部，亦生同等效力。

一、採購標的之名稱、規格、數量及金額等資訊：

　　　　甲方擬向乙方採購之採購標的，其詳細名稱、規格、數量、金額、批次、料號、型號、訂單號碼等資訊，以甲方透過書面、傳真或電子郵件發送於乙方，經乙方確認之個別訂單（以下稱「訂單」）為准。

二、採購標的之總價款及支付方式：

(一) 採購標的之個別單價及總金額以訂單為準。

(二) 除甲、乙雙方另有書面約定外，採購標的之付款方式依據下列定之：

　1、除甲乙雙方另有書面合意外，甲方應於收到乙方請款之書面（對帳單）及發票後付款予乙方。

　2、請款作業：

　（1）請款地：甲方之主營業所所在地。

　（2）對帳單請於請款該月五號前送達甲方財務部。如遇假日，則將結帳日提前。對帳單亦請提前送達財務部。逾期款項則順延至下月份，不再另行催告。對帳單內容請務必載明驗收單號碼、料號、數量、單價及金額等必要事項。

　（3）甲、乙雙方對帳日期為請款該月之十號到十五號。

　（4）乙方現場領款日期為請款該月之十五號到二十號，遇假日順延。

　（5）除上述之時期外，其餘時間甲方不受理任何請款作業。

　（6）除甲、乙雙方另有書面合意以電匯方式付款外，甲方一律以平行線支票並以禁止背書轉讓之方式付款。如乙方請求甲方取消禁止背書轉讓之記載或有其他特殊要求，乙方同意事前簽具切結書免除甲方因此可能衍生之票據責任。

（7）貨款須由甲方郵寄者，請附上回郵信封。

（8）要用郵寄者，若支票遺失，一切法律程序請乙方自行辦理。甲方概不負責。

（9）要求取消「禁止背書轉讓」之廠商，請至約定之清償地領款，一律不代為郵寄。

（１０）貨款支票核對無誤後，支票簽回聯正本請加蓋公司章及經辦人簽章後寄回甲方。

3、帳款確認：為避免甲乙雙方關於帳款之爭議，甲方於每年會計年度終了時將郵寄予乙方帳款確認書（詳見附件）。乙方應配合甲方確認帳款金額，並於次年度二月中旬前郵寄回復甲方財務部。若乙方不為確認，將以甲方郵寄予乙方帳款確認書上所載內容為準，日後若有爭議，須由乙方負擔相反或不一致之舉證責任。

(三) 其他關於採購標的價款及支付方式之未訂明事項，由甲乙雙方另以書面補充之。

三、交貨期：

(一) 交貨期（Lead-Time）之確定：由甲方所提出訂單上所載之期日／期間，經乙方以書面或傳真確認後定之。

(二) 甲方發出訂單之後，乙方應以書面或傳真對甲方進行訂單回復，回復內容應包含交貨期、採購標的數量及甲方指示資訊之確認。若乙方確認，自確認後，乙方即應備妥生產計畫及安全庫存。若乙方未確認，視為確認，並擔負與前述相同之準備義務。若乙方不確認，應以書面載明詳細理由通知甲方。

(三) 甲方發出出貨通知（書面、傳真或電子媒介形式皆可）後，乙方應立即以書面、傳真或電子媒介形式對甲方進行出貨通知確認，確認內容應包含交貨期、採購標的數量，及甲方指示資訊之確認。若乙方未確認，視為確認，須依甲方出貨通知上所載明相關規定交貨。若乙方不確認，應以書面、傳真或電子媒介形式載明詳細理由通知甲方。

(四) 甲方若於訂單或出貨通知發出後，有訂單或出貨通知內容更改之需求，甲方得於原定交貨期一個月前以書面、傳真或電子媒介形式對乙方進行更改通知。

(五) 如因訂單內容之變更導致生產成本之增減或交貨期限之變更者，乙方得就價格或交貨期限要求甲方做合理之調整，並經甲方同意後變更之。甲方對前述之要

求，應於收到乙方訂購單內容變更通知後三個工作天內提出，甲方逾期未提出者視為無異議接受更改後之訂購單內容。

四、廠商庫存之責任：除非經甲方事前書面同意，乙方備料如超過甲方訂單所載之採購標的，其超過之部份概由乙方負擔其控制管理及相關之風險。

五、禁止轉包：除甲方於購買採購標的前已知悉乙方為代理商之情形，採購標的應由乙方自行開發及製造，非經甲方事前書面同意，乙方不得將採購標的轉包由第三人開發、設計或製造。

六、採購標的之運送：

(一) 乙方應於採購標的製作完成後，依合理費率中最能避免採購標的發生損害之方式，將採購標的運送至請款地交付予甲方並進行驗收。

(二) 交貨注意事項

1、乙方於交付採購標的時，應於最小包裝及外箱上加貼標籤並標示嘜頭，並附上出貨通知於外箱上。

七、採購標的之驗收：

採購標的之驗收乃依據到貨通知所載之內容，以及甲乙雙方另以特約約定之品質水準進行驗收，由甲方或其指定人按驗收結果於採購標的到達請款地後七天內製作驗收單交付乙方。

(一) 超額交貨：甲方於驗收時，如發現乙方交付予甲方之採購標的，其專案或數量超出出貨通知所載明者，甲方有權不受領超交之採購標的並且拒付超額之貨款。該超額交貨之採購標的若須退回乙方，則相關運費費用由乙方支付。

(二) 甲方於驗收中發現全部或部分之採購標的有瑕疵或短缺時，應載明於驗收單通知乙方。驗收單中應注明瑕疵或短缺之採購標的，並將發現瑕疵或短缺的情狀載明。

八、危險負擔：採購標的於乙方交付予甲方點收前，如因可歸責於乙方之事由或因天災、事變等不可抗力事件所生之損害或危險，均由乙方負擔。但乙方之產品保固責任，不因甲方收受與否而有不同。

九、新零件／部品訂單：

(一) 甲方訂單內容所載之採購標的若屬新零件／新規部品等，一律須經甲方新產品承認程序並審核判定合格，出具同意書後，始得提供予甲方。

(二) 乙方若未依據上述程序，而逕自生產採購標的提供予甲方，甲方將不予受領。乙方若因此遲延而造成甲方之損失，應負損害賠償責任。

十、瑕疵擔保：

(一) 乙方依本合同提供甲方之所有採購標的，應負物之瑕疵、權利上的瑕疵擔保責任。

(二) 乙方所交付之採購標的，若為乙方自製品，則就甲方或其客戶之正常使用，原則上應於採購標的經甲方驗收通過後三年內，由乙方保固其產品品質，例外得於個別機型協商較短保固期。若為乙方代理之外製品，保固期由甲乙雙方另行協定並以附件方式定之。

(三) 乙方保證提供甲方之採購標的並未侵犯任何第三人之知識產權或其他任何權利。

(四) 關於所有上述之擔保，乙方應負擔之責任與甲方得受領之補償與賠償，包括但不限於以下之方法，且方法之行使，甲方有選擇權：

1、除去、修繕、補正或修改前述之瑕疵。

2、更換同等品質以上可取代採購標的之物件、材料或產品等。

3、退還具有瑕疵之採購標的以及因其退還而導致使用或功能上有所欠缺之相關貨品。

4、其他經由雙方達成協定後之補救措施。

5、乙方若未履行前述之補救措施時，甲方有權以乙方的費用採取任何必要的補救措施。此等費用乙方應償還之，甲方並得自其他款項中扣除或主張抵銷。

6、無其他補救措施可供協議時，甲方得終止本買賣合同，由乙方退還貨款、運費及其它相關費用，甲方並得直接向乙方請求債務不履行之損害賠償。

　　　甲方於驗收後始發現或察覺全部或部分之採購標的有瑕疵或短缺時，應於保固期前，以書面通知乙方。書面通知中應注明瑕疵或短缺之採購標的，並將發現瑕疵或短缺的詳細情形告知乙方。

(五) 甲方退還因瑕疵或短缺之採購標的時，乙方須以自己之風險負擔此回返之運送及修復後之裝運。

(六) 乙方完成採購標的之修復或更換新品之後，甲方有權利進行必要之測試或檢查，以驗明該瑕疵或短缺已經修繕或補正。

(七) 本條所規範之瑕疵標的及所有受影響到的部分，自發現時起至修復完畢或更換運交甲方之期間，均不計入保固期。

(八) 因乙方使用人所造成關於採購標的之瑕疵，乙方須對其負連帶責任。

(九) 乙方應對甲方提供關於採購標的之技術支援及必要之檔說明。

十一、保證品質：

(一) 乙方向甲方保證，採購標的應符合本合同、訂單或附約所約定之規格及其它條件，且具備採購標的特殊應有或甲乙雙方約定之品質，乙方向甲方保證採購標的絕無減少或滅失其價值或不適於約定使用之瑕疵。

(二) 除經甲方事前書面同意外，乙方不得任意於合同存續中任何時期內變更採購標的之規格、顏色、韌體、軟體及其它條件，乙方並應保證該更換之新採購標的具備特殊應有或甲乙雙方約定之品質，並且無減少或滅失其價值或不適於約定使用之瑕疵。

　　1、採購標的未進入免檢之損害賠償：如因採購標的品質未達到免檢制度要求，造成甲方安排人員檢驗，其檢驗費用，乙方應負擔之，費用之計算由甲乙雙方協商之。

　　2、關於採購標的，如因下列情形致甲方產生損害時，乙方同意負法律上相關損害賠償責任：

　　　A. 任何乙方自行變更設計（ENC），未經甲方事前書面同意者。

　　　B. 乙方採購標的材料、材質、規格（Spec）、零件廠商及製造地等變更，未經甲方事前以書面同意者。

　　　C. 乙方明知或可得而知採購標的有瑕疵而仍將之交運予甲方。

(三) 因可歸責於甲方之付款遲延者，乙方得請求相當於法定利息之遲延利息。

(四) 因可歸責於雙方任一方之事由，違反本合同之任一方，應負法律上相關損害賠償責任。

十二、環境、勞工協議：

(一) 乙方承諾配合甲方環境政策的實行，協議在符合國際、當地法規與持續改善的基礎上，配合甲方對環境期許之要求事項。

(二) 前項所稱之環境協議概依甲、乙雙方合意之「綠色協議書」辦理。（詳見附件）

(三) 乙方承諾不雇用童工製造採購標的。

十三、知識產權：

(一) 知識產權之權利歸屬：所有由甲方所投資或支付相當費用並與採購標的有關，或由其所衍生之知識產權或其他權益，均歸甲方單獨所有（不包括採購標的本身），乙方未經甲方之書面事前同意不得任意利用或為任何權利之主張或請求。採購標的若由甲、乙雙方所共同開發者，知識產權之權利歸屬另依雙方合意之合作開發合同定之。

(二) 知識產權之責任歸屬：若任何第三人向甲方主張乙方交運之採購標的、零件或檔侵犯他人之任何知識產權時，甲方應立即以書面通知乙方，並提供一切有用的訊息、協助乙方評估。此外，乙方應自付費用，在甲方所訂期限內及選擇下進行：

1、與該主張之第三人和解；

2、對此主張提出反對之抗辯。

3、若超過甲方所訂期限仍未能有效解決此爭議；或經任何有管轄權的法院認定此類產品已構成侵害（不論判決是否確定）；或是，若此類產品之使用權被禁止或暫時凍結，則乙方必須在甲方的選擇下，採取：（1）為甲方購得該產品的使用權；（2）在不降低產品約定之性能的前提下，更換或修改此類產品以回避侵權；或（3）終止或解除本合同，並支付因侵害成立所產生甲方的損害賠償。

(三) 本條關於知識產權侵害規定之甲方權利包括在法律上可獲得的其他補償或賠償。

(四) 本條之規定不影響第十條甲方所得主張之權利。

十四、保密義務：

關於本合同甲方提供予乙方機密性技術資料之保密義務，另以雙方另行簽訂之保密合同定之。

十五、合同之終止：

(一) 除雙方另有特別約定外，甲乙雙方同意在甲方受領採購標的之前，如有下列情形之一者，任何一方得以書面通知他方終止本合同：

1、甲乙任何一方經裁定重整、經依破產法裁定和解或受破產之宣告。

2、甲乙任何一方違反本合同之任何約定，經他方以書面通知其違反之情事而未於收到上開書面通知後十日內予以補正或無法補正者。

(二) 除雙方另有特別約定外，本合同如因前項第二款之約定而終止者，違反之一方應對未違反之他方負法律上之損害賠償責任。

十六、其他約定事項：

(一) 本合同之期間為自生效日起＿＿＿＿年。

(二) 本合同所有關於金額之約定以＿＿＿為幣別單位。

(三) 甲乙雙方不得將本合同之權義移轉予任何第三人，但甲方將之移轉予關係企業者不在此限。

(四) 本合同之解釋、仲裁、訴訟與履行均以＿＿＿＿法律為準。甲乙任何一方對本合同之解釋或履行有所爭議時，應先行協調解決，無法協調解決時，有爭執之一方應將爭議提交仲裁。仲裁應依＿＿＿＿仲裁法向位於＿＿＿提出。

(五) 除本合同另有特別約定者外，本合同之修改與更新，須經甲乙雙方以書面同意，始得為之。

(六) 本合同之通知，除雙方另有合意以存證信函或快遞送達，或合同另有規定外，應以書面依下列之地址為之，始生通知之效力：

甲方：股份有限公司

物料不良供應商扣款作業辦法

適用範圍：本作業辦法適用於所有供應（甲方）採購標的／產品之供應商（乙方）。

依據：供應商（乙方）與（甲方）簽訂之買賣合同書與品質保證合同書。

說明：

(一) 扣款樣態：

供應商（乙方）因提供之採購標的／產品與（甲方）所要求之規格、功能或形式等不符，導致（甲方）產生額外之加工、全檢或其他費用者，（甲方）得直接跟供應商（乙方）協商求償辦法。

供應商（乙方）交付採購標的／產品時，若未依（甲方）進料檢驗規定；附上交貨所需資料，如材料檢驗單、供應商（乙方）出廠檢驗報告或安規要求之其餘需要清單等，（甲方）於此情形：第一次將以書面通知，警告供應商（乙方）之品質代表人，第二次將對予供應商（乙方）處以扣款，第三次再累加扣款．（以此類推），（甲方）得另向供應商（乙方）請款。

若供應商（乙方）未依品質保證合同之品質異常處置相關條文，於收到（甲方）之供應商品質異常通知書起三個工作日內回復；則（甲方）除得自行依「供應商品質異常通知書」之建議處理方式執行相關處理外，供應商（乙方）同意接受每案件被課予額外管理費用之罰扣款，（甲方）得另向供應商（乙方）求償。

如有下列情形發生，供應商（乙方）同意負損害賠償責任：

任何供應商（乙方）自行變更工程設計，未經（甲方）書面同意者。

任何供應商（乙方）材料材質、規格、零件廠商及製造地等變更，未經（甲方）書面同意者。

(二) 供應商（乙方）異議：各供應商（乙方）如有任何異議，務必在收到「供應商（乙方）品質異常通知書」後三日內提出書面予（甲方），否則視同供應商（乙方）同意執行扣款請款。

(三) 其他未規定事項，依據誠信原則，由雙方當事人以書面另定之。

綠色協議書

適用範圍：本協議適用於所有乙方出售予甲方之採購標的／產品及其有關之活動、產品與服務。

乙方供應製品的環境合法性：本協定所述之採購標的／產品均需符合國際或當地的相關法律條文。

乙方配合甲方對環境的持續改善性：

乙方需配合甲方之環境管理相關作業，接受甲方所要求書面或實地的環境相關審查活動。例如：配合正確真實地提供「有害物質鑒別結果報告書」、「間接環境因素評估表」、「物質安全資料表」等。

乙方之環境管理相關作業無法確保符合甲方環境政策時，乙方經甲方明確告知後，需修正其活動、產品與服務，以滿足甲方的環境要求。

環境改善活動：

　　乙方需配合甲方對於環保之期許，對重大環境因素實施改善。

　　乙方活動、產品與服務不符甲方環境需求時，其所交付之採購標的／產品准用「品質異常時之處置」。（內容參品質保證合同書及甲方物料不良供應商扣款作業辦法等相關規定）

　　環境責任：

　　乙方在與甲方配合過程中，如系提供採購標的／產品關於第二條規定事項等不實數據或資訊，致使甲方遭致營業或其他損失，乙方應負賠償責任。

　　查核：

　　乙方同意接受甲方對於採購標的／產品等相關環境審查、稽核與調查活動，以審核乙方無上述違背義務事項。

　　綠色夥伴：

　　簽署本協議書後，甲方定義乙方為「綠色夥伴」，在對於採購標的／產品相同條件供應商中，將優先給予採購之權利。

第四節　運用定位

運用定位，是為達到商業策略所訂定之主軸方向，包括經營範疇、行動規劃、預算目標、業務發展、組織融合、社會責任等，通常企業組織愈複雜，分工愈精密，運用定位成本會愈高。因此，運用定位的發展主軸可以從經營的流程、時間、成本、價值、彈性、預應等發展。尤其在預應上，除須具備傳統強調的事前預防想法外，應逐步轉化為互補雙贏的態度，以期能夠為企業創造商業利益，提高企業形象。具體運用定位組成因子如下：

一、定位體驗

定位體驗在於幫助企業解決問題或完成服務。藉由觀察問題真正的理由，了解產品或服務各個因子的特性後，就可以針對這些特性，並找出對企業整體營運環節能明顯改善的方法。例如科技產業競爭的關鍵在於技術、服務與價格。當全球的市場價格競爭已成為微利潤時，改善的方法可從提升技術，與客製化服務的不同市場層次來創造利潤。

二、定位標準

每一種產品或服務有一些主要的判斷標準，作為企業定位的依據，而定位標準主要是加入市場的需求產品或服務，或者將產品或服務重新組合。這些判斷標準大致包含了所有獲取商業利益與利益分配的事項。同樣地，每種產品或服務都有某項單元因子，是基本上應具備的。例如，IC 設計服務業應具備的「無工廠」（Fabless）與「外包」（Outsourcing）生產，是基本上應具備因子特性。

三、定位預測

　　產品或服務的市場需求一旦將發生重大轉變時，企業一般會隨著變化轉變營運方向。如果企業有比較好的定位預測機制，而且可以對不同營運方向作定位，有時候這就足以創造出企業另一波大幅的成長。例如：企業定位朝資源共享及策略聯盟，則可透過跨國公司或是投資公司，尋求公司或產業的互相合作，共同建立秩序，或藉著價值鏈夥伴關係的建立與強化，以及全球營運據點的高效率運作，搶占有利的商機。另定位預測機制過程中，可參考下述八個關鍵因子：

（一）乾　　乾下乾上

乾，元亨利貞。

初九，潛龍勿用。

九二，見龍在田，利見大人。

九三，君子終日乾乾，夕惕若厲，無咎。

九四，或躍在淵，無咎。

九五，飛龍在天，利見大人。

上九，亢龍有悔。

用九，見群龍无首，吉。

象曰：大哉乾元，萬物資始，乃統天。雲行雨施，品物流形，大明終始，六位時成，時乘六龍以御天。乾道變化，各正性命，保合大和，乃利貞。首出庶物，萬國咸寧。

象曰：天行健，君子以自強不息。潛龍勿用，陽在下也。見龍在田，德施普也。終日乾乾，反復道也。或躍在淵，進無咎也，飛龍在天，大人造也。亢龍有悔，盈不可久也。用九，天德不可為首也。

（二）坤　　坤下　坤上

坤，元亨，利牝馬之貞。

君子有攸往，先迷，後得主。利西南得朋，東北喪朋，安貞吉。

彖曰：至哉坤元，萬物資生，乃順承天。坤厚載物，德合无疆，含弘光大，品物咸亨。牝馬地類，行地無疆。柔順利貞，君子攸行，先迷失道，後順得常。西南得朋，乃與類行，東北喪朋，乃終有慶，安貞之吉，應地無疆。

象曰：地勢坤，君子以厚德載物。

初六，履霜，堅冰至。

象曰：履霜堅冰，陰始凝也。馴致其道，至堅冰也。

六二，直方大，不習無不利。

象曰：六二之動，直以方也。不習無不利，地道光也。

六三，含章可貞，或從王事，無成有終。

象曰：含章可貞，以時發也；或從王事，知光大也。

六四，括囊，無咎無譽。

象曰：括囊無咎，慎不害也。

六五，黃裳，元吉。

象曰：黃裳元吉，文在中也。

上六，龍戰於野，其血玄黃。

象曰：龍戰於野，其道窮也。

用六，利永貞。

象曰：用六永貞，以大終也。

(三) 坎　坎下坎上

習坎，有孚，維心亨，行有尚。

象曰：習坎，重險也。水流而不盈，行險而不失其信。維心亨，乃以剛中也；行有尚，往有功也。天險不可升也，地險山川丘陵也，王公設險以守其國，險之時用大矣哉。

象曰：水洊至，習坎。君子以常德行，習教事。

初六，習坎，入于坎窞，凶。

象曰：習坎入坎，失道凶也。

九二，坎，有險，求小得。

象曰：求小得，未出中也。

六三，來之坎坎，險且枕，入于坎窞，勿用。

象曰：來之坎坎，終無功也。

六四，樽酒，簋貳，用缶，納約自牖，終無咎。

象曰：樽酒簋貳，剛柔際也。

九五，坎不盈，祗既平，無咎。

象曰：坎不盈，中未大也。

上六，係用徽纆，寘于叢棘，三歲不得，凶。

象曰：上六失道，凶三歲也。

(四) 離　離下離上

離，利貞，亨，畜牝牛，吉。

象曰：離，麗也。日月麗乎天，百穀草木麗乎土，重明以麗乎正，乃化成天下。柔麗乎中正，故亨，是以畜牝牛吉也。

象曰：明兩作，離，大人以繼明照于四方。

初九，履錯然，敬之，無咎。

象曰：履錯之敬，以辟咎也。

六二，黃離，元吉。

象曰：黃離元吉，得中道也。

九三，日昃之離，不鼓缶而歌，則大耋之嗟，凶。

象曰：日昃之離，何可久也。

九四，突如其來如，焚如，死如，棄如。

象曰：突如其來如，無所容也。

六五，出涕沱若，戚嗟若，吉。

象曰：六五之吉，離王公也。

上九，王用出征，有嘉折首，獲匪其醜，無咎。

象曰：王用出征，以正邦也。

(五) 艮　艮下艮上

艮其背，不獲其身；行其庭，不見其人。無咎。

象曰：艮，止也，時止則止，時行則行，動靜不失其時，其道光明。艮其止，止其所也。上下敵應，不相與也，是以不獲其身。行其庭不見其人，無咎也。

象曰：兼山，艮，君子以思不出其位。

初六，艮其趾，無咎，利永貞。

象曰：艮其趾，未失正也。

六二，艮其腓，不拯其隨，其心不快。

象曰：不拯其隨，未退聽也。

九三，艮其限，列其夤，厲薰心。

象曰：艮其限，危薰心也。

六四，艮其身，無咎。

象曰：艮其身，止諸躬也。

六五，艮其輔，言有序，悔亡。

象曰：艮其輔，以中正也。

上九，敦艮，吉。

象曰：敦艮之吉，以厚終也。

(六) 震　震下震上

震，亨。震來虩虩，笑言啞啞，震驚百里，不喪匕鬯。

象曰：震，亨。震來虩虩，恐致福也；笑言啞啞，後有則也；震驚百里，驚遠而懼邇也，出可以守宗廟社稷，以為祭主也。

象曰：洊雷震，君子以恐懼脩省。

初九，震來虩虩，後笑言啞啞，吉。

象曰：震來虩虩，恐致福也；笑言啞啞，後有則也。

六二，震來厲，億喪貝，躋于九陵。勿逐，七日得。

象曰：震來厲，乘剛也。

六三，震蘇蘇，震行無眚。

象曰：震蘇蘇，位不當也。

九四，震遂泥。

象曰：震遂泥，未光也。

六五，震往來厲，意無喪，有事。

象曰：震往來厲，危行也，其事在中，大無喪也。

上六，震索索，視矍矍，征凶。震不于其躬，于其鄰，無咎。婚媾有言。

象曰：震索索，中未得也；雖凶無咎，畏鄰戒也。

(七) 巽　巽下巽上

巽，小亨，利有攸往，利見大人。

象曰：重巽以申命，剛巽乎中正而志行，柔皆順乎剛，是以小亨，利有攸
往，利見大人。

象曰：隨風，巽，君子以申命行事。

初六，進退，利武人之貞。

象曰：進退，志疑也；利武人之貞，志治也。

九二，巽在床下，用史巫，紛若，吉，無咎。

象曰：紛若之吉，得中也。

九三，頻巽，吝。

象曰：頻巽之吝，志窮也。

六四，悔亡，田獲三品。

象曰：田獲三品，有功也。

九五，貞吉，悔亡，無不利。無初有終，先庚三日，後庚三日，吉。

象曰：九五之吉，位正中也。

上九，巽在床下，喪其資斧，貞凶。

象曰：巽在床下，上窮也；喪其資斧，正乎凶也。

(八) 兌　兌下兌上

兌，亨，利貞。

彖曰：兌，說也。剛中而柔外，說以利貞，是以順乎天而應乎人。說以先民，民忘其勞，說以犯難，民忘其死，說之大，民勸矣哉。

象曰：麗澤，兌。君子以朋友講習。

初九，和兌吉。

象曰：和兌之吉，行未疑也。

九二，孚兌，吉，悔亡。

象曰：孚兌之吉，信志也。

六三，來兌，凶。

象曰：來兌之凶，位不當也。

九四，商兌未寧，介疾有喜。

象曰：九四之喜，有慶也。

九五，孚于剝，有厲。

象曰：孚于剝，位正當也。

上六，引兌。

象曰：上六引兌，未光也。

第六章　商業策略規劃

第一節　規劃組成

　　商業策略規劃（Business Strategic Planning）組成，重點為規劃多種不同層次與方法的商業策略組合，層次上主要分為企業及利益關係人兩大類。原則上，為了避免與利益關係人間產生紛爭，企業對利益關係人的權益分配標準和評價，在策略組成層次方法分析中，可先對利益關係人利益分配的替代強度衝擊進行分析。其主要的關鍵，就在於因子的聯結組合（Linkage Portfolio）（圖[6.1]）。

　　例如，透過業務的聯結，如何為企業創造更多的可能商機？是打敗競爭者讓公司事業成長？還是讓現有事業與競爭者的事業結合？企業、其從屬公司，或其董事、經理人、監察人或受僱人是否正遭受任何證券交易所或行政機關調查，或被要求提供前述機構或個人相關的資訊？（Is any stock exchange or regulatory body investigating or requesting information from the Applicant, its Subsidiaries, or any of the directors, managerial officers, supervisor of board, or employees of these companies）。

第二節　規劃權益

　　商業策略規劃權益之目的，主要是為了商業利益價值的實現。分別有單元規劃權益和多元規劃權益，其間可能有無數種相應結果。本章所探討的，主要是創新、品質、速度、服務、成本相關活動事實的權益。一般而言，活動事實權益整合是規劃時盡可

渙・亨・王假有廟・利涉大川・利貞・
象曰・渙亨・剛來而不窮・柔得位乎外而上同・王假有廟・王乃在中（05）也・利涉大川・乘木有功也・
象曰・風（04）行水（01）上・渙・先王以享于帝立廟・

圖[6.1]　聯結組合

能應遵行的，但往往所規劃權益只著重在成本事實。其他事實常受制於流程運作中眾多變異因子的相關性、重要性和有效性等諸如此類的價值因子而產生出來的。價值因子可被歸為兩大類：一是對執行效果有推力影響性的因子，二是對執行過程有拉力影響性的因子。

　　至於規劃權益優先順序上，由於環境的經常性變動，企業通常會先將重點放在和企業策略目標連結的利益關係人權益上，以期能夠有效運用管理內、外部資源，並提高商業策略的綜效。企業對於規劃權益，應該要有一套共通的語言，這能讓策略形成過程中的每一位利益關係人員，包括董監事、管理團隊、各類專家等，於策略形成前，彼此能很快地反映聯結，並迅速採取相應合適的調整行動，使規劃權益能轉化為策略。例如：權益價值轉化公式：[當期現金流量＋價值變動]／[期初價值總額]。如果價值轉化是正的，代表商業策略正在創造價值，相反地，如果價值轉化是負的，代表商業策略價值遞減，也就是說在未來很難從目前商業策略的運用創造獲利。

　　隨著全球化的影響，企業無不瞭解多元事實的相應規劃權益必要性。例如：為強調成本事實的規劃權益，引起速度降低；只強調品質事實的規劃價值，對服務品質予以忽視。當然，投入成本與產出價值是企業在進行規劃時通常會特別注重的。因此，謀求創新、品質、速度、服務、成本間的均衡，使得規劃價值達到公司與利益關係人均贏，是規劃價值的發展方向。

第三節　規劃成本

　　規劃成本為為商業策略極為重要的核心活動。規劃成本的本質，通常也是經營階層或管理階層與利益關係人彼此間，利益交錯、衝突與關係等運作效能維持的平衡點。規劃成本的特性因所涉層面廣泛，最主要的問題常在於是否應以利益關係人權益極大

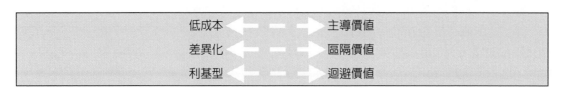

低成本	← - - →	主導價值
差異化	← - - →	區隔價值
利基型	← - - →	迴避價值

圖[6.2]　策略價值

化為原則？或應以企業利益實現為目的？此不單單成為商業策略任務的爭論，亦是具體經營管理的情況，以長期觀點來看，商業利益並不是單方面的建立在特定利益關係人的權益之上，而是取得整體利益衡平，並同時達到企業社會責任的目的。對此，特將規劃成本的合理性、正當性、參與性分述如下：

一、成本合理性

商業策略整合具有相對性成本的關係，成本合理性是非常重要的。策略成本合理性，是指策略成本所影響規劃的因素，例如期間、費用、流程等。企業所擁有的優越條件所產生的商業利益，與利益關係人權益分配認知差距過大時，可能反而對企業造成不利局面。商業策略效率的追求，應使商業策略能符合利益衡平。因此，企業的規劃成本不能僅是從效益的角度來考慮。

二、成本正當性

由於規劃成本是策略規劃的核心。因此策略規劃成本的正當性，是規劃成本的先決條件，即要讓規劃成本是在對等的環境和機會之上進行，從這個意義上而言，成本正當性意味著義務以及權利的精神、原則和要求。誠如孫子所言：途有所不由，軍有所不擊，城有所不攻，地有所不爭，君命有所不受。故將通於九變之利者，知用兵矣；將不通於九變之利，雖知地形，不能得地之利矣；治兵不知九變之术，雖知地利，不能得人之用矣。是故智者之慮，必雜於利害。雜於利，而務可信也；雜於害，而患可解也。例如：當市場信用制度不健全及大環境景氣不佳時，企業考量擴充銷售規模的經營環境和機會時，規劃成本可先從對等的環境和機會之上來進行分析。

三、成本參與性

成本參與性，在於形成策略前，充分瞭解可能發表的、提出的、建議的、承認的以及願意接受的或否定的任何陳述、意見、觀點或請求的成本為何，例如：如果合約雙方

2000 年國際貿易術語解釋通則	
E 組（發貨）	
EXW	工廠交貨（……指定地點）
F 組（主要運費未付）	
FCA	貨交承運人（……指定地點）
FAS	船邊交貨（……指定裝運港）
FOB	船上交貨（……指定裝運港）
C 組（主要運費已付）	
CFR	成本加運費（……指定目的港）
CIF	成本、保險費加運費付至（…指定目的港）
CPT	運費付至（……指定目的港）
CIP	運費、保險費付至（……指定目的地）
D 組（到達）	
DAF	邊境交貨（……指定地點）
DES	目的港船上交貨（……指定目的港）
DEQ	目的港碼頭交貨（……指定目的港）
DDU	未完稅交貨（……指定目的地）
DDP	完稅後交貨（……指定目的地）

在銷售合同中訂入 Incoterms 時，清楚地指明所引用的 Incoterms 版本是很重要的。上述成本參與性其意義是，在最終成本的形成過程中，不論是中間規劃參與性或部分規劃參與性的成本，在參與中所依據的數據、專家報告等，那些最終可能會受到影響和作用，就成為成本參與性的決定意義。

第四節　規劃層級

　　現今網路的無國界性，使企業的商業策略規劃層級，朝向全球化層級運作方向發展，其蘊涵著能否使企業商業利益能夠獲得維護，及是否全面合理化的聯結與適用衝突性問題。因為如果企業對策略規劃層級選擇無法有效進行，很可能導致企業商業利益得不到有效保護。因此企業對現行策略規劃層級的思維、成本、原則等的發展探究與完善管理，建議是可以較優先的選擇重點。在此茲將規劃層級具體條列分述如下：

一、層級原則

對於策略規劃層級的原則，涵括利益衡平的規劃是不可或缺的，因為企業常為追求商業利益，對於所存在的正當性問題加以忽視。策略作為企業尋求商業利益的取得、保護與救濟的途徑，雖為必要之事，但如何從策略層級價值來考慮策略，則是我們應當確實維持的聯結基礎。尤其當企業的 CEO（執行長）、COO（營運長）、CSO（策略長）、CMO（行銷長）或 CFO（財務長）等管理團隊決策成員，無法有充分的策略聯結基礎時，對彼此提出的議題及趨勢看法，若僅對預算及財務目標做討論，則會變成了財務數字和短期作法的討論，這就扭曲了策略規劃真正的價值。

就如《黃帝內經》所言：善用針者，從陰引陽，從陽引陰，以右治左，以左治右，以我知彼，以表知裏，以觀過與不及之理，見微得過，用之不殆。善診者，察色按脈，先別陰陽；審清濁，而知部分；視喘息，聽音聲，而知所苦；觀權衡規矩，而知病所主。

二、層級預算

合理的策略規劃層級預算，具有引導企業相關人員對於策略正確運用的功能。惟策略常受限諸多局限，其中重要因素就是策略規劃層級的預算誤差數過大。究其原因為策略規劃的形成過程中，各參與人常各自表述，錙銖必較，致許多成本都會花在無謂討論與爭點上。例如，對於企業或其任一從屬公司是否進行或計劃於未來十二個月內進行裁員或縮編程序（Is the Business or any of its Subsidiaries currently undergoing, or contemplating undergoing during the next twelve (12) months, any employee layoffs or retrenchments）的爭議。

故策略規劃的層級預算就顯得非常重要。該預算可從每個策略規劃層級活動流程的成本做歸因，並經由作業基礎成本分析，獲得在策略規劃層級作業面、標的面、成本動因等三個構面的資訊。層級預算規劃，如《老子》所言：將欲歙之，必故張之；將欲弱之，必故強之；將欲廢之，必故興之；將欲取之，必故與之。

三、層級整合

　　為了要讓利益相關人員於策略形成後，能夠順利的瞭解並執行，因此對於層級的整合，不論是相關的規劃運作、預估成本、量化分級，以及落實程度等，可先考慮成立跨部門專責單位來推動整合。也就是說，整合人員要懂得去整合各種企業的資源，並從企業核心職能必需具備的特質或能力，依照功能別、作業程序的不同的專業知識、技能與特質等工作職能及需具備的管理職能，與企業內外部各個領域的關鍵人員互動，例如，內部的董事、審計委員、稽核及高階、中階與基層的管理階層，外部的如，查核會計師、監督單位等，使得策略能具備周延性。

第七章　商業策略工程

　　商業策略工程是一種策略本質建構，涉及商業管理的概念、理論和觀點。本章專為提供策略管理者關於當前在企業中使用的策略工具、運作情境、領導能力的總體看法。由於在實際運作中，利益關係人和企業共同利益經常是模糊的，所以本章亦聚焦討論了利益關係人和企業之間的矛盾和妥協的模式。

　　Business strategy engineering is a strategy essential construction of concepts, theory and issues in business management. The objective of this chapter is to provide strategy manager with an overview of the operating scenario, leadership, strategies tools that are used in enterprise. As operations occur within an environment where the common interest of stakeholders and enterprise are often blurred, this chapter also focuses on the patterns of conflict and consensus between enterprise and stakeholders.

第 一 節　工程轉化

　　企業營運過程中，會不斷面臨著是否順著市場風潮或時尚，去進行產品或服務的核心競爭力轉化，及是否要進行價格競爭或是附加價值提升的問題。對商業策略工程轉化而言，可以趨勢導向作為思考與行動出發點。如何整合一切必要的因子，以締造出提供客戶優於現有價值的卓越體驗，哪些因子該整合進去、哪些因子是多餘蔓延的。如果有某項因子是多餘的或無整合必要，工程轉化的時候應毫不遲疑加以簡化或刪除之，直到工程指標符合設定標準，例如：可以紅、黃、綠顏色為標準，當生產排程、材料管理、物流管理、商品開發等指標呈現綠色為止，方符合工程指標設定標準。

第二節　工程結構

　　商業策略工程結構，首要步驟在於工程結構能否融入預期功能，其取決於兩大因子：一是該策略工程本身，是否具有可行性；二是該策略工程本身，是否具有延伸性。因此策略工程結構重點，主要是延伸性與可行性問題。也就是說策略的功能發揮，依賴於延伸性與可行性的協同發展，其可行性在於符合代表企業管理團隊對於策略工程的認同。

　　至於延伸性則依賴於利益關係人對策略工程的認同。由此觀之，在發展策略工程結構時，我們不僅要考慮企業合理的商業利益界限，還要考慮利益關係人的客觀存在利益，即在策略工程結構的發展進行過程中，應朝完善衡平利益的基本屬性及特徵的相應方向發展。

一、工程功能

　　工程功能的發揮首重協同一致性，他是從策略工程運作行為的彈性及可行具體變化中，考慮利益價值及利益實現的關係限制。亦即運作策略工程的功能目標，是企業商業利益及利益關係人分配利益具體實質性現況的融合。

二、工程方法

　　隨著全球化的發展，策略的工程方法亦日趨多元化。因此在策略工程上，以全球化的思維解決策略工程面對各種議題的方法，使策略工程能符合企業商業利益及利益關係人後，對於其間的相互作用的質與量的狀態，選擇採用合適的工程方法，例如：是否因會計上認列時間點差異，影響應收（應付）帳款的管理。

　　上述運作的相關工程方法越完善就越具宏觀性，也就越能在企業商業利益與利益關係人間取得衡平點。一般而言，由於不同企業的所屬產業、財務、文化、和制度等背景差異影響，因此策略工程通常相應的運作方法即有不同。從總體上說，策略工程在衡量現行所處環境及各種宏觀之變化，並探求各種問題或衝突的商業利益決策後，

對與利益關係人的問題是接續重要的議題，因為企業運作商業利益的行為，在一般情境下，通常不以造成利益關係人損失方式為代價。

三、工程分析

目前策略工程的分析方法，本文將其分為統計法（Statistical Methods）與非統計法（Non-statistical Methods）兩種類型，常用的統計分析包含有鑑別分析（Discriminate Analysis）、回歸分析（Regression Analysis）、羅吉斯回歸分析（Logistic Regression Analysis）、決策樹分析（Decision Trees Analysis）等；而非統計法有類神經網路（Neural Networks）、基因演算法（Genetic Algorithms）、專家系統（Expert Systems）等。一般常運用到的回歸分析，是由 Francis Gatlton 於十九世紀發展出來的，主要要用於分析父母與子女身高間的關係，發現子女之身高均有「回復」（Revert）或「回歸」（Regression）於群體平均水準之傾向。

由於回歸主要是用於表示兩種統計關聯，即應策略工程應變數受到不同的因子之影響，所表現出的系統規律性及資料點散佈於關聯線附近之情形。並透過對於不同因子，應變量具有其特定機率分配及具有特定機率分配之應變數，其平均數將隨引數表現出系統性之規律的具體化。且當回歸包含超過一個因子時，策略工程可透過多維度之空間來加以表達。一般來說，在進行策略工程方法建立前，必須先將觀察的資料或證據等，量化後描繪成圖形，以圖形決策觀察資料的趨勢與事實後，再依照問題實際情況進行初步分析。為規避企業的損失，在決定因子輸入前，應先分析因子的適用與否，以作為將因子輸入策略工程之參考。

且當時間緊迫時，策略工程所欲搜集的因子可以抽樣（Sampling）方式來進行使其更有效率，但須注意目標群體（Target Population）的特性，並避免產生偏差。另外，可將樣本分類為對照樣本與測試樣本以利於日後的驗證（Validation）。至於策略工程的因子與樣本資料，可借由建置資料庫來管理，以方便日後的各種使用分析，並降低對平日營運交易所使用系統的負擔。最後要強調的是，隨著工程目的不同，產生的定義效果也可能不一樣，當應變數與因子之間存在有關聯性時，可進一步定義因子與應變數存在的引衍關係。

第三節　工程量值

　　策略工程量值，是衍因與引因及聯因等在引衍關係框架運作方法下的參考值，通常是將非商業利益排除在外。一般而言，工程量值會涉及商業利益，所以產生量值轉化機會較低。在量值發展結構下，工程是否要受企業組織規則約束，或能否有效地解決各利益關係人間的爭議等，皆需時間來調整接軌。

　　當同一工程具備數個因子情境時，雖然同時發生數個量值的效果，但該量值產生問題的情境是否為同一事實並存，從工程的角度來說，應究其本質是否基於某些事實進行目的合併處理或分別處理。且當合併處理或分別處理原則是基於企業客觀反映過程和結果的事實、範圍等具體之商業利益關聯時，量值預估是延伸行為或權利義務，可以各種實現的商業利益為決策參考。以下建築承攬合同（見 63 頁）的量值展現，提供讀者聯像練習之參考。

建築承攬合同

　　本工程系＿＿＿＿＿＿公司（以下簡稱甲方）將＿＿＿＿＿＿建築，交由＿＿＿＿＿＿＿（以下簡稱乙方）承攬，經雙方同意訂立合同如下：

第　一　條　　建築地點：

第　二　條　　建築範圍：（詳圖說及施工規範規定）

第　三　條　　合同總價：

　　　　　　　全部建築總價＿＿＿＿＿＿＿元整（含稅），詳細表附後，建築承攬金額按照合同總價計算之。（本合同總價中已包含營業稅法所規定之營業稅額）（建築詳細表內數量及工項僅作為報價及計價參考，乙方於訂約前應詳細審算，如有短少、漏列專案，應於開標後、訂約前調整完畢，且調整後建築總價不得高於得標價。訂約後，若仍有短少或漏列項量均視為已包含於其他相關工項內，乙方不得要求另予加價。）

第　四　條　　付款方式：

　　　　　　　本建築付款依下列規定，由乙方按期以估驗表申請估驗計價，經甲方委任之監造人員審查無誤後，送請甲方核實後給付之。乙方請領建築款之印鑒，應與本合同所訂之領款印鑒相符，此項建築款不得轉讓或委託他人代領。

　　　　　　　一、建築無預付款，且不因物價波動或物價指數調整而增加建築款。

　　　　　　　二、自開工後每月第＿＿＿＿＿個日曆天得估驗一次，付給該期內完成建築金額。詳如下表：

項次	期別	施工內容階段	金額	備註

三、進場材料：材料進場前，應先檢送樣品及檢驗資料供甲方及甲方委託之建築師審查核可後方可進場施做。乙方應設置倉庫妥為保管進場材料，如有失竊、虛報或保管不當影響品質時，乙方應負全責予以補足更換。

四、乙方於每月＿＿＿＿＿日前檢附相關資料、相片、發票向甲方申請計價請款，甲方應於完成審查程序後，依雙方確認之估驗金額，開立次月結＿＿＿＿＿天之期票給付該期計價款。

五、全部建築完成經正式驗收合格，且領有使用執照及接水電作業完成，乙方繳交保固切結與總建築款百分之＿＿＿＿＿金額公司保固本票作為保固金後，除有特殊事由外甲方應依規定程序付清尾款。

第　五　條　　建築期限：

一、開工期限：乙方應於訂約之日起＿＿＿＿＿日內開工。

二、完工期限：全案建築限開工之日起＿＿＿＿＿個日曆天（＿＿＿＿＿年）內完工。

三、因故延期：如因天災人禍確為人力所不能抗拒或建築變更、政府法令變更，致需延長工期時，乙方得於事實發生日起＿＿＿＿＿日內，以書面申請甲方核定延期日數。

四、為確保建築品質，因劇烈天候影響至無法施工者，經報請甲方核准後始得免計工期。

五、建築開工、停工、復工、完工，乙方均應於當日以書面報告甲方，並以甲方核定之結果為計算工期之依據。乙方不為報告者，甲方得徑為核定後以書面通知乙方，乙方不得異議。

六、甲方所核定相關工期事項，乙方均同意遵守，不得異議，亦不得因此提示賠償損失或停工結算等要求。

第　六　條　　建築變更：

甲方對本建築有隨時變更計畫及增減建築數量之權，乙方不得異議。對於增減數量，雙方參照本合同所訂單價計算增減之。有新增建築項目時，得由雙方協議合理單價，但不得以新增項目單價未議妥而停工，如因甲方

變更計畫，乙方須廢棄已完建築之一部份或已到場之合格材料，由甲方核實驗收後，參照本合同所訂單價或新議訂單價計給付之。但已進場材料以實際施工進度需要並經檢驗合格為限，若因保管不當影響品質之部份不予給付。

第　七　條　　履約保證

一、乙方應於訂定本合同之同時，依其開標總建築款＿＿＿＿＿％計算，交付銀行本票或銀行開立之同額保證函予甲方（分攤於＿＿＿＿＿張本票或銀行開立之同額保證函），做為其履約保證金，於建築進度每達＿＿＿＿＿％且實際進度未落後預訂進度達＿＿＿＿＿％時，得發文向甲方請求領回銀行本票或申請減縮＿＿＿＿＿％的履約保證函之擔保金額，若實際進度落後預訂進度達＿＿＿＿＿％時，甲方得暫不退還本票或不同意乙方減縮＿＿＿＿＿％的履約保證函之擔保金額之申請，直至完工驗收使用執照獲得後一次全部退還銀行本票或減縮履約保證函之擔保金額。

二、乙方有任何違約行為，致應對甲方負損害賠償責任，或乙方積欠甲方任何債務時，甲方得像開立履約保證函之銀行請求行使履約保證金，以扣抵該債務。

三、本合同如因可歸責於乙方之事由而解除或終止時，甲方除得行使一切合同權利外，並得不經訴訟或仲裁程序，逕行沒收全部履約保證金，作為處罰性違約金，如甲方另有損害，並得請求乙方賠償之。

四、前項情形，乙方因本合同所享有之法定抵押權，已登記者，應辦理拋棄之登記；未辦理抵押權登記者，除不得辦理該抵押權之登記外，並不得轉讓予其他第三人。如有違反本項約定時，悉依違反條文處理。

第　八　條　　圖說規定：

所有本建築之圖樣、施工說明書及本合同有關附件等，其優先順序依序為特別規定（規範）、合同圖說、建築詳細表及一般規定（規範）。

第　九　條　　建築監督

一、乙方及其人員於施工期間應受甲方或甲方指定之建築師監督，如有不聽從指揮者，甲方得隨時請求乙方更換該人員。

二、甲方指定之建築師執行本建築設計及監造事宜時，得視需要發給乙方有關下列事項之設計圖或書面通知，乙方應遵照辦理：

(一) 本合同各項附件有關建築施工規範、常規及其它屬建築專業知識問題之解釋。

(二) 建築設計品質或數量之變更或修改。

(三) 為符合施工進度而採取之必要措施。

(四) 建築材料進場前之廠驗及進廠時之檢驗。

(五) 在建築進行中糾正其缺陷。

(六) 不符合同約定工作之拆除重作。

(七) 本合同有關之其他工作。

第 十 條　建築管理

一、證照許可

乙方應就履行本合同事項，以其自己之費用自行辦理並取得一切相關之許可、執照，並將其檔證照之影本交甲方備查，並代甲方向有關建築主管機關申領一切必要之許可證件。

二、工地負責人

(一) 乙方應指派適當之人員出任其工地負責人及專門技術人員，以負責工地管理及施工技術之所需，並應將該人員之個人資料以書面送交甲方備查；施工期間該管理人員如有更動應即時報備，非經甲方同意，不得任意更動調換。該人員應常駐工地，隨時就其施工內容、進度、工地管理、安全衛生、災害防護及相關事項先向甲方為詳實之報告。

(二) 甲方認為前述人員或乙方之任何工作人員、經甲方書面同意之下包商有不適任之虞者，得隨時請求乙方改善或撤換，乙方不得拒絕。

(三) 前述工地負責人除依前項規定撤換外，乙方在未經甲方同意前，不得任意更換之。

(四) 工務所設置可協調土建承攬廠商合棟分庫方式設置以便利溝通協調為主，乙方對於施工人員之食宿醫藥衛生，廢污水排放，以及材料工具之儲存房屋，均應有完善之設備，並符合法令規定。

三、雇用人責任

(一) 乙方應以自己之費用，依「勞工安全衛生法」及「營造安全衛生設施標準」及有關法令或主管機關之命令，對其工作人員自負一切之雇用人責任，並應依法自行辦理相關社會保險，公共安全意外險、設置勞工安全衛生組織及管理人員，辦理一切依法令應設置之相關事項及手續。

(二) 乙方工作人員及經甲方書面同意之下包廠商之人員因工作意外事件而有傷亡情形時，乙方應自負其全部責任，並以其自己之費用，處理有關就醫、復健、賠償或其他相應之善後工作，並與該人員或其家屬妥善協調，不得妨害建築之進度、造成甲方之困擾或損及甲方之利益，或藉故請求甲方負擔醫療費、傷殘補償、遺族補償或其他任何費用。

(三) 乙方工作人員及經甲方書面同意之下包廠商之人員因履行本約對甲方人員生命或財產造成損害時，亦應負起相關民刑事責任。

(四) 甲方與乙方不因簽訂本建築承攬合同，而有代理、委任、雇傭等之法律關係，僅單純為建築承攬之法律關係。

四、工地安全

(一) 乙方於本建築完工並經甲方驗收合格前，應依甲方之指示、建築圖說及法令之規定，以其自己之費用為一切必要之安全及環保措施，以防止其工作或材料對本建築或第三人造成任何侵害。

(二) 乙方應就其因施工期間與鄰地或第三人發生任何糾紛或致第三人任何損害自行負責理清，不得損及甲方之利益或權利，否則

甲方得以乙方之費用立即代其處理，並自任何應付乙方之建築款或保固款中扣抵。

(三) 乙方於施工過程中或於工地現場發現任何意外事故，均應立即通知甲方，並依甲方之指示為必要之處理。如其情形緊急，無法即時通知甲方時，乙方除應立即為處理外，並應於事後立即將其情事通知甲方。如甲方認有必要時，並得以乙方之費用，直接為必要之處置。

(四) 乙方於施工期間，應維持現場之整潔，不得妨害他人之工作及工地之秩序，並應隨時將一切不必要之障礙物除去、妥善保管、安置使用之機械及剩餘材料，並將廢料、垃圾及不使用之假設建築材料整理後，依甲方之指示撤出現場。如有違背，甲方得逕行代為處理，其因而所生之一切費用均由乙方負擔，並直接由建築款中扣除，乙方不得異議；前述廢棄物之清理如違反相關法令規定，導致甲方受主管機關處罰或訟累時，乙方除應出面協助甲方解決外，對於甲方所受之損害亦應賠償。

(五) 乙方使用之一切材料或設備於進入工地後，如須移出工地時，應依甲方指定之管理方式填具機具材料放行條，並經甲方指定之監造人員同意後始可運出。如工作之材料或設備由甲方提供時，乙方應負善良管理人之注意義務為使用及保管，並依設計圖說或其他合同檔，或依甲方之指示使用該材料及設備，及返還或處理其剩餘品或廢物，不得有任何誤用、浪費、或為不當之使用，否則應負擔一切因而增加之費用，並賠償甲方為配合工期另行發包、緊急運用之一切費用及其它任何損害。

五、配合工作

(一) 甲方或其指定之建築師得於施工期間隨時抽驗、查驗、召開工務會議，乙方應配合該抽驗及其後之驗收工作及會議記錄，並無償提供一切所需之人工、設備、圖說或為一切必要之協助。

(二) 甲方將與本建築有關之其他相關建築，交第三人承攬時，乙方應與該第三人互相協助合作，如因工作不能協調，而致發生錯誤、延期、意外或糾紛時，甲方得決定應由乙方或該第三人就其情事負責，乙方就甲方之決定，不得異議。

第 十一 條　保險

一、乙方應以開工日起至本建築全部完工並點交甲方日止為保險期間，投保營造綜合損失險（保費已包含於本建築總價中），其內容應包括下列各類保險事故，本建築工期如延長時，乙方就延長之期間應依同樣內容繼續投保：

(一) 建築綜合損失險，其金額不得少於本建築之總承攬酬金，以甲方為受益人。

(二) 第三人意外責任險、鄰屋及公共責任險，其每一事故理賠金額不得低於＿＿＿＿元正，每一個人不得低於＿＿＿＿元正；第三人應包括（但不限於）雙方之一切人員及臨時工、下包廠商及甲方指定之監工人員。

(三) 乙方之員工保險

(四) 營造機具綜合保險

(五) 其他保險：包含竊盜險、火災險、意外險及勞工保險等均由乙方自行辦理。

二、乙方應於開工前將前述保險單、保險合同及保險費收據交付甲方，其內容如不符前項約定時，甲方得請求乙方另行投保或加保。否則甲方得拒絕支付各期建築款或驗估各期建築。

三、乙方依本條約定投保，並不減免乙方依本合同規定所應負擔之義務與責任，甲方於保險事故或其他任何損害發生時，仍得直接請求乙方負一切之損害賠償責任，乙方不得以已經投保為理由免除責任，或請求甲方於保險公司理賠後再對甲方賠償。

第 十二 條　完工及點交

一、驗收／點交

(一) 乙方於全部建築完工時，應立即以書面通知甲方查驗，如其結果發現有瑕疵時，乙方應於原定工期及進度內，立即以自己之費用補修，並應經甲方覆驗，至甲方認為合於約定品質、條件及數量為止。

(二) 乙方於驗收或覆驗合格，並經甲方於驗收檔上簽署後，推定乙方建築已經全部完工，本建築並應同時交付甲方。乙方於點交之同時，應依甲方之請求，交付鑰匙、保固切結書、備材或耗材及其供應商之資料清單及使用工作所需之證照、檢查許可或類似之資料檔。

(三) 甲方依法律之規定或依雙方之協定，得就乙方建築瑕疵減少報酬時，應由甲方指定之建築師先行核算該建築瑕疵和標準建築品質間之差價，再按該差價之二倍計算應減少之報酬，乙方就該核算之金額不得爭執。

二、清理現場

(一) 乙方完工後，應於工期內將其人員、器材、各項臨時設施撤移、拆除，並清理工地完畢至甲方認為滿意為止；如屬甲方或第三人所有之材料、工具或設備，並應回復原狀，返還甲方或第三人。如有遲延，除視為乙方未依期限完成工作外，甲方並得以乙方之費用直接為必要之處理。

(二) 乙方於將工作物交付甲方時，應依甲方之指示清理工地、修補瑕疵或為其他一切必要之善後工作；如有遲延，甲方得以乙方之費用代乙方為該項工作，並自應付乙方之任何建築款中扣抵，乙方對該費用不得爭執。

三、部份點交

甲方於其認為必要時，得於不影響乙方施工之範圍內，得要求乙方先就其已完成之工作之全部或部份，依前述約定辦理驗收並交付甲方；該部份工作之風險負擔、管理責任及費用負擔，自點交後移轉於甲方。

四、本建築所有一切材料、未成品、或已成品，於點交甲方前，均由乙方負責保管並負擔其風險；工作物交付甲方後，該工作物之風險移轉於甲方。

第 十三 條　權利義務移轉之限制

一、乙方應自行完成本建築之一切工作，非經甲方之事前書面同意，不得將其工作或建築之全部或部份轉包或分包第三人；其經甲方同意者，應將該第三人之資料以書面交甲方指定之建築師審查後轉交甲方備查；甲方同意第三人轉包時，乙方應與該第三人負連帶責任。

二、乙方非經甲方事前之書面同意，不得將本合同之任何權利或義務轉讓予第三人，亦不得將其因本合同所生之建築款請求權、法定抵押權或其他任何權利或就本建築所使用之進場材料、設備轉讓、出租、出借、設定抵押或設定質權予第三人，或為其他類似之處分。

第 十四 條　保固責任

一、乙方就其工作或工作物，自甲方受領後，負＿＿＿＿年之保固責任。如其間發生任何瑕疵或損壞，乙方均應無償加以修復或更換，並對甲方及第三人負損害賠償之責任；如乙方經通知後，未按時加以修復或更換時，甲方得自行處理，費用由乙方負擔，甲方並得自保固本票直接扣抵。但如其原因系因使用或維護不當，或其他非可歸責於乙方之事由所致時，不在此限。

二、乙方依前項約定修復或更換工作物或工作時，均自甲方重新受領後，就該工作或工作物依同樣條件另負貳年之保固責任。

三、保固本票金額為承攬總價百分之＿＿＿＿，作為其保固責任之擔保，於本合同標的物建造完成並經甲方驗收無誤後，由乙方開立授權甲方於乙方違反保固責任時，得自行填具到期日之本票一隻，交與甲方留存。貳年之保固責任期滿，且乙方未違反其保固責任時，由甲方一次無息支付乙方。

四、乙方如故意不告知其工作瑕疵者，保固期限不受貳年期限限制。

第 十五 條　保密及知識產權

一、乙方就其因本合同而知悉甲方之任何機密資料或甲方與第三人間
之交涉情形負保密之義務，非經甲方事前之書面同意，不得無故
將之揭露、公開、或供自己或第三人為與本合同之履行無關之事
項；乙方並應要求其員工或經甲方書面同意之下包商或其他類似
之人員負相同之保密義務。

二、因本合同之履行所使用之任何圖說、設計或任何其他有關之著作
物，無論乙方是否為該著作物之原始創作人，其著作權均歸甲方
所有，乙方非經甲方事前之書面同意，不得任意加以侵害。

三、本建築如涉及第三人之專利權或其他知識產權時，應由乙方負責
取得一切相關權利人之同意授權，並負擔全部費用（包括但不限
律師費、訴訟費、和解費）。如因侵害專利權而發生訴訟、賠償
或糾紛時，無論其原因為何，均由乙方自處理，乙方並應保證甲
方免受任何損失或不利。

第 十六 條　遲延及違約責任

一、乙方有下列情形發生時，甲方得於其情形改善或補正前，暫停或
拒絕支付任何到期之建築款；

(一) 未依甲方之指示或約定之品質、數量、方法、期限完成工作，
經甲方事前或事後請求乙方補正、改善，而未依限期補正、
改善者；累計進度較施工進度表所示進度落後達百分之＿＿
以上者；

(二) 乙方未依其與經甲方書面同意之下包商或供貨廠商之約定支付
第三人建築款、貨款或其他給付義務，經該下包商或供應商提
出證明向甲方爭執，致甲方發生困擾者；

(三) 乙方違反其與甲方或乙方經甲方書面同意之之下包商、供應商
或其他第三人間之合同責任，經甲方或該第三人對乙方請求履
約或賠償，迄未解決該糾紛者；

(四) 其他乙方有違約情事，經甲方約定相當期間請求乙方補正而仍未補正者。

二、甲方因前項情形或可歸責於乙方之其他事由，與第三人發生爭執、糾紛，甲方得請求乙方於該糾紛解決之前，仍依其與該第三人間之合同，先行履行其給付或支付到期之款項。

三、前項情形，如乙方未依甲方之指示解決糾紛時，甲方認有必要時，得斟酌其情形，於其應付乙方之任何款項範圍內，代乙方直接對該第三人為給付，以解決其糾紛，並就該給付範圍內視為甲方已對乙方為給付；縱乙方認為其糾紛之原因或責任不在自己，亦應自行與該第三人理直或索還其給付，不得主張甲方就此處置有任何異議。

四、乙方之建築進度落後，致甲方認為有影響其依約完工之虞時，甲方得請求以乙方自己之費用加班或趕工、乙方並應提報趕工計畫送甲方審核；如依甲方之判斷認有必要時，並得自行完成該部份之建築，其因而所生之費用由乙方負擔，甲方並得自其應付乙方之任何一筆建築款中直接扣抵，乙方就該金額不得異議。

五、如因可歸責於乙方之事由，致未能於約定期限內完成其工作之全部或部份時，乙方除應對甲方負損害賠償之責任外，每逾一天，應另給付甲方依總建築款_____%計算之處罰性違約金。甲方並得自其應付乙方之任何一筆建築款中直接扣抵，乙方就該金額不得異議。

六、乙方因違約而對甲方負損害賠償責任或應給付甲方違約金或應負擔之任何費用時，甲方得直接在其應付乙方之任何到期或未到期之建築款中扣抵，或就甲方所持之履約保證行使權利。

七、乙方因下列情形之一發生時，不負遲延之責任：

因可歸責於甲方之事由，延長工期或暫停、中止建築時。

甲方未依約定期限及條件給付乙方建築款時。

第 十七 條　　終止／解除合同

一、甲方得依其自己之斟酌或需要，隨時終止或解除本合同之全部或
　　一部；但其情形如非因乙方之故意過失或其他可歸責於乙方之事
　　由所致時，甲方除應對乙方已完成之工作支付報酬外，不負任何
　　責任。

二、除本合同另有約定者外，乙方有下列情形發生時，甲方得終止或
　　解除本合同，並請求乙方負損害賠償之責任；

　　(一) 乙方無故逾開工日期而不開工，或其後無故停工或延誤工期累
　　　　計達進度百分之_____以上者，經甲方定期催告，仍未改正
　　　　或補正時；

　　(二) 乙方發生重大事故或與第三人發生財務糾紛，致影響乙方正常
　　　　履約之能力，或發生財務困難，致其財產遭第三人查封，或進
　　　　入和解、清算或破產程序，或有其他類似之情形時；

　　(三) 乙方違反合同，經甲方定期七日催告履行或補正而仍未履行或
　　　　補正時；

　　(四) 乙方未經甲方事前書面同意，將本建築建造案件分包或轉包予
　　　　第三人。

三、非因可歸責乙方之事由，致本建築逾連續二個月仍未能開工施工
　　時，雙方均得解除或終止本合同。

第 十八 條　　回復原狀

一、本合同解除或終止時，乙方應依甲方指定之期限，立即將已完成
　　之工作及其剩餘之材料，依約定之方式交付甲方驗收及點交，並
　　與甲方共同結算應付之建築款，但甲方就乙方之半完成工作或剩
　　餘之材料認為無實益時，得拒絕給付該部份之建築款。

二、乙方自行離去工地，或未依前項約定將其工作或材料交付甲方
　　時，甲方得直接佔有該工作或材料，並繼續完成其未完成之工作；
　　甲方得就其因而所生或增加之費用，於應付乙方之建築款中直接
　　扣抵，如有不足，乙方並負補足給付甲方之責。

三、本合同終止並經結算後，如乙方有溢領任何款項時，應自受領之日起，至實際返還之日止，按年息_____%加計利息，返還甲方。

第 十九 條　糾紛及仲裁

一、雙方因本合同之效力、履行、解釋或其他任何相關事項生爭執時，應本諸最大誠意，依公平原則協調。如無法達成協定時，雙方應依_____仲裁法，交付_____依法仲裁。

二、雙方同意以_____法院為訴訟管轄地。

三、上項情形發生時，甲方得請求乙方仍依原定期限完成本建築，或請求乙方立即將其工作之全部或一部交付甲方，不得影響總建築之進度，否則不論雙方爭執之最後結果為何，乙方均應對甲方因而所受之損害負賠償之責任。

第 二十 條　連帶保證人責任

一、乙方應於簽約時，由其公司負責人及總經理，擔任本合同乙方之連帶保證人；連帶保證人應保證乙方完全履行本合同規定之義務，並隨工期延長或建築變更而自動延續擴大其保證責任，不得中途要求退保。倘乙方不履行本合同各項規定，延誤工期，致甲方蒙受之一切損失，連帶保證人應連帶負責賠償。乙方尚未領取之建築估驗款及各項扣罰款均於接辦未完建築時，自動無條件轉讓予連帶保證人承受之。

二、連帶保證人因故於合同有效期內失去其連帶保證人資格或能力時，乙方應即另覓保證人更換之。如有拖延情事，甲方得暫停支付建築款。連帶保證人應俟乙方履行本合同上之全部義務與責任後始得解除一切責任。

第二十一條　未盡事宜

一、雙方就本合同之修訂、補充或更改，應以書面訂之。

二、本合同及附件未盡事宜，應依民法有關承攬合同之規定及解釋定雙方之權利義務。

第二十二條　合同檔設計圖。標單。領款印鑒。

第二十三條　　款項補貼

　　　　前條第(五)項漏列項目，甲方同意於所有項目及金額均經甲方建築師確認無誤後，補貼乙方，補貼上限為＿＿＿＿＿＿元整，此金額並已被包含於合同第三條總金額中。

　　　　本合同及第二十二條其他文件，共計正本一式二份、副本貳份。雙方各執正本乙份為憑，印花稅各自負擔；副本貳份，由甲方現場存壹份、乙方監工壹份。

立合同當事人

甲　　方：

代 表 人：

地　　址：

電　　話：

統一編號：

乙　　方：

代 表 人：

地　　址：

電　　話：

統一編號：

乙方連帶保證人：

身分證字號：

戶籍地址：

電　　話：

西元　　　　　年　　　　月　　　　　日

第四節 工程預測

策略工程預測，主要為工程的量值預測，例如：透過散佈圖（scatter plot）可以檢視策略因子量值分散情形，故可用散佈圖（Scatter plot）來檢視策略工程的量值關係。此依據工程因子量值來預測另一個工程因子量值的方法，即為回歸分析（Regression Analysis）。他是利用因子間的相關性作為預測的依據，然後將分析所導出的量值相互關係作比對，以利於工程量值預測。

另要注意的是，決策的時間點往往會影響策略工程預測量值，故可先由過去的資料歸納來預測未來表現的特徵，其在預測時有一些已知的特性，會與未來是否與策略預測有關聯，一旦歸納出這些關聯性，在假設未來情況會與過去相似的情形下，可預輸入商業利益，作為是否適用策略量值預測之參考。

一、預測方法

策略工程量值預測除可應用回歸分析外，當商業利益預測需要考慮時間時，還可輔以自我回歸整合移動平均（Auto-regressive Integrated Moving Average Model，ARIMA）的預測，由於其輸入值是以時間順序型態出現，因此要注意商業利益觀察值的連續性及離散性。且企業對預測時間適用因子有限制的特徵範圍時，可依據不同特徵給予不同的分數，以有效降低預測判別的成本，更可與決策支援系統結合，使應用層面能更廣泛，或者可配合決策樹的方式來輔助參考。

而由於決策樹預測的應用是在決策過程以樹狀結構來表示，其樣本需夠多，並依據某一原則而將整個商業利益作區分，如此可以清楚的看出預測方法的架構及相關性。但這種方式所處理的類別型態，即是將預測方法分成少數幾個類別，再由我們所關心的屬性逐次切分，最後形成決策樹，不過其前提就是所形成的決策樹分析的階層數不宜過多或過少。如果過少，即表示切分的過程太早結束，可能會有忽略重要的情

形發生；相反的，如果過多，即表示做了太多的分切動作，所做出來的決策原則將會沒有意義。

二、預測競合

所謂預測競合，是指對策略工程量值預測相關競爭與合作關係的預測。即從競合因子選擇其間有無特別適用競爭或合作的價值關係。要注意的是，工程預測過程中須能反映策略與利益關係人的引導適用性，而不只局限於某一具體行為的預測。因此預測競合應對企業具有普遍相關性，並反映利益關係人和企業相關商業利益。因此，預測競合應具體補強策略工程的基礎，並以具體穩定的內容和形式反映根本問題。

三、預測調整

策略工程預測調整的執行，除能將工程預測的各種具體活動進行歸納外，同時能使企業不致導致工程預測的偏差。就從總體上而言，確定了策略工程預測活動的方向，及工程預測的出發點和目標，並體現策略工程預測的完整性，使工程預測能真正發揮其應有的功能。策略工程預測調整儘管在活動內容上還有其局限性，但從總體上而言，因為時間經過越久，策略工程預測的預測度會越差，所以策略工程預測完成後，應持續調整以確保工程預測能有效運作。

第八章　商業策略行動

第一節　行動情境

　　企業在面對各國不同的商業風險時，如何藉由策略的行動情境分析，讓投入付出的技術、知識與成本可獲取商業利益，除不和相應利益產生衝突，並且能反映利益關係人多元化的面貌。企業行動本質目標雖是商業利益，但行動若未達到利益關係人多元化價值觀的融合，是不可能有穩定商業利益的存在。因此將關聯的多元化價值觀行動情境進行分析，方能取得利益關係人認同基礎，以達成利益關係人可接受限度。

　　至於行動情境的成本環節、資訊運作、核心能力、市場需求、競合關係等行動基因分析（圖[8.1]）面向上，有如《黃帝內經》論篇所說：「陰中有陰，陽中有陽。平旦至日中，天之陽，陽中之陽也；日中至黃昏，天之陽，陽中之陰也；合夜至雞鳴，天之陰，陰中之陰也；雞鳴至平旦，天之陰，陰中之陽也。」

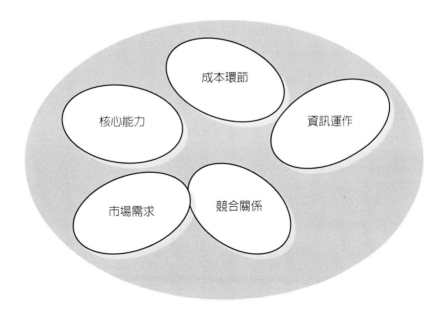

圖[8.1]　行動基因

第二節　行動開展

　　企業需要對利益關係人主張的利益進行衡量，使策略行動能促進商業利益最大化整合，亦即在對企業商業利益的維護與對其他利益關係人利益的可接受限度間，尋找最適宜的平衡點。故行動開展上，是以利益關係人的正當性評價認知為基礎。當在進行策略行動商業利益篩選時，企業價值取向不僅僅只是考慮行動解釋的合法性而已，更重要的是商業利益所顯示的價值觀的正當性。例如：Infosys 董事長墨希（N.R. Narayana Murthy）曾言，「寧願做一個受人尊敬的企業，要做受人尊敬的企業，要先做一個很賺錢的企業。」

一、行動篩選

　　行動篩選係指對各商業利益重要性之評價及商業利益的選擇和取捨，這又往往牽涉到各客戶的價值決策。由於在行動上得到認可的商業利益往往有一定的權利義務規範。所以，企業在進行策略行動篩選時不可避免地要觸及對權利義務的取捨。因此，考慮商業利益的結構時，利益關係人是很重要的部份。

二、行動遵循

　　所謂商業策略行動遵循，是指在行動開展過程中，所有關聯人的權利與義務，及創造者、轉介者和使用者應當遵循的界限。行動整個開展過程中，利益衡平是行動遵循的主軸。例如，企業要參與合併或收購案、進行公開收購或買斷股權之收購前，企業或其任一從屬公司，或其任一董事、經理人或監察人是否知悉任何合併或收購、公開收購、買斷股權之收購、或股權結構變動之計畫？（Any ofits Subsidiaries,or any of their directors, managerial officers, or supervisor of board aware of any plans for a merger, acquisition, tender offer, buy-out or a change in equity structure）。

因此老子認為：「有物混成，先天地生。寂兮寥兮，獨立而不改，周行而不殆，可以為天地母。吾不知其名，強字之曰道，強為之名曰大。大曰逝，逝曰遠，遠曰反。故道大，天大，地大，人亦大。域中有四大，而人居其一焉。人法地，地法天，天法道，道法自然。」

三、行動要件

行動時，一般需要先對相關資料和證據進行量化，其次再從量化數據和實際兩個方面進行篩選與闡釋。也就是說，企業篩選與闡釋的能力、經驗，決定了行動要件的客觀性。再高明的行動，如果執行不彰，結果總是會令人失望。行動要件必須與組織的實際日常作業密切整合，才能締造更卓越的績效。只有充分整合建立行動的觀念、定位、目標、整合、轉化，並且與外部環境相互配合，行動才能落實執行。

建立行動的觀念，能夠為行動奠定紮實的基礎，因為這能讓公司在各方利益關係人的心中，建立良好的觀感。定位及目標原則上是任何行動的組成要件。他有助於行動執行形成差異化，並且讓客戶者能更快、更容易作交易決定。整合是指整合企業文化和組織。由於組織與企業文化一向息息相關，企業文化難以改變，因為它影響並滲透到組織各個角落。企業文化難以改變，也代表它可以是商業策略行動最有力的推手，也可以是最大的阻礙。因此，企業文化是行動整合的支柱。

第三節　行動利益

行動利益是指企業具體活動所涉及的各種各樣的、相互作用的行動價值（圖 [8.2]）。過程中不論是生產、加工、銷售、服務等，其擴張或限縮毛利價值的穩定偏好、效用選擇等，是形成行動利益的基礎。而從這一意義上說，行動利益能最大幅度地消除或減少與利益關係人的衝突。因此，行動利益若有許多解釋可能性時，企業須衡量現行環境及各種商業情境之變化而加以取捨。其次，行動利益所應考慮的價值，通常以權利義務為依託。且進行篩選時，是在一定的衍引關係中進行，當加速或者是擴大行動利益的發生時，可適時修正可行性方式，否則難以進行利益篩選。

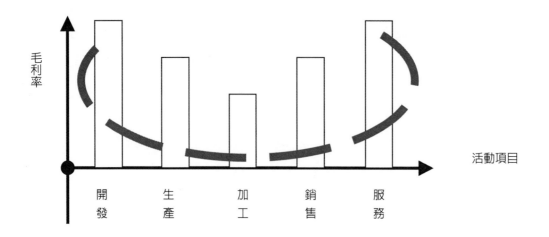

圖[8.2]　行動價值

第四節　行動結構

商業策略行動結構，主要為行動引擎（Action Engine）的組合設計（圖[8.3]），並對結構制定立竿見影的彈性及可行性，亦即對於實際的衡平利益的正當性與合法性，運用適宜的方法形成行動結構，其至少有 2 的 8 次方種組合型態，對此讀者可藉本節所附獨家經銷契約書（見 84 頁）進行行動引擎分析練習。因為在過程中，利益關係人權益價值的不確定性與變化性影響，往往被企業所低估。因此，行動結構本身，就是一個價值抉擇的過程，例如企業為快速壯大其業務的彈性及可行性，進行為期一年，分兩階段的收購與合併，並以發行新股與公司債等方式籌措所需資金。

收購初期，企業同時保留原公司和被收購公司。當企業在處理兩個相對立的利益關係時，如何在過程中對問題的解釋明確性做出衡量，並確定商業利益為何，並按照過程進行中利益關係人的權益分配的實質價值來評量，是否行動結構中有導致企業不合乎規範的情況是首要考慮的。因此，在行動結構形成任務前先進行詳盡的結構設計，並且在任務結束後，進行有系統的分析，找出優缺點作為下次任務的參考。

　　這樣的執行團隊，就可以把知識和技術的實務經驗傳承，這也是持續提升公司營運成效的基礎。至於行動引擎最重要的目的是，加快任務團隊學習和累積實際經驗的速度。值得注意的是，順暢的行動引擎循環運轉，就可以使下次進行任務的團隊從過去累積經驗中，避免重蹈覆轍以找到合適的方法，經年累月下來，企業自然就會具有核心競爭力。

圖[8.3]　行動引擎

獨家經銷契約書

（以下簡稱甲方）

立書人

（以下簡稱乙方）

　　茲為乙方獨家經銷甲方所有之商品，雙方簽立本契約書，約定事項如后：

一、獨家經銷商品：

　　　　如附件一（以下簡稱本商品），有關經銷商品項目如有增減之需要，甲、乙雙方應另行書面協議之。

二、獨家經銷區域：

　(一) ＿＿＿＿＿＿＿＿＿＿＿＿地區（以下簡稱經銷區域）。

　(二) 針對上開經銷區域，如有變更之需要時，甲乙雙方應另行書面協議之。

三、指定與承諾：

　(一) 甲方依本約指定乙方為經銷區域內本商品之獨家總經銷商，由乙方全權負責經銷事宜，乙方為執行上述經銷事宜，並全權洽定次經銷商辦理。

　(二) 未經乙方書面同意，甲方不得再於經銷區域內，指定任何其他人為本商品之經銷商。

　(三) 甲方不得於經銷區域內，自行或以他人之名義，直接或間接經銷本商品。

　(四) 未經甲方書面同意，乙方不得於經銷區域以外其他地區經銷本商品。

四、責任與義務

　(一) 甲方之責任與義務

　　1、甲方具有指定乙方為其經銷區域內獨家總經銷商之所需各級主管機關之許可、授權和核准；若因法律規定或乙方履行經銷商義務而另需各級主管機關之許可、授權或核准時，甲方應無條件協助申請辦理。

2、甲方供應本商品予乙方，絕無侵犯他人之智慧財產權等合法權利或利益。

3、甲方依本契約其他條款所應負之責任，不因本條規定之解釋或推定而減輕。

(二) 乙方之責任與義務

1、乙方如依本合約應履行經銷商之義務所需之各級主管機關之許可、授權及核准時，乙方應負責申請取得。

2、乙方不得從事下列活動：

(1) 假甲方名義引發任何責任承擔任何義務。

(2) 為任何破壞甲方信用之行為。

(3) 聲稱其為甲方之經銷產品或服務之代理人（除非經過甲方同意）。

3、乙方對於因履行本契約而獲悉與甲方商業事務相關之一切非眾所周知之訊息與資料，均應予保密。

五、貿易條件

六、廣告

七、交貨期限及付款辦法

(一) 交貨期限：

甲方應於收到乙方訂單後內或依乙方之通知期限，完成交貨事宜。

(二) 付款辦法：

1、乙方以＿＿＿＿＿＿方式支付甲方經銷產品之款項。

2、甲方應於每月＿＿＿前將月銷貨發票送達乙方，辦理請款事宜。

3、乙方於收到甲方發票後，經查核無誤後，應於＿＿＿內以現金或期票支付款項予甲方。

(三) 佣金

甲乙雙方同意乙方針對經銷地區以外之客戶居間介紹甲方供應經銷產品時，得向甲方收取佣金，其數額由甲乙方事先協商議定之。

八、契約期限屆滿、終止或解除之處理

(一) 契約終止之原因

甲乙任一方有下列情形之一者，他方得以書面通知終止本契約：

1、自行或遭他人向法院聲請破產宣告。

2、遭銀行、票據交換所或其他機構宣告為拒絕往來。

3、結束營業或進入清算程序，或其他財務狀況之重大改變，顯無法繼續履行本契約義務。

4、違反本契約之約定，經他方書面通知後，無正當理由而未於七日內改正完善。

(二) 終止本契約不影響任一方行使損害賠償之權利。

(三) 若本契約期限屆滿或提前終止或解除，甲乙雙方應依下述規定辦理：

1、甲方部分

（1）甲方應於契約期限屆滿、終止或解除後_____日內，會同乙方針對乙方庫存及通路退回之經銷商品進行盤點後，以原進貨價格買回，若甲方未按時付款，每逾一日，並應按應付款項百分之 0 點五計算遲延罰金。

（2）甲方必須補償乙方因購買、進口、運送和存放經銷產品所生直接或間接之費用和支出，及自費用和支出日起至補償日止，按週年（365 天計）利率 5%計算之利息。針對乙方對其客戶必須繼續履行契約，銷售本商品部分，甲方同意於該契約存續期間，仍應依本契約之條件供應產品予乙方，不得拒絕。否則以違約論。

2、乙方部分

（1）停止使用甲方所有與本經銷權有關之智慧財產權等權利。

（2）停止任何可能導致誤認為甲方之經銷商或主代理商之行為。

（3）在合理且可能之情形下，交還乙方所有與本經銷權有關之文件。

（4）於契約期限屆滿、終止後_____個月內與甲方結清貨款，並支付甲方。

九、轉讓之限制

未經他方書面同意，任一方皆不得將本契約之權利義務轉讓予第三人。

十、協助義務

若任一方因履行本契約而遭受第三人索賠時，受索賠之一方得要求他方提供必要之證據及協助（包括訴訟協助），他方不得拒絕。另未經他方之書面同意，遭受索賠之一方不得與第三人私下成立和解。

十一、違反契約之處理

　　　　甲乙雙方應誠信履約，若一方有違反本契約定之情事時，經他方以書面通知後，如無正當理由而未於七日內改正完善者，違約之一方除應賠償他方因此所受之損害、索賠及訴訟所需之一切費用（包括但不限於律師費用）外，並願給付懲罰性違約金＿＿＿＿＿＿＿＿＿＿元，絕無異議。

十二、不可抗力事由之處理

　　(一) 任何一方因下列之不可抗力事由致無法履行本契約之全部或一部時，不構成違約責任：

　　　1、天災。

　　　2、敵對行為之暴動（不論是否伴隨任何正式宣告之戰爭）、暴亂、民眾騷動或恐怖行動。

　　　3、政府或相關主管機關之行動（包括取消或廢止任何認可、授權或許可）。

　　　4、火災、爆炸、水災、氣候嚴酷或天然災害。

　　　5、國家緊急命令或對實施戒嚴以致商業活動受影響。

　　　6、廣泛影響甲方和乙方、整個產業或甲方和乙方所屬產業分支（不論是縱向或橫向）的勞資行動（包括罷工和停工）。

　　(二) 不可抗力情事結束時，雙方應立即履行遭不可抗力情事所影響之義務。

十三、契約完整性

　　　　甲乙雙方於本契約生效前，所為與本契約事項有關之口頭、書面承諾、授權或保證等均由本契約取代，且應自本契約簽訂日起失其效力。

十四、契約條款之可分性

　　　　本契約中所列條款之全部或部分，若與法律之強制規定相抵觸而無效時，該無效之條款並不影響本契約中其他條款之效力。

十五、準據法及合意管轄

　　　　本契約以＿＿＿＿＿＿＿＿法律為準據法。如因本契約而涉訟時，甲乙雙方合意以＿＿＿＿＿＿＿法院為第一審管轄法院。

十六、契約期間

　　　　本契約有效期間自簽約完成之日起共計＿＿年，若甲乙雙方未於期限屆滿前三個月，以書面通知他方為反對之表示，則本契約視為自動延長＿＿＿年，其後亦同。

十七、本契約壹式貳份，甲乙雙方各執乙份為憑。

第九章　商業策略成本

公平價值的宗旨：

　　公平價值衡量的宗旨是，決定正常交易中出售資產可收取之價格。

美國財務會計準則公報

第一節　事實成本

　　企業除每年、每季、每月計算實際成本的會計制度運作外，在講究競爭速度的市場，企業可依各類支援及主要營運循環的預算基礎來導入成本的機制，以迅速準確估計出商業策略活動的關聯成本，以應對競速市場的挑戰。因此本章定義『事實成本』為：企業在市場與風險共存時，以營運循環預算為基礎來估算商業策略活動過程中所必須及可能須支付的成本。

　　比如說生產設備的緊急維修或檢驗的委外管理費用；倉庫淹水後的清理恢復費用、員工因職災住院期間的醫療補償費用；法律訴訟、綠色產品、環境污染處理、法案遊說、政治捐款等費用皆是。又例如，企業在評估各產品所屬的市場生命週期後，以產品所屬市場生命週期來分割企業為不同的事業群或公司，或改變偏執於技術創新或是突破性科技發展的策略，以改善企業整體成本運用效率性。

　　統一企業集團總裁高清愿先生曾在 2002 年 7 月份接受《商業週刊》記者專訪談及成本觀念時，他表示道：……臺灣的星巴克咖啡的年營業額是十五億元，一杯咖啡賣幾十元，一年能夠累積十五億的營業額，確實不容易，可是到現在還不賺錢，原因就是成本太高，店面的租金太貴。「臺灣星巴克的總經理是廣告界出身的，不太有成本觀念。成本控制不好，就不容易賺錢。可是我們開公司是為了要賺錢，賠錢就是不行。」。

　　要說明的是，為使企業能有利潤以求存續，不論企業決策者的策略偏好為何，或企業有多宏觀的業績目標或者發展方向，企業的商業策略應輔以事實成本，即是否確

保利潤的穩定性，故企業自必須正視事實成本的存在，方不致因對企業利潤忽略而影響到企業存續。例如若企業或其任一從屬公司須遵守美國一般公認會計原則（GAAP），則其財務報表是否已符合美國一般公認會計原則？（If the Business or any of its Subsidiaries is required to follow USA Generally Accepted Accounting Principles (GAAP), are thier financial statements in accordance with USA GAAP），就是必須正視的事實成本。

第二節　週期成本

　　商業策略的週期成本，主要為整合內外部單位在不同的營運週期，因彼此之間利益關係的不同，或不同角度輕、重、緩、急解讀的方式之成本。如何運用週期成本分析，使商業策略推展的活動在執行前，能先分析出可能影響投入與產出結果的因數進而獲取利潤，對於商業策略來是很關鍵的因數。例如，消費者保護法規定經銷商就商品或服務所產生的損害，是要和設計、生產、製造商品或提供服務的企業連帶負賠償責任，除非經銷商能證明它對於損害發生的防止避免已經盡了相當的注意，或者雖然沒有注意防止，但是縱使有注意也不能防止損害發生時，經銷商才能免除責任。

　　故「免除責任」的成本，是經銷商的營運成本中所應估算「必須」或「可能須」支出的項目。又例如石油價格升高，公司成本增加故調漲運費，客戶因而降低對貨運送達速度的期待，不走空運改走海運，惟一旦客戶行為改變，即便日後石油價格走勢大幅下降，要讓客戶再改回空運就很不容易。因此，週期成本應以營運循環為基礎，其並非單純的財務行為，他是行銷預算、人事預算、生產預算、投資預算、營業費用預算等的整合性估算，因此須有所涉及的業務、行銷、財務、人力等單位人員的配合。而其與實際會計成本支出的差異，除用成本差異的科目來做調整外，亦應定期就預算差異部份深入分析，並追查可預期與不可預期的因數，以兼顧成本效益（圖[9.1]）。而導入週期成本大體來說可以分為三大導入模型：（1）以策略為主軸導入；（2）以日常營運為主軸導入；（3）以事業或功能單位為主軸導入。

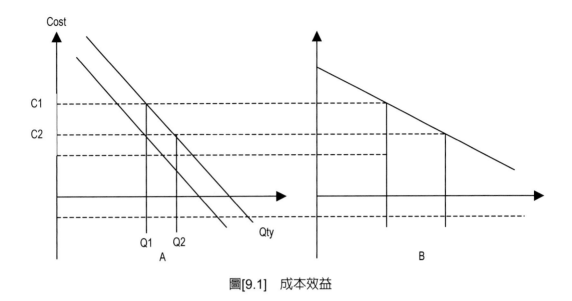

圖[9.1] 成本效益

第三節　維運成本

一、存續成本

　　當商業策略活動所影響之總收入及總成本，使企業維持在損益兩平點（Break Even Point），並又同時保持企業於週期成本規劃內時，本章對此商業策略活動成本定義為：「維運成本」。由於維運成本會隨著環境、時間的不同而改變，企業在進行年度預算時，先量化出週期成本對資產和獲利能力的影響性，以維持企業的存續利潤。例如，航空公司的總成本中，對存續成本影響性最重要的兩個項目就是機師與飛機維修的成本，因為機師與飛機維修的品質關係者飛航的安全性，而飛航的安全正是航空公司的重要核心競爭力。

　　又例如，臺灣的消費者保護法規定經銷商若改裝、分裝商品或者變更服務內容，因為其性質已非單純經銷，故將被視為與重新製造無異，將被認定須和設計、生產、製造商品或提供服務的企業負損害賠償責任。因此，「改裝、分裝商品或者變更服務內容」是經銷商的存續成本中，具影響性的關鍵項目。

二、稽核成本

　　稽核成本運用，主要在於輔助董事會及經理人衡量營運的效果及效率，並適時提供調整費用成本、產品獲利、營運流程、客戶關係等建議，及確保內部控制得以持續有效實施。其主要有衍生性金融商品、銷售及收款循環、採購及付款循環、融資循環（包括財務狀況現金流量，未來一年到期借款、公司債及可轉債）生產循環等。換言之，商業策略的維運成本預算在訂定時，應將重點放置於具效益的業務，或風險發生後造成損失影響性較大的事項上，如此將能有效延伸存續成本作用及提高企業獲利。

　　因此，稽核成本運用，在於整合企業資源，並使各部門有良好的溝通與互助平臺，期以減少不必要的爭執，提升組織之經營績效。而在透過稽核成本運用過程中，對相關作業資源及流程，找出改善或簡化的依據，並設法降低營運項目中最高之成本，以作為產品利潤策略之參考因數。下列為稽核計畫範例，提供讀者參考。

稽核項目		預定稽核期間	實際稽核期間	稽核報告		內部控制缺失及異常事項	應行處理措失或改善計畫	備註
循環別	作業			日期	編號			
融資循環	預算作業							
	短期借款							
	長期借款							
	出納收支							
	零用金作業							
	一般費用							
	印鑑管理							
銷貨及收款循環	訂單							
	交貨							
	開立銷貨發票							
	應收帳款							
	簽證押匯作業							
	應收票據作業							
	銷貨退回							
	銷貨折讓							

固定資產循環	請購						
	採購						
	驗收						
	付款						
	取得及記錄及維護保管						
	盤點						
	處置						
生產循環	制程、負荷計畫						
	排程						
	製造						
	品質管制						
	倉儲管理						
	生產管制						
	安全衛生作業						
	生產成本						
研究發展循環	開發流程						
	研發信息						
	檔記錄與保管						
採購及付款循環	請購						
	採購						
	進口作業						
	驗收						
	付款						
	投保作業						
薪工循環	人力需求提出						
	招募 甄選作業						
	職前訓練						
	考核						
	任用						
	離職						

電子資料處理循環	系統開發及程式修改						
	編制電腦文書作業						
	程式與資料存取作業						
	資料輸出入作業						
	資料處理作業						
	檔案及設備之安全作業						
	軟硬體之購置使用及維護						
	系統復原計劃及測試程式						
	資通安全檢查						
投資循環	評估作業						
	買賣作業						
	保管與異動作業						
	盤點與抵押作業						
	申報作業						
	記錄作業						
董事會議事運作	董事會議事運作之管理						
背書保證	辦理、異動、公告申報						
資金貸與他人	辦理、異動、公告申報						
衍生金融商品	取得、處份、評估、公告申報						

取得或處份資產	取得、處份、評估、公告申報						
子公司監理	組織與管理、重大財務、業務資訊						

第四節　定位成本

一、聚焦成本

　　企業存在的正當性，是讓企業能創造利潤，誠如日本松下幸之助先生所說：企業利用了社會的資金、人才，卻未創造利潤，是社會的罪惡。孫子兵法言：合於利而動，不合於利而止；彼得‧杜拉克亦曾說：「企業首要任務是生存，但最高指導原則並非獲取最大利益，而是避免損失」；及「任何組織，包括人或機構，如果不能為它（他）所置身的環境做出貢獻，在長期下，就沒有存在的必要，也沒有存在的可能。」。

　　因此，商業策略的聚焦成本，在於企業能明確掌握市場趨勢及客戶需求，並及時推出符合市場趨勢及客戶需求的產品或服務，以提高或深化企業的競爭優勢。追求短期利潤不易，追求長期利潤更需如履深淵。利用原有經營的競爭優勢，找出企業最佳優勢利潤位置，全程觀測並依狀況隨時修改調整，時時確保資源投入在最具優勢的位置，將更有機會鞏固企業長期競爭優勢。

二、利潤成本

　　當商業策略活動所影響之總收入及總成本，讓企業年度結算獲取利潤，並維持企業於邊際成本規劃內，此時的成本，本章定義為商業策略的「利潤成本」。由於企業可運用的資源有限，因此利潤成本除有助於企業資源分配的時效性與合理性外，更有助

於衡平因成本預算控制而影響到企業實際動態發展的機會。例如，當企業所處產業的產品價格變動非常劇烈，或企業面對價格破壞而又無法進行擴張性支出時，企業便間可運用公平交易法有關聯合行為之規定來進行策略聯盟，使企業策略聯盟活動能達成利潤成本目標。

又例如，企業在進行客戶關係成本計算時，除商品的成本外，展現商品具有自然、人文、環保的生活價值概念所需要的服務成本，很可能也是達成利潤成本目標的重要關鍵。因此若能將利潤成本的具體實踐於企業營運循環中，則當產業及市場狀況不如預期，且整體經濟情勢又改變的情形下，因風險曝露（Risk Exposure）部位已有效控制，故交易成本降低維護了利潤。再者藉由利潤的轉投資，從而企業又能獲得更多的利潤。

三、資金成本

Accounting system	會計系統
American Accounting Association	美國會計協會
American Institute of CPAs	美國註冊會計師協會
Audit	審計
Balance sheet	資產負債表
Bookkeeping	簿記
Cash flow prospects	現金流量預測
Certificate in Internal Auditing	內部審計證書
Certificate in Management Accounting	管理會計證書
Certificate Public Accountant	註冊會計師
Cost accounting	成本會計
External users	外部使用者
Financial accounting	財務會計
Financial Accounting Standards Board	財務會計準則委員會
Financial forecast	財務預測
Generally accepted accounting principles	公認會計原則

General-purpose information	通用目的資訊
Government Accounting Office	政府會計辦公室
Income statement	損益表
Institute of Internal Auditors	內部審計師協會
Institute of Management Accountants	管理會計師協會
Integrity	整合性
Internal auditing	內部審計
Internal control structure	內部控制結構
Internal Revenue Service	國內收入署
Internal users	內部使用者
Management accounting	管理會計
Return of investment	投資回報
Return on investment	投資報酬
Securities and Exchange Commission	證券交易委員會
Statement of cash flow	現金流量表
Statement of financial position	財務狀況表
Tax accounting	稅務會計
Accounting equation	會計等式
Articulation	勾稽關係
Assets	資產
Business entity	企業個體
Capital stock	股本
Corporation	公司
Cost principle	成本原則
Creditor	債權人
Deflation	通貨緊縮
Disclosure	揭露
Expenses	費用

Financial statement	財務報表
Financial activities	籌資活動
Going-concern assumption	持續經營假設
Inflation	通貨膨漲
Investing activities	投資活動
Liabilities	負債
Negative cash flow	負現金流量
Operating activities	經營活動
Owner's equity	所有者權益
Partnership	合夥企業
Positive cash flow	正現金流量
Retained earning	留存利潤
Revenue	收入
Sole proprietorship	獨資企業
Solvency	清償能力
Stable-dollar assumption	穩定貨幣假設
Stockholders	股東
Stockholders' equity	股東權益
Window dressing	門面粉飾
Account	帳戶

第十章　商業策略系統

商業策略系統的創新是企業持續性發展的關鍵，例如費用與績效、資訊安全、客戶服務等。然而，策略系統創新的引入會引起一些額外費用。商業策略系統可以被看作對企業「傳統管理策略」的破壞。例如人力資源策略，供應鏈策略。

Business strategy systems innovation is critical to enterprise continual improvements, e.g., cost and performance, information security, customer service. However, the introduction of strategy systems innovation is not without cost. Business strategy systems can be viewed as disruptive to the" traditional management strategy" of enterprise, e.g., human resources strategy, supply chain strategy.

第 一 節　決 策 系 統

商業策略綜效的發揮，是企業在面對市場高幅度、高頻率風險時，獲利的關鍵。而要達成綜效的發揮，則可從決策系統建置著手，使策略執行前後能有完善預應及損失回復計劃。企業導入決策系統後，如同有遍佈於人體的神經系統般，一種能聯結於組織層級間互動的系統。例如，在 2005 年時擔任統一企業集團的執行副總曾在《商業周刊》記者的專訪時所說：「……降低決策風險，公司需要系統、在決策過程中需要很多步驟，藉著不同系統來緩和感情因素。決策者必須把感情因素降到最低，否則有時就會當局者迷。」。這就是說企業在策略執行時，對營運流程（見圖[10.1]）中各種不同的決策，能有共通性的結合，這是企業在系統導入時，可特別留心規劃之處。

公司的正常營運流程是什麼樣的？

What is the normal Operations process flow for company?

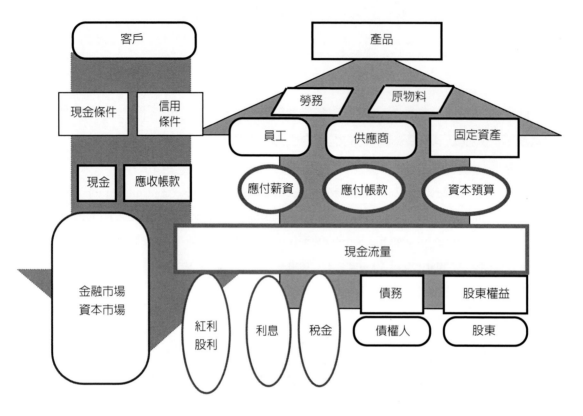

圖[10.1]　營運流程

第二節　商情系統

　　商業策略的商業情報（簡稱「商情」）資訊來源，可分為內部與外部的資訊，商情系統則主要為內部與外部商情資訊蒐集，及相關策略因子篩選與分析系統。內部的資訊來源例如，資產負債表、損益表、現金流量表、稽核報告、財產保險單、工廠原物料庫存表及營業單位業績統計表等。外部資料例如，保險公司、法律事務所、會計師事務所、企管顧問公司、學術單位、政府單位及各相關協會等所提供的訊息、期刊、報紙等。資訊在經篩選與分析過程後，所篩選與分析出與商業策略具引衍關係之因子，本章定義為：「策略因子（Strategy Factor）」。

　　企業有關人員在進行策略因子的篩選與分析時，須保持敏銳的商業感受性，且不能有預設立場與成見的態度，並可從企業各面向情況來審視策略因子。例如，企業廠房發生火災、工廠鍋爐爆炸等對有些企業可能是全面性的影響，但對損害防阻措施健全的企業來說則影響度範圍較小。讀者可參考商情資訊（圖[10.2]）來源舉例。

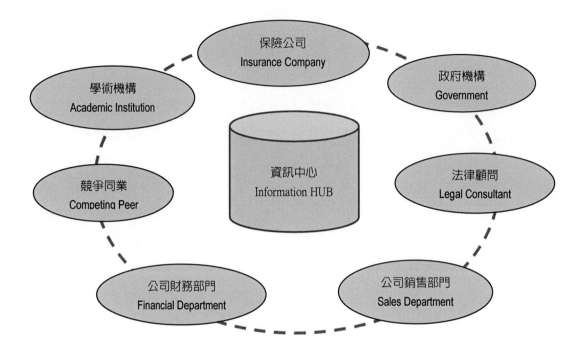

圖[10.2]　商情資訊

第三節　聯結系統

　　商業策略的聯結系統，是當企業營運週期（圖[10.3]）產生結構性變化時，商業策略的策略因子與相關決策、計劃或後勤作業的相應連動改變的系統，對於不同週期的策略因子特性、類型及相互關聯性與抵銷性，不論選擇採用單選項或多選項連動管理，目的在於提高策略執行的成功機率。例如把匯率、利率、進出口或採購原料等價格波動連動的方式改變；又例如，將公司電腦資訊作業，如客戶主檔設定、部門功能設定、系統開發及程式之修改、系統文書編製、程式及資料之存取控制（Access Control）、硬體設備及系統軟體之購置、使用及維護及系統恢復計劃、測試程序等連動作業單位的調整。

　　在此要強調的是，對於企業內部單位提供資訊的人員，常會為了避免受到單位的懲處或其認為理所當然，而隱匿或疏忽某些資訊揭露，致事後衍生出事端。有鑑於此，企業對於策略因子連動關係，需經常做全面性的深入探究，並儘可能驗證其間因果關係合理性，以降低資訊被隱匿或疏忽揭露的情形發生。誠如蕭伯納所言：「人們見到事情的發生問為什麼；我見到事情未發生則問為什麼不（People see things happen and ask why， I see things not happen and ask why not?）」。

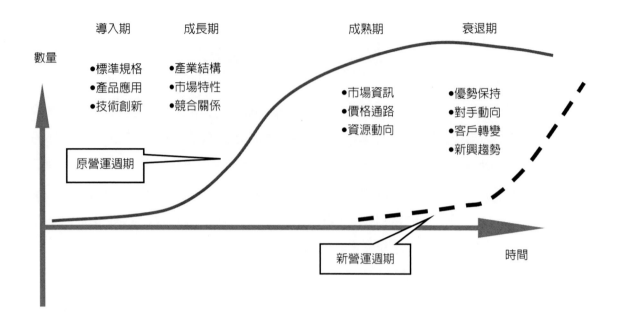

圖[10.3]　營運週期

第四節　反映系統

一、系統介面

商業策略反映系統（Sensitive System）的系統介面（圖[10.4]），為對策略因子組合的產出事實或結果有影響性的因子，舉凡美國利率升息、大陸經濟政策的改變、國際原油價格升高等對企業營運所可能產生的損失或成本的增加等，進行損失頻率（Loss Frequency）、損失幅度（Loss Severity）及損失強度（Loss Consequence）等風險成本量化的現況反應與未來映射。過程中可協同企業相關部門專業人員或專家，例如，工程師、保險經紀人、管理顧問公司或學術機構的協助。策略因子組合所產生的成本，在轉化至各部門或事業單位進行比對、分析與估算後，對於企業經營管理者而言，該數據可作為輔助策略因子組合結構合理性的參考。

再者，反映系統雖將策略因子組合結構分類對應出不同風險情境，以提供商業策略的行動規劃，但基於每個企業的體質及文化背景的不同，任何風險情境的行動規劃並無一定標準可言，企業可先從本身的財務、客戶、流程、成長性等不同構面切入，然後再就企業所屬產業之經營環境、競爭態勢、法令規定及限制範圍作評估。

例如，具高密集度資本與技術的半導體產業，在評估前，須先對市場結構，元件廠、零件、代工需求量等有所瞭解，才有辦法掌握評估的準確度。又例如，以成衣業而言，不論為成衣製造業或成衣買賣業，評估前，即應對有關成衣的製造流程（訂定式樣、製作模型、裁剪、縫製、檢查、整燙、包裝），材料來源為進口或本地製造商生產，內銷或外銷市場為美國、加拿大、歐洲、中東、日本、香港等先有所了解。如此方能避免因誤判而無法反應出真實的組合效益。

二、風險組合

由於市場環境變化極為快速，是故反映系統在實際執行時，不一定能完全按照原設計之規劃呈現。因此對於規劃與執行時的差異性，則有賴於風險組合（圖[10.5]）來衡平。亦即當所進行的規劃行動與預期標準偏離時，應立即採取必要之組合調整以求達到預期

標準誤差範圍。而反映系統運作成效發揮的關鍵，就在於企業是否有持續性實行風險組合調整。

　　例如，是否定期核算因子的風險成本；是否不斷提昇映射預測的精確度；或有些時候如基於特殊策略考量，例如，跨國公司面對區域性的政治因素或民族主義的問題時的管理模式。但不論如何，調整的最終目標，皆在於將風險降低或有效控制在一個企業能安全存續程度範圍內。

風險組合	偏離量值	反映量值				
		0～30	31～100	101～200	201～300	301 以上
A+	↑	↑	↑	↑	↑	↑
A	↓	↓	↓	↓	↓	↓
B+	↑	↑	↑	↑	↑	↑
B	↓	↓	↓	↓	↓	↓
C+	↓	↓	↓	↓	↓	↓
C	↑	↑	↑	↑	↑	↑

圖[10.4]　系統介面

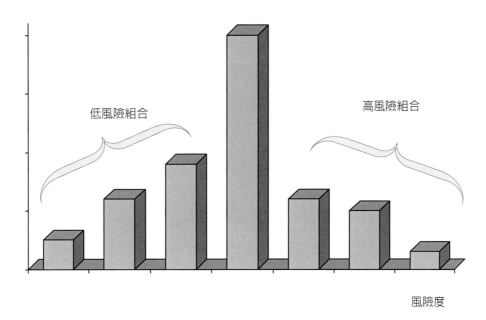

圖[10.5] 風險組合

第十一章　商業策略交易

第 一 節　交 易 信 用

商業策略在交易循環（見圖[11.1]）活動中，不論是製造業、零售業，或者經銷業（Manufacturing, Retail and Distribution）、一般性服務業（General Services）或金融服務業（Financial Services），在面對目前或未來的交易循環的風險因子時，例如新技術的發明、新商品的出現、客戶關係與需求產生變化等，皆有可能會影響到交易信用。

如何降低交易循環中的潛在信用風險，即顯得格外重要。故企業實有必要重視交易信用管理，亦即在交易全程舉凡對客戶信用評估、客戶授信，及接續的交易債權、商品或服務等可能衍生的風險建立管理機制。管理依產業、企業別的不同，並無一定標準可言。建議企業按風險交互影響性，妥善組合運用風險管理的方式，期使企業能在最低的風險上，創造最佳的營收及利潤。

交易信用管理的首要工作，在於藉由蒐集及驗證交易客戶的發展歷史、經營方向、企業文化、產品銷售、償債意願、採購能力及決策團隊等資訊後，對客戶的信用進行評等，以為客戶授信參考判斷的依據。高風險的客戶，一旦倒帳時，公司除財務遭受損失外，還須再花費時間和資源來尋求替代交易期間的機會成本。對交易資訊應多方面蒐集調查相關資訊進行驗證，重要關鍵資訊則最好應到現場實地訪查瞭解，以免流於過度主觀的判斷。

有些資訊驗證工作，則可委由公司內外部相關或配合單位協助執行。而有關客戶營業額之高低、獲利毛利及損益狀況等資訊取得管道上，除客戶主動提供或從信用機構取得外，通常尚可透過客戶的內部員工口中，或同業間資訊交流等途徑獲得。須注意的是，在與同業廠商間做資訊交流時，要避免引發商業道德風險，例如提供相反不實之資訊及法律風險，例如被指控不公平競爭、侵犯知識產權、洩漏營業秘密等。

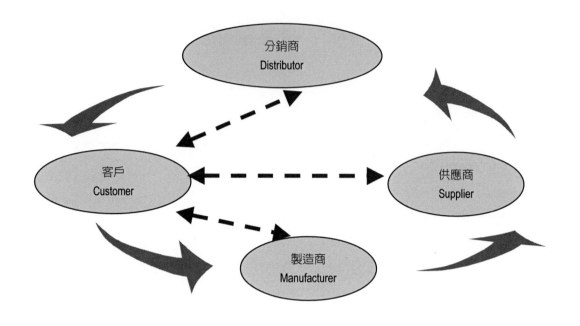

圖[11.1]　交易循環

第二節　交易價值

　　交易價值，主要分為部位價值、事實價值、利益價值、規則價值等（圖[11.1]），客戶交易價值的量化金額，可給予業務部門作為與客戶往來參考。一般而言，交易價值的信度與效度，除可藉助相關評估軟體及統計方法提昇外，相當比例仍需評估者對估該產業的經驗與認知有一定專業之程度。

　　就評估的方向上，主要偏重於部位交易所屬營運基本面分析，例如組織型態、公司歷史、營業年資、員工人數、營業產權所有人、銀行帳戶往來情況、同業競爭狀況、經營管理者特性、公司治理程度、訴訟繫屬情況等部份及財務分析兩方面。在財務分析方面，未公開發行的企業在不易取得真實財務資料數據情況下，本章建議可以實務上取得較為容易之財務數字：如獲利毛利、營業額、資本額、損益金額等為主。要注意的是，客戶若有投資期較長或生產設備較特殊的事業，因所面臨的風險高於平均水準，故常發生信用評等欠佳，但實際價值卻高的例外情況。

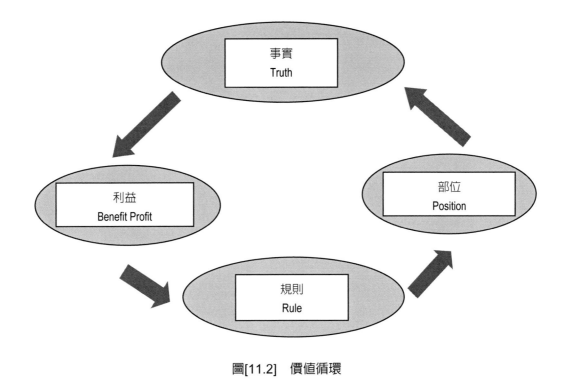

圖[11.2]　價值循環

第三節　交易擔保

　　交易擔保，是商業策略交易非常重要的一環，其順利開展與否的關鍵，在於交易管理人員與公司內部的業務、行銷、財會等單位及外部相關組織間，能否持續定期的進行擔保資訊之交流。交易擔保管理基本上以穩健為原則，並適度追求擔保額度的成長，及以提升交易品質、維持應收帳款零逾期為目標。在實施的過程中，則應確實認知企業的營運現況、策略與計劃等情境，例如營運資金（Working Capital）的寬鬆度、銷售達成率、銷售目標及預計呆帳比例（呆帳損失／銷售總額）等，以利於有效訂定公司的交易擔保決策。並且應定期每月、每季或每年，按照對客戶的擔保條件評估，例如付款期間、付款工具、付款折扣、付款方式及合約協議等，來適時調整對客戶的交易擔保決策。

　　為免擔保條件評估運作影響到交易的商機，管理上應盡可能採用相關系統輔助的方式，使交易擔保管理能公平、客觀及有效率。例如客戶的訂單由業務或業務助理人

員輸入電腦後，經由電腦的評分軟體對與客戶的交易擔保綜合評分後，通過者則逕行列印發票出貨，未通過者則出具審核意見，並轉請各級被授權人員簽核訂單是否出貨。

第四節　交易關係

企業交易關係對象，分外部顧客及內部顧客（例如企業的員工與協力廠商）兩大類。市場的競爭環境不斷在改變，但滿足客戶的需求，是永遠不變的法則。故企業無可選擇的應努力追求內、外部顧客的交易關係，並有系統的掌握與分析顧客類型與需求。

以外部顧客的交易關係來說，例如漢朝成立初期，由於漢朝的外部顧客匈奴需求所施加的壓力，影響所及，使得漢朝君臣具高度危機意識，並做出相應交易關係管理措施。對內，它不斷的集中國家力量，集權於中央；對外，和親與貿易政策的執行，穩定漢匈關係以延緩匈奴大規模入侵的時間；對人民，採無為而治的黃老之術，讓流離失所的百姓，生活秩序逐步回歸安定與富裕。這所有都是在匈奴這外部顧客的需求壓力下，所產生的各種組織變革驅動力。

內部顧客交易關係，積極的作法可將員工的部份之獎金和顧客滿意度做連結，當顧客滿意度達到一定指標，公司始給予員工獎金，則員工將自發性的把注意力放在滿足顧客的需求上。外部顧客交易關係，例如，提供具體的財務報導、即時重大訊息揭露、資產負債表外交易事項揭露、預測財務狀況的揭露、內部控制評估，和改善財務狀況的訊息等，皆有助於達成企業和外部顧客之間有效的雙向溝通，及讓投資大眾對企業投資標的，能獲取足夠的相關資訊。

至於加強交易關係管理的方法，除了給予顧客優惠的折扣或獎勵條件外，在交易過程中提供一些差異化的服務使客戶感覺受重視，及定期性與客戶聯繫拜訪來建立穩固關係等，皆是可以考慮的方式。例如每次業務拜訪外部配合的經銷客戶時，可與客戶討論有關高涉入感（high-involvement）的高價商品或低涉入感（low-involvement）的平價商品在通路銷售的狀況，或通路促銷品的陳列位置的情況等；或在拜訪客戶的時候與客戶討論一些企業管理實務技巧。以下是交易關係管理模型，提供讀者參考。

一、資料介紹：

自變數：X1，X2，X3，X4，X5，X6

應變數：Y

6 個變數，30 筆資料。

變數	名稱
X1	業務人員服務
X2	詢價回覆速度
X3	客訴處理狀況
X4	交期配合度
X5	整體出貨品質狀況
X6	整體研發能力
Y	對公司整體形象

X1	X2	X3	X4	X5	X6	Y
4	4	4	4	4	4	5
5	5	5	5	4	3	4
5	5	5	4	5	5	5
5	5	5	5	4	0	4
5	5	5	5	4	4	5
4	4	4	4	5	0	5
3	3	1	3	2	2	3
5	5	5	5	4	3	4
5	5	5	5	5	5	5
5	5	5	4	5	4	5
5	3	4	3	4	4	4
4	4	4	4	4	4	4
4	5	4	4	4	4	4
5	4	4	5	4	0	5
5	3	0	4	4	0	4
3	4	5	3	5	5	4
4	4	4	3	4	4	4
5	4	4	4	4	4	4
4	3	3	3	4	3	4
5	5	5	4	4	5	4
5	4	4	3	5	4	5
5	5	5	3	5	4	4
5	5	5	5	5	4	5
5	5	4	5	5	5	5
4	4	4	4	4	4	4
4	4	4	4	4	4	4
5	5	5	5	5	5	5
5	5	4	4	5	5	5
4	4	3	4	4	3	4
5	3	3	4	3	3	3

二、統計分析

(一) 敘述統計：

基本資料分析

問卷設計以五等量表區分，數值越接近 5 代表滿意程度越高；反之，越接近 1 代表越不滿意。

統計量

		X1	X2	X3	X4	X5	X6	Y
個數	有效的	30	30	30	30	30	30	30
	遺漏值	0	0	0	0	0	0	0
平均數		4.57	4.30	4.10	4.07	4.27	3.60	4.33
標準差		0.626	0.750	1.062	0.740	0.691	1.276	0.606
最小值		3	3	1	3	2	1	3
最大值		5	5	5	5	5	5	5

平均數＞3，代表趨向滿意。

(1) X1：業務人員服務

此次資料中，對 X1 滿意度為 5 的比例最高，一共 63.3%；其次是 4，佔 30%；最後是 3，佔 6.7%。資料顯示，在滿意度評比中，對 X1 的滿意程度趨向非常滿意。

X1

		次數	百分比	有效百分比	累積百分比
有效的	3	2	6.7	6.7	6.7
	4	9	30.0	30.0	36.7
	5	19	63.3	63.3	100.0
	總合	30	100.0	100.0	

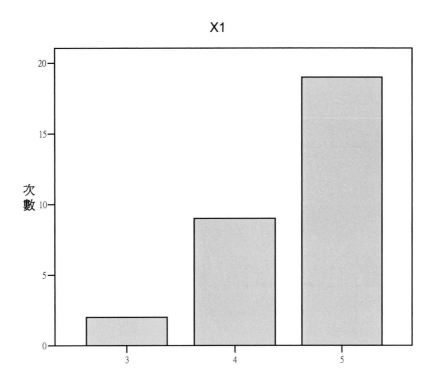

X1

(2) X2：詢價回覆速度

X2 的滿意度調查中，滿意度為 5 的比例最高，佔 46.7%；其次為 4，佔 367%，最後為 3，佔 16.7%。滿意度超過 3，也就是滿意度為普通的比例為 83.4，表示滿意度趨向非常滿意。

X2

		次數	百分比	有效百分比	累積百分比
有效的	3	5	16.7	16.7	16.7
	4	11	36.7	36.7	53.3
	5	14	46.7	46.7	100.0
	總合	30	100.0	100.0	

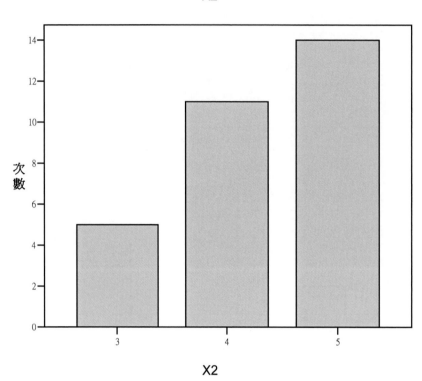

(3) X3：客訴處理狀況

X3

		次數	百分比	有效百分比	累積百分比
有效的	1	2	6.7	6.7	6.7
	3	3	10.0	10.0	16.7
	4	13	43.3	43.3	60.0
	5	12	40.0	40.0	100.0
	總合	30	100.0	100.0	

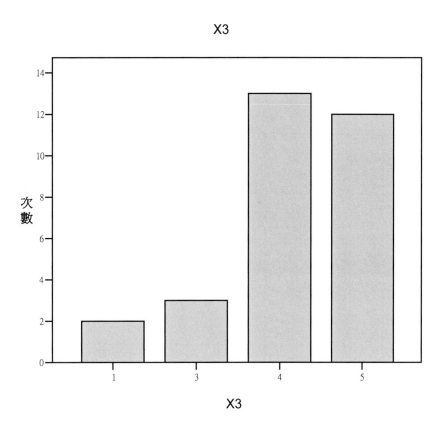

(4) X4：交期配合度

X4

		次數	百分比	有效百分比	累積百分比
有效的	3	7	23.3	23.3	23.3
	4	14	46.7	46.7	70.0
	5	9	30.0	30.0	100.0
	總合	30	100.0	100.0	

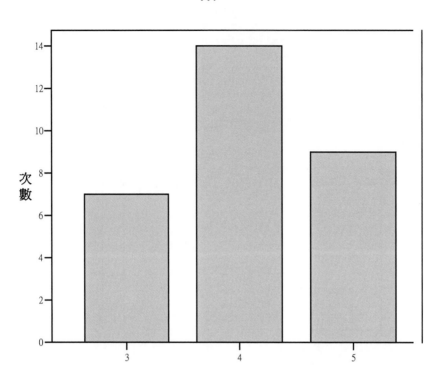

(5) X5：整體出貨品質狀況

X5

		次數	百分比	有效百分比	累積百分比
有效的	2	1	3.3	3.3	3.3
	3	1	3.3	3.3	6.7
	4	17	56.7	56.7	63.3
	5	11	36.7	36.7	100.0
	總合	30	100.0	100.0	

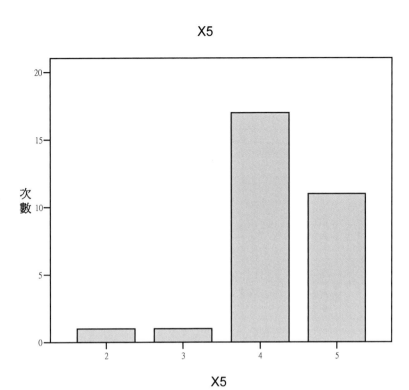

X5

(6) X6：整體研發能力

X6

		次數	百分比	有效百分比	累積百分比
有效的	1	4	13.3	13.3	13.3
	2	1	3.3	3.3	16.7
	3	5	16.7	16.7	33.3
	4	13	43.3	43.3	76.7
	5	7	23.3	23.3	100.0
	總合	30	100.0	100.0	

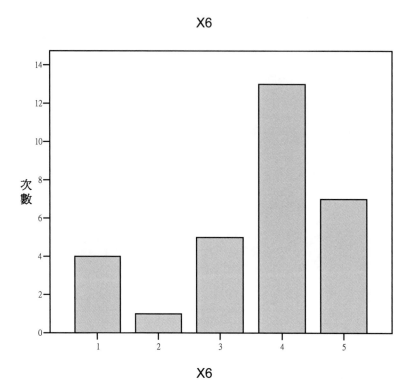

X6

(二) 信度與效度分析：

觀察值處理摘要

		次數	百分比
觀察值	有效	30	100.0
	排除[a]	0	0
	總計	30	100.0

a.根據程序中的所有變數刪除全部遺漏值

信度統計量

Cronbach's Alpha 值	項目的個數
0.778	6

因為 α 值＞0.7，所以是屬於「很可信」。

(三) 卡方獨立性檢定：

(1) 假設：X1 滿意度與 X2 滿意度無關。

觀察值處理摘要

	觀察值					
	有效的		遺漏值		總合	
	個數	百分比	個數	百分比	個數	百分比
X1*X2	30	100.0 %	0	0 %	30	100.0 %

X1*X2 交叉表

個數

		X2			總合
		3	4	5	
X1	3	1	1	0	2
	4	1	7	1	9
	5	3	3	13	19
總合		5	11	14	30

卡方檢定

	數值	自由度	漸近顯著性（雙尾）
Pearson 卡方	13.311[a]	4	0.010
概似比	14.234	4	0.007
線性對線性的關聯	5.449	1	0.020
有效觀察值得個數	30		

a.7 格（77.8 %）的預期個數少於 5。最小的預期個數為 0.33。

分析推論：

P 值＜0.05，拒絕假設，表示 X1 與 X2 有關。

(2) 假設：X1 滿意度與 X3 滿意度無關。

X1*X3 交叉表

個數

		X3				總合
		1	3	4	5	
X1	3	1	0	0	1	2
	4	0	2	7	0	9
	5	1	1	6	11	19
總合		2	3	13	12	30

卡方檢定

	數值	自由度	漸近顯著性（雙尾）
Pearson 卡方	17.368a	6	0.008
概似比	18.440	6	0.005
線性對線性的關聯	4.158	1	0.041
有效觀察值得個數	30		

a.10 格（83.3％）的預期個數少於 5。最小的預期個數為 0.13。

分析推論：

　　P 值＜0.05，拒絕假設，表示 X1 與 X3 有關。

(3) 假設：X1 滿意度與 X4 滿意度無關。

X1*X4 交叉表

個數

		X4			總合
		3	4	5	
X1	3	2	0	0	2
	4	2	7	0	9
	5	3	7	9	19
總合		7	14	9	30

卡方檢定

	數值	自由度	漸近顯著性（雙尾）
Pearson 卡方	13.910a	4	0.008
概似比	15.347	4	0.004
線性對線性的關聯	7.582	1	0.006
有效觀察值得個數	30		

a.7 格（77.8 %）的預期個數少於 5。最小的預期個數為 0.47。

分析推論：

　　P 值＜0.05，拒絕假設，表示 X1 與 X4 有關。

(4) 假設：X1 滿意度與 X5 滿意度無關。

X1*X5 交叉表

個數

		X3				總合
		2	3	4	5	
X1	3	1	0	0	1	2
	4	0	0	8	1	9
	5	0	1	9	9	19
總合		1	1	17	11	30

卡方檢定

	數值	自由度	漸近顯著性（雙尾）
Pearson 卡方	19.945a	6	0.003
概似比	13.149	6	0.041
線性對線性的關聯	3.671	1	0.055
有效觀察值得個數	30		

a.9 格（75.0 %）的預期個數少於 5。最小的預期個數為 0.07。

分析推論：

　　P 值＜0.05，拒絕假設，表示 X1 與 X5 有關。

(5) 假設：X1 滿意度與 X6 滿意度無關。

X1*X6 交叉表

個數

		X6					總合
		1	2	3	4	5	
X1	3	0	1	0	0	1	2
	4	1	0	2	6	0	9
	5	3	0	3	7	6	19
總合		4	1	5	13	7	30

卡方檢定

	數值	自由度	漸近顯著性（雙尾）
Pearson 卡方	20.340[a]	8	0.009
概似比	14.945	8	0.060
線性對線性的關聯	0.175	1	0.676
有效觀察值得個數	30		

a.14 格（93.3％）的預期個數少於 5。最小的預期個數為 0.07。

分析推論：

P 值＜0.05，拒絕假設，表示 X1 與 X6 有關。

(6) 假設：X2 滿意度與 X3 滿意度無關。

X2*X3 交叉表

個數

		X3				總合
		1	3	4	5	
X2	3	2	2	1	0	5
	4	0	1	9	1	11
	5	0	0	3	11	14
總合		2	3	13	12	30

卡方檢定

	數值	自由度	漸近顯著性（雙尾）
Pearson 卡方	31.682a	6	0.000
概似比	30.080	6	0.000
線性對線性的關聯	17.825	1	0.000
有效觀察值得個數	30		

a.10 格（83.3 %）的預期個數少於 5。最小的預期個數為 0.33。

分析推論：

　　P 值＜0.05，拒絕假設，表示 X2 與 X3 有關。

(7) 假設：X2 滿意度與 X4 滿意度無關。

X2*X4 交叉表

個數

		X4			總合
		3	4	5	
X2	3	3	2	0	5
	4	3	7	1	11
	5	1	5	8	14
總合		7	14	9	30

卡方檢定

	數值	自由度	漸近顯著性（雙尾）
Pearson 卡方	12.154a	4	0.016
概似比	13.208	4	0.010
線性對線性的關聯	9.908a	1	0.002
有效觀察值得個數	30		

a.7 格（77.8 %）的預期個數少於 5。最小的預期個數為 1.17。

分析推論：

　　P 值＜0.05，拒絕假設，表示 X2 與 X4 有關。

(8) 假設：X2 滿意度與 X5 滿意度無關。

X2*X5 交叉表

個數

		X5				總合
		2	3	4	5	
X2	3	1	1	3	0	5
	4	0	0	8	3	11
	5	0	0	6	8	14
總合		1	1	17	11	30

卡方檢定

	數值	自由度	漸近顯著性（雙尾）
Pearson 卡方	14.681a	6	0.023
概似比	13.474	6	0.036
線性對線性的關聯	9.489	1	0.002
有效觀察值得個數	30		

a.9 格（75.0％）的預期個數少於 5。最小的預期個數為 0.17。

分析推論：

　　P 值＜0.05，拒絕假設，表示 X2 與 X5 有關。

(9) 假設：X2 滿意度與 X6 滿意度無關。

X2*X6 交叉表

個數

		X6					總合
		1	2	3	4	5	
X2	3	1	1	2	1	0	5
	4	2	0	1	7	1	11
	5	1	0	2	5	6	14
總合		4	1	5	13	7	30

卡方檢定

	數值	自由度	漸近顯著性（雙尾）
Pearson 卡方	14.095a	8	0.079
概似比	13.370	8	0.100
線性對線性的關聯	5.072	1	0.024
有效觀察值得個數	30		

a.14 格（93.3％）的預期個數少於 5。最小的預期個數為 0.17。

分析推論：

P 值＞0.05，拒絕假設，表示 X2 與 X6 無關。

(10)假設：X3 滿意度與 X4 滿意度無關。

X3*X4 交叉表

個數

		X4			總合
		3	4	5	
X3	1	1	1	0	2
	3	1	2	0	3
	4	3	8	2	13
	5	2	3	7	12
總合		7	14	9	30

卡方檢定

	數值	自由度	漸近顯著性（雙尾）
Pearson 卡方	8.689a	6	0.192
概似比	9.710	6	0.137
線性對線性的關聯	4.328a	1	0.037
有效觀察值得個數	30		

a.10 格（83.3％）的預期個數少於 5。最小的預期個數為 0.47。

分析推論：

P 值＞0.05，拒絕假設，表示 X3 與 X4 無關。

(11)假設：X3 滿意度與 X5 滿意度無關。

X3*X5 交叉表

個數

		X5				總合
		2	3	4	5	
X3	1	1	0	1	0	2
	3	0	1	2	0	3
	4	0	0	9	4	13
	5	0	0	5	7	12
總合		1	1	17	11	30

卡方檢定

	數值	自由度	漸近顯著性（雙尾）
Pearson 卡方	27.400[a]	9	0.001
概似比	16.048	9	0.066
線性對線性的關聯	11.144	1	0.001
有效觀察值得個數	30		

a. 14 格（87.5％）的預期個數少於 5。最小的預期個數為 0.07。

分析推論：

　　P 值＜0.05，拒絕假設，表示 X3 與 X5 有關。

(12)假設：X3 滿意度與 X6 滿意度無關。

X3*X6 交叉表

個數

		X6					總合
		1	2	3	4	5	
X3	1	1	1	0	0	0	2
	3	0	0	3	0	0	3
	4	2	0	0	9	2	13
	5	1	0	2	4	5	12
總合		4	1	5	13	7	30

卡方檢定

	數值	自由度	漸近顯著性（雙尾）
Pearson 卡方	39.386a	12	0.000
概似比	28.909	12	0.004
線性對線性的關聯	6.926	1	0.008
有效觀察值得個數	30		

a.18 格（90.0％）的預期個數少於 5。最小的預期個數為 0.07。

分析推論：

　　P 值＜0.05，拒絕假設，表示 X3 與 X6 有關。

(13)假設：X4 滿意度與 X5 滿意度無關。

X4*X5 交叉表

個數

		X5				總合
		2	3	4	5	
X4	3	1	0	3	3	7
	4	0	1	9	4	14
	5	0	0	5	4	9
總合		1	1	17	11	30

卡方檢定

	數值	自由度	漸近顯著性（雙尾）
Pearson 卡方	5.281a	6	0.508
概似比	5.311	6	0.505
線性對線性的關聯	0.802	1	0.371
有效觀察值得個數	30		

a.9 格（75.0％）的預期個數少於 5。最小的預期個數為 0.23。

分析推論：

　　P 值＞0.05，拒絕假設，表示 X4 與 X5 無關。

(14)假設：X4 滿意度與 X6 滿意度無關。

X4*X6 交叉表

個數

		X6					總合
		1	2	3	4	5	
X4	3	0	1	1	4	1	7
	4	2	0	2	7	3	14
	5	2	0	2	2	3	9
總合		4	1	5	13	7	30

卡方檢定

	數值	自由度	漸近顯著性（雙尾）
Pearson 卡方	7.030[a]	8	0.533
概似比	7.649	8	0.469
線性對線性的關聯	0.187	1	0.665
有效觀察值得個數	30		

a.14 格（93.3％）的預期個數少於 5。最小的預期個數為 0.23。

分析推論：

   P 值＞0.05，拒絕假設，表示 X4 與 X6 無關。

(15)假設：X5 滿意度與 X6 滿意度無關。

X5*X6 交叉表

個數

		X6					總合
		1	2	3	4	5	
X5	2	0	1	0	0	0	1
	3	0	0	1	0	0	1
	4	3	0	4	9	1	17
	5	1	0	0	4	6	11
總合		4	1	5	13	7	30

卡方檢定

	數值	自由度	漸近顯著性（雙尾）
Pearson 卡方	44.930[a]	12	0.000
概似比	23.696	12	0.022
線性對線性的關聯	5.558	1	0.018
有效觀察值得個數	30		

a.19 格（95.0％）的預期個數少於 5。最小的預期個數為 0.03。

分析推論：

P 值＜0.05，拒絕假設，表示 X5 與 X6 有關。

(四) 因素分析：

公司整體滿意度

報表結果：

敘述統計

	平均數	標準差	分析個數
X1	4.57	0.626	30
X2	4.30	0.750	30
X3	4.10	1.062	30
X4	4.07	0.740	30
X5	4.27	0.691	30
X6	3.60	1.276	30

共同性

	初始	萃取
X1	1.000	0.609
X2	1.000	0.820
X3	1.000	0.797
X4	1.000	0.819
X5	1.000	0.654
X6	1.000	0.761

萃取法：主成份分析

相關矩陣

		X1	X2	X3	X4	X5	X6
相關	X1	1.000	0.433	0.379	0.511	0.356	0.078
	X2	0.433	1.000	0.784	0.585	0.572	0.418
	X3	0.379	0.784	1.000	0.386	0.620	0.489
	X4	0.511	0.585	0.386	1.000	0.166	-0.080
	X5	0.356	0.572	0.620	0.166	1.000	0.438
	X6	0.078	0.418	0.489	-0.080	0.438	1.000

解說總變異量

	初始特徵值			平方和負荷量萃取		
	總合	變異數的%	累積%	總合	變異數的%	累積%
1	3.154	52.566	52.566	3.154	52.566	52.566
2	1.308	21.793	74.358	1.308	21.793	74.358
3	0.605	10.089	84.447			
4	0.481	8.024	92.471			
5	0.283	4.712	97.182			
6	0.169	2.818	100.000			

萃取法：主要成份分析。

因素陡坡圖

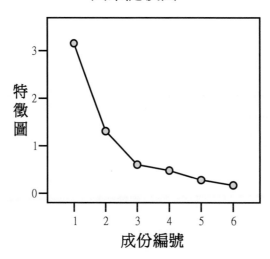

成分矩陣 [a]

	成分	
	1	2
X1	0.618	0.476
X2	0.904	0.045
X3	0.878	-0.162
X4	0.588	0.688
X5	0.748	-0.309
X6	0.527	-0.695

萃取方法：主要成份分析。

a.萃取了 2 個成分。

分析推論：

　　經過因素分析後需萃取二個成分以解釋公司的整體滿意度，所以要把 X1、X2、X3、X4、X5、X6 分成不同的因素，才能解釋公司的整體滿意度。我們把上述滿意程度分為兩個因素。

　　【因素一】客戶服務因素：X1 業務人員服務、X2 詢價回覆速度、X4 交期配合度。

　　【因素二】產品優勢因素：X3 客訴處理狀況、X5 整體出貨品質狀況、X6 整體研發能力。

(五) 單一樣本 T 檢定

針對滿意度之分析，$\mu = 3$：

(1)　假設：X1 的滿意度＝3

(2)　假設：X2 的滿意度＝3

(3)　假設：X3 的滿意度＝3

(4)　假設：X4 的滿意度＝3

(5)　假設：X5 的滿意度＝3

(6)　假設：X6 的滿意度＝3

報表結果：

單一樣本統計量

	個數	平均數	標準差	平均數的標準誤
X1	30	4.57	0.626	0.114
X2	30	4.30	0.750	0.137
X3	30	4.10	1.062	0.194
X4	30	4.07	0.740	0.135
X5	30	4.27	0.691	0.126
X6	30	3.60	1.276	0.233

解說總變異量

	檢定值＝0					
	t	自由度	顯著性（雙尾）	平均差異	差異的 95%信賴區間	
					下界	上界
X1	39.952	29	0.000	4.567	4.33	4.80
X2	31.415	29	0.000	4.300	4.02	4.58
X3	21.148	29	0.000	4.100	3.70	4.50
X4	30.113	29	0.000	4.067	3.79	4.34
X5	33.796	29	0.000	4.267	4.01	4.52
X6	15.456	29	0.000	3.600	3.12	4.08

分析推論：

　　拒絕以上 6 個假設，表示所有的滿意度都≠3，且由平均數可知，X1～X6 的平均數都大於 3，結果顯示各項滿意度趨近於滿意。其中 X6 的平均數最低，顯示 X6 的滿意程度有待加強，X1 的滿意程度最高。

(六) 相關分析

(1) 假設：X1 與 Y 不相關（相關係數＝0）

(2) 假設：X2 與 Y 不相關（相關係數＝0）

(3) 假設：X3 與 Y 不相關（相關係數＝0）

(4) 假設：X4 與 Y 不相關（相關係數＝0）

(5)　假設：X5 與 Y 不相關（相關係數＝0）

(6)　假設：X6 與 Y 不相關（相關係數＝0）

報表結果：

相關

		X1	X2	X3	X4	X5	X6	Y
X1	Person 相關	1	0.433*	0.379	0.511**	0.356	0.078	0.394*
	顯著性（雙尾）		0.017	0.039	0.004	0.054	0.683	0.031
	個數	30	30	30	30	30	30	30
X2	Person 相關	0.433*	1	0.784**	0.585**	0.572**	0.418*	0.531**
	顯著性（雙尾）	0.017		0.000	0.001	0.001	0.021	0.003
	個數	30	30	30	30	30	30	30
X3	Person 相關	0.379*	0.784**	1	0.386*	0.620**	0.489**	0.482**
	顯著性（雙尾）	0.039	0.000		0.035	0.000	0.006	0.007
	個數	30	30	30	30	30	30	30
X4	Person 相關	0.511**	0.585**	0.386*	1	0.166	- 0.080	0.410*
	顯著性（雙尾）	0.004	0.001	0.035		0.380	0.673	0.024
	個數	30	30	30	30	30	30	30
X5	Person 相關	0.356	0.572**	0.620**	0.166	1	0.438*	0.767**
	顯著性（雙尾）	0.054	0.001	0.000	0.380		0.016	0.000
	個數	30	30	30	30	30	30	30
X6	Person 相關	0.078	0.418*	0.489**	- 0.080	0.438*	1	0.267
	顯著性（雙尾）	0.683	0.021	0.006	0.673	0.016		0.153
	個數	30	30	30	30	30	30	30
Y	Person 相關	0.394*	0.531**	0.482**	0.410*	0.767**	0.267	1
	顯著性（雙尾）	0.031	0.003	0.007	0.024	0.000	0.153	
	個數	30	30	30	30	30	30	30

*.在顯著水準為 0.05 時（雙尾），相關顯著。

**.在顯著水準為 0.01 時（雙尾），相關顯著。

分析推論：

拒絕假設(1)～(5)，也就是對 X1～X5 的滿意程度會影響對 Y 的滿意程度；不拒絕假設(6)，表示對 X6 的滿意程度則與 Y 的滿意程度沒有明顯的關係。

(七) 回歸分析

各項滿意度與對公司的整體形象滿意度

Model：

$$Y = \beta 0 + \beta 1 X1 + \beta 2 X2 + \beta 3 X3 + \beta 4 X4 + \beta 5 X5 + \beta 6 X6 + \varepsilon$$

Y：對公司的整體形象滿意度

X1：業務人員服務滿意程度

X2：詢價回覆速度滿意程度

X3：客訴處理狀況滿意程度

X4：交期配合度滿意程度

X5：整體出貨品質狀況滿意程度

X6：整體研發能力滿意程度

(1) 逐步迴歸刪去法：

模式摘要[c]

模式	R	R 平方	調過後的 R 平方	估計的標準誤	Durbin-Watson 檢定
1	0.767[a]	0.589	0.574	0.396	
2	0.819[b]	0.671	0.647	0.361	2.320

a.預測變數：（常數），X5

b.預測變數：（常數），X5，X4

c.依變數：y

變異數分析[c]

模式		平方和	自由度	平均平方和	F 檢定	顯著性
1	回歸	6.282	1	6.282	40.117	0.000[a]
	殘差	4.385	28	0.157		
	總合	10.667	29			
2	回歸	7.157	2	3.578	27.524	0.000[b]
	殘差	3.510	27	0.130		
	總合	10.667	29			

a.預測變數：（常數），X5

b.預測變數：（常數），X5，X4

c.依變數：y

係數 [a]

模式		未標準化係數		標準化係數	t	顯著性	共線性統計量	
		B 之估計值	標準誤	Beta 分配			允差	VIF
1	（常數）	1.462	0.459		3.183	0.004		
	X5	0.673	0.106	0.767	6.334	0.000	1.000	1.000
2	（常數）	0.674	0.517		1.304	0.203		
	X5	0.631	0.098	0.719	6.423	0.000	0.972	1.028
	X4	0.238	0.092	0.290	2.594	0.015	0.972	1.028

a.依變數：y

排除的變數 [c]

模式		Beta 進	t	顯著性	偏相關	共線性統計量		
						允差	VIF	最小允差
1	X1	0.138[a]	1.067	0.295	0.201	0.873	1.145	0.873
	X2	0.137[a]	0.922	0.365	0.175	0.673	1.486	0.673
	X3	0.010[a]	0.064	0.950	0.012	0.616	1.624	0.616
	X4	0.290[a]	2.594	0.015	0.447	0.972	1.028	0.972
	X6	-0.085[a]	-0.622	0.539	-0.119	0.808	1.237	0.808
2	X1	-0.016[b]	-0.118	0.907	-0.023	0.663	1.508	0.663
	X2	-0.118[b]	-0.690	0.496	-0.134	0.426	2.345	0.426
	X3	-0.143[b]	-0.942	0.355	-0.182	0.533	1.875	0.533
	X6	-0.031[b]	-0.242	0.811	-0.047	0.784	1.275	0.767

a.預測變數：（常數），X5

b.預測變數：（常數），X5，X4

c.依變數：y

最後可得到：

Model 1：

$$Y = 1.462 + 0.673\ X5$$

Model 2：

$$Y = 0.674 + 0.631\ X5 + 0.238\ X4$$

第十二章　商業策略資金

卦辭　鼎，元吉亨。

象曰　鼎，象也。以木巽火，亨飪也。聖人亨以享上帝，而大亨以養聖賢。巽而耳目聰明，柔進而上行，得中而應乎剛，是以元亨。

第一節　資金會計

　　商業策略資金，主要為營運資金（Working Capital）如何透過會計、金融、稅務等方面的聯結管理，使企業經營決策者能藉此有效掌控資金上流動資產與流動負債的型態、比率與結構，使營運資金能穩健、有效的分配於各項經營與投資活動中，以創造企業股東利潤達到最合理經營績效，實乃攸關公司整體發展的關鍵。通常企業資產規模的大小，會影響資金管理的模式。而不論運用何種模式，對於資金周轉缺口的掌握及內部或外部融資比率〔（營運上應付項目淨額＋融資現金流入量）／現金流入量總額〕的資金管理，不可不慎。因一但管理上發生疏忽或錯誤，輕者侵蝕企業原有的利潤；嚴重者，將衍生企業資金危機。

　　根據美國會計學會（AAA）的定義，會計是一種對經濟資訊的認定、衡量、溝通的程序，並協助資金資訊使用者做決策之用。另美國會計師協會（AICPA）則認為，會計是屬服務性的活動，在於提供相關經濟個體之量化資訊，以便資金資訊使用者，能在各種行動方案中，作一明智的抉擇。換句話說，資金會計是以提供企業精確資金資訊為主要目的。

　　也由於會計所涉及的層面及對象廣泛，且其資訊對企業經營者、股東或投資人的影響甚鉅。故會計的準則與制度，不論企業已公開上市與否，應儘可能朝著與國際會計準則接軌及會計資訊透明化等目標來發展。國際會計準則委員會成員包括歐盟、美國等多個國家，主要工作為制訂會計準則供各國參考。例如，台灣企業界編製財報必須依循的 34 號

公報，就是依據國際會計準則 39 號公報所定，依據目前 34 號公報的要求，企業所持有的金融資產，依照 34 號公報的要求，必須分別列入「交易目的」、「備供出售」與「持有至到期」。本章在此將資金會計，從會計資訊、會計方法及資金流動等三個面向進行說明。

一、會計資訊

　　企業的經營管理決策中，會計資訊是有關營運資金（Working Capital）分配決策的重要依據，故會計資訊的客觀性及真實性，往往是企業財會主管、經營者和股東間利益衝突是否發生的因子。任一方皆可能為圖利或保護本身權益而故意或被迫提供不實的資訊與他方。因此會計資訊的管理，主要為針對與企業營運有關的現金流量表、資產負債表、損益表及股東權益變動表等各項會計資訊與報告，作互相的比較、分析，並查核其間關係的客觀性及真實性。管理的首要重點，即為迴避不實揭露的行為，例如：虛增營收；或透過利息或其他成本的資本化、延長資產的折舊或攤銷年限等來虛減費用；虛增應收帳款、存貨以及長期投資等之資產；虛減或有負債（contingent liabilities）、衍生性金融商品（derivatives）、其他承諾（covenants）等之負債，及控制因疏失而有錯誤的、缺漏的會計資訊揭露情形發生。

　　另外要注意的是，因為傳統的會計資訊係針對實體經濟的特性而呈現，但現代知識經濟的無形體經濟特性，許多企業的營運重要資產往往是技術、專利、商標、著作權等無形的資產（intangible assets），此一資產價值通常在會計資訊報表中為隱藏之價值無法被合理的表達。故會計資訊的管理上，為免受傳統會計資訊表達方式的侷限，建議應一併考量無形資產的價值，方不致以偏概全。而無形資產的價值可以相關政府認可的專業鑑價機構之鑑價報告做為參考依據。

二、會計方法

　　會計方法，主要為會計方法的適法性與正當性選擇的管理，例如新型態交易事項之會計處理是否符合相關法令規定與一般公認會計原則（比如網站間互登廣告，進行廣告交換等非貨幣性交易），其應用是否具適法性。又例如存貨的評價方法、資產負

債表外交易（Off-balance sheet transactions）費用或營收數字等是否具正當性。固定資產本期折舊提列的正當性如何、股東權益（包括股本、資本公積與保留盈餘）之變動是否具適法性、息稅攤折前利益（EBITDA）的正當性。關係企業間的業務交易移轉訂價，是否不適用於移轉訂價法規等。

三、會計指標

常用會計指標如下：

(一) 財務結構：

1、負債佔資產比率＝負債總額／資產總額

2、長期資金佔固定資產比率＝（股東權益淨額＋長期負債）／固定資產淨額

(二) 償債能力：

1、流動比率＝流動資產／流動負債

2、速動比率＝（流動資產－存貨－預付費用）／流動負債

3、利息保障倍數＝所得稅及利息費用前純益／本期利息支出

(三) 經營能力：

1、應收款項週轉率＝銷貨淨額／各期平均應收款項餘額

2、平均收現日數＝365／應收款項週轉率

3、存貨週轉率＝銷貨成本／平均存貨額

4、平均售貨日數＝365／存貨週轉率

5、固定資產週轉率＝銷貨淨額／固定資產淨額

6、總資產週轉率＝銷貨淨額／資產總額

(四) 獲利能力：

1、資產報酬率＝〔稅後損益＋利息費用 X（1－稅率）〕／平均資產總額

2、股東權益報酬率＝稅後損益／平均股東權益淨額

3、純益率＝稅後損益／銷貨淨額

4、每股盈餘＝（稅後淨利－特別股股利）／加權平均已發行股數

(五) 現金流量：

1、現金流量比率＝營業活動淨現金流量／流動負債

2、現金流量允當比率＝最近五年度營業活動淨現金流量／最近五年度（資本支出＋存貨增加額＋現金股利）

3、現金再投資比率＝（營業活動淨現金流量－現金股利）／（固定資產毛額＋長期投資＋其他資產＋營運資金）

四、資金流動

　　資金流動的管理，主要為資金流動的合理性管理，例如現金（一般指零用金、現金、銀行帳戶存款）的用途是否適當。資產負債表日（截至某一特定日之企業所有資產、負債、股東權益三部份狀況的報告）所有之應收款項及預付款項的比例是否恰當。又例如收益支出（支出利益僅及於發生當期者）與資本支出（支出結果可得到長期效益者）比例是否合宜。應收付關係人及員工款項是否已作及時收付處理，並對關係人交易做必要的揭露。

　　又或者現金流量結構（單項現金流（入）出量／現金流入量總額）的循環是否具穩定性，費用的核准流程是否過於繁複而造成企業各項流程運作效率的降低。預算的規劃上，是否因成本控制的過當，致費用雖大幅降低，但卻使企業失去具前瞻性及綜觀性的獲利機會。在資金的籌募上，外部舉債的方式不論是透過資本市場或貨幣市場的融資，例如發行股票、可轉換公司債（Convertible bond）、存託憑證（Depository receipt）、浮動利率債券（Floating rate note）等取得資金，或透過高收益債券（High-yield bond）、商業本票保證（Note issuance facility）、聯貸等，其價格、利率或利息波動性是否為企業資金所能承受等，皆是須要注意管理的事項。

第二節　資金調度

資金調度為企業要面對的連續性風險。可能影響因子，例如：政府貿易政策、股市跌幅、匯率變動、利率水準、失業狀況、房價升漲等，其中又以匯率、利率對企業資金調度成本性影響最大。因此，資金調度暴露在匯率、利率等波動的環境中，如何能避免或降低因此產生的直接或間接損失，就是企業要管理的重點。有些企業在本業經營之外，會利用各種法律、租稅的規劃架構進行業外投資，例如，在第三地設投資公司或利用資金槓桿等方式，將企業資金轉移進行轉投資。

其可能風險，例如在當企業持有超過本身所能夠承擔風險的轉投資部位時，因投資行為的不透明，在未能得到有效的管理下，市場巨幅震盪使其持有部位急速貶值，當造成的資金缺口使企業資金調度週轉困難，企業將可能發生資金危機。又或者企業用公司債進行籌資、融資或「借新債還舊債」，一旦當資本市場與股市不振，市面的可轉債，若轉不成股票，又無法再融資時，如果公司營運狀況不佳，又沒有大量現金時，公司債到期違約風險將大幅提高。茲將對企業資金調度成本性影響最大匯率、利率管理重點概述如下：

一、利率的管理

利率變動為連續性的，其所直接影響到的為企業的利息收入、利息支出，及企業現金收支等成本。利率的來源除市場利率的變動性外，尚包括來自企業本身資產及負債的組合比例是否適當，及企業收入來源的穩定度等。因此，企業依其資金需求狀況選擇合適的利率避險方式組合，是利率管理的首要工作。而目前一般常見的利率避險方式主要為遠期利率協議（FRAs）及換匯換利交易（Cross Currency Swap）兩種。茲介紹如下：

(一) 遠期利率協議

企業透過購入遠期利率協議（FRAs）鎖定利率水準以規避利率，企業除可避免因利率上漲所可能增加的資金借入成本外，還可避免因利率下跌所導致投資收入降低之，而

企業亦可透過賣出 FRAs 的方式加以避險。此外，企業尚可在市場利率與公司預測方向背離將遭受損失時，透過 FRAs 交易使利率確定（即契約利率）以免除利率不確定的。

(二) 換匯換利交易

互換（Swaps），是交易雙方依據預先簽訂的互換協議，將雙方的權利義務先作約定，並在未來的一段期間內，互相交換本金、利息、價差等的交易。因此，互換可視為遠期合同的組合。故換匯換利交易（Cross Currency Swap），乃兩種不同幣別間本金與利息的交換，雙方約定條件與期間，相互交換不同貨幣的本金及本金所產生的利息支出。一般利息交換方式如下：

1、固定利息與浮動利息的交換

2、浮動利息與浮動利息的交換

3、固定利息與固定利息的交換

二、匯率管理

匯率如何進行有效的管理及風險規避，是管理上重要的考慮因子。除此之外，宜一併考量有關外匯管制的問題及其相應的對策或措施。因為匯率變動會影響外幣資產負債的價值，例如跨國企業若在許多國家有資金的流動，就應對各種幣別所產生的匯率差異進行管理以降低匯率的。茲介紹一般常見的匯率避險方式如下：

(一) 本金交割遠期外匯（Delivery Forward）

進出口企業從洽談定約到交貨結算期間內，若欲規避匯率，可透過事先向銀行敲定的固定交割匯率，以避免匯率的波動。

(二) 貨幣市場換匯交易（Money Market Swap）

企業透過換匯交易，可將現有的貨幣轉換為另一種現在需求之幣別的貨幣，並事先約定好將來再換回來的匯率，不但可免除匯率，更能做為一種資金調度及拆借短期資金的工具。

(三) 外匯選擇權（Foeign Exchange Option）

外匯選擇權可使企業在支付權利金購買選擇權商品後，將匯率成本固定在一定水準上，以避免匯率不利於企業時所產生的損失，但若當匯率變動在有利於企業的部位時，企業將可獲得相當大的利潤。而賣出本選擇權的企業，可立即收取到權利金，當匯率變動在有利於企業部位時，獲利即所收取到的權利金，相對的當匯率變動不利於企業時，則將產生損失。

第三節　資金稅務

稅法不似會計準則般與國際規定大致相符，每個投資地國家的稅務法令之複雜，常令企業難以捉摸和適應，而且一旦稅法改變或解釋上有所不同時，將相對使交易成本提高而影響到企業的資金運作。故企業在面對所處投資地的稅法時，首先必須確切瞭解其違規、違法事項的邊際所在，如此在應稅收入抵減及租稅套利等規劃上，才能真正合法省下稅金成為企業淨所得之增值。

一般租稅的課徵標準，通常是以稅率來表示。常見的稅率可分為定額稅率、比例稅率和累進稅率三種，累進稅率是隨課稅金額或數量的多寡決定稅率的高低。課稅金額或數量愈大，稅率就愈高，稅的負擔就愈重；相反的，課稅金額或數量愈小，稅率就愈低，稅的負擔就愈輕。在企業稅務管理上，須注意下列事項：

一、租稅罰則

有關租稅法的解釋原則，各國雖然不盡相同，但原則上不外乎先考量交易或行為的法律面，然後再對交易或行為本身的實質形式面做進一步的審查，亦即在不違反法律禁止規定下，透過合法的方式進行節稅。例如大陸稅法規定，增值稅專用發票的開票方必須是事實上銷售貨物者，而接受所開具的增值稅專用發票方必須是購買貨物者，違反此規定即有被認定為是偷（逃）稅的可能。因此在大陸的企業如果取得假發票，為避免遭受處罰，應先取消該筆交易，然後將假發票交給當地稅務機關處理。

　　故在探究任何交易或行為是否構成課稅要件時，不可僅以其外觀之法律形式或架構來加以判斷，更重要的，還須就其交易或行為的實質面與稅務機關審查面來考量以迴避罰則，以免讓企業曝露在繳交巨額罰金及偷（逃）稅的刑責下。

二、節稅組合

　　節稅組合，應隨企業本身每年的差異性而有不同的組合方式。例如可利用資金借貸所產生之利息費用來抵減稅額，並同時利用所借得之資金投資於免稅之投資項目以獲取免稅所得；或將營利事業所得稅規定可列為公司的費用項目（例如員工團體保險）列出，以達到為企業節稅的效果；或者以分割方式進行租稅優惠的抵減。又例如企業為了能讓利潤盈餘保留不被課稅以進行轉投資，而將盈餘保留在免稅或低稅率國家地區的境外控股公司（Offshore Holding Company），此方式除能夠節稅外，同時亦可使母公司獲利所得能延緩課稅。

　　又如企業預估明年將可能有大額的訴訟和解或其他索賠金額須支付時，為避免屆時因賠償支出影響企業的獲利，若與投資地稅法認列條件的規定符合，可將相當於訴訟和解或其他索賠的金額，以等值非現金資產轉入公司所設立的解決爭議的信託基金，如此就可以在未賠償支付完成前，即進行課稅所得扣除的費用認列。又如進出口關稅條例規定貨品課稅的完稅價格，除用到岸價格為基礎外，尚需加上保險與運、雜費後，方能以該價格之相關稅率計算關稅後繳稅，則保險及運、雜費即是節稅組合規劃之重要關鍵。

三、移轉訂價政策的建立

　　所得稅法規定，企業與國內外其他營利事業具有從屬關係，或直接、間接為另一事業所有或控制，其相互間有關收益、成本、費用與損益之攤計，如有以不合營業常規之安排，規避或減少納稅義務者，稽徵機關為正確計算該事業之所得額，得報經財政部核准按營業常規予以調整。而企業為配合稅捐機關上述移轉訂價的查核，往往需耗費相當大的成本來準備有關的資料與數據。

　　因此企業有必要預先建立合宜的關係企業間與非關係企業間交易的移轉訂價政策，以避免有不合營業常規之情況發生。例如企業在大陸可與稅務機關簽立「預約定價」（APA），即企業與稅務機關協商所涉及的關聯交易、期間、訂價原則、計算方法、假設條件等的給付金額，以降低企業稅務。另外，由於專利、未登記專利之技術、配方、商標、特許執照、版權、客戶名單等價值常常為企業所忽略，當有轉讓與授權使用情形而被稽查時，企業將因此補繳稅金，故對此亦應妥善預為規劃與處理。以下移轉訂價相關的經銷合同（見 148 頁），特提供讀者參考。

經銷合同

　　本合同為甲方股份有限公司（以下簡稱甲方；公司地址：＿＿＿＿）與乙方股份有限公司（以下簡稱乙方；公司地址：＿＿＿＿），為銷售甲方公司產品，特訂定此經銷商合同，約定乙方得以甲方經銷商名義在特定地區銷售甲方產品，茲將雙方約定之合作條件載明如下以利雙方業務之推展及遵守之依據。

一、經銷產品

　　1、甲方所開發、生產之如附件之產品，在合同有效期間內，屬乙方得向甲方訂購後再對外推廣銷售之產品。但甲方有權利規劃某些特定產品的銷售範圍、銷售對象與銷售計畫，並於推廣前通知乙方，乙方應遵照辦理。

　　2、對於市面上與甲方產品相類似者，乙方同意優先進行推廣銷售甲方產品。

　　3、本合同之簽署不排除甲方自行或委託其他代理商、經銷商銷售甲方產品之權利。

　　4、本合同僅涉及產品經銷之約定，並未創設任何合資、合夥、雇用、代理或其他類似之法律關係。

　　5、如有特殊專案，系由客戶直接向甲方訂貨，乙方僅收取備金者，應由甲乙雙方另以代理合同訂之，不適用本合同。

二、銷售地區或對象

　　1、甲方同意授予乙方＿＿＿＿＿＿＿地區之非專屬經銷權。非經甲方事前同意，乙方不得在前開地區以外之區域銷售甲方產品。

　　2、乙方必須定期向甲方報備或依甲方要求提供客戶、產品及應用等資料以利甲方進行代理商、經銷商與客戶間之管理及協商，但乙方依法或訂有保密合同而負有保密義務者，不在此限。對於前項未授權銷售的地區，乙方必須事先報備說明：地區、客戶、產品及應用等資料，待甲方准許後方可銷售。

　　3、甲方有權依乙方每季之業務報告及業績決定是否進行調整銷售地區或對象。

三、銷售計畫

　　　　乙方須於下列規定之時間前，填妥甲方所提供的表格，向甲方報告市場及客戶現況。未依要求提出報告時，甲方有權終止未報告部份之市場銷售權。

1、週報　每週須提供甲方其每一個客戶的每一項產品銷售狀況、工程支持活動狀況及新產品開發進度追蹤報告。

2、月報　每月須配合甲方所訂定時間提供

    a. 銷售預測表（Rolling Forecast）

        未來 6 個月的銷售預估，詳列各個產品料號每個月的銷售數量。但乙方並不因銷售預測而有任何採購義務。

    b. 進耗存月報表

        詳列各個產品料號每個月的期初庫存、從甲方進貨數量、銷貨數量及期末庫存數量；本報表涵蓋前一個月的實際值以及當月與下個月的預估值，共三個月的資料資料。

3、年報

    預估下一年銷售狀況與市場推廣計畫。（應於每年 11 月 30 前提出）

4、乙方必須於簽約生效後一個月內提出當年度的銷售計畫。

四、銷售金額

1、乙方須於下列規定期間內，達到甲方所預定之銷售金額目標，甲方並得以此做為本約之繼續或終止及重新安排銷售地區、客戶之依據。

2、規定銷售金額（以實際出貨計算）之標準計算方法

  （1）第一季－乙方向甲方訂購之產品總價額須達甲方該等產品之甲方總業績的 ___%。

  （2）第二季－乙方向甲方訂購之產品總價額須達甲方該等產品之甲方總業績的 ___%。

  （3）第三季－乙方向甲方訂購之產品總價額須達甲方該等產品之甲方總業績的 ___%。

  （4）第四季－乙方向甲方訂購之產品總價額須達甲方該等產品之甲方總業績的 ___%。

3、如乙方因未達前項所定銷售金額目標而遭甲方終止經銷權時，於符合下列條件之一時，甲方於半年內仍應接受乙方之訂單：

（1）限於乙方依本合同第二條既已向甲方報備之客戶。

（2）取消經銷權後，客戶於一個月內所下的訂單。

五、付款

1、甲方所報給乙方之產品價格，不含營業稅及關稅。

2、甲方給予乙方_____萬元之信用額度，乙方可另依以下兩種方式而增加其授信之額度：

（1）保證授信

    a. 乙方於簽約時需提供二位保證人為擔保，甲方得依保證人之財力、信譽及保證意願，綜合評定其授信額度。

    b. 乙方應另提供之擔保票據，其面額不得低於保證授信額度，並由前項保證人為連帶保證人。

    c. 本項保證授信額度不得超過以下擔保授信額度之金額。

（2）擔保授信

    乙方提供擔保品時，依據擔保物之不同，其授信額度計算方法如下

    a. 以現金擔保者：依提供金額 250％為授信額度。

    b. 以定期存單、信託憑證、公債等辦理質權擔保者：依提供金額 200％為授信額度。

    c. 上市、上櫃股票辦理質權擔保者，其授信額度不得超過股票最近三十日之證券市場平均收盤價格 200％。未上市股票辦理質權擔保者，以淨值價格 200％為限。

    d. 以不動產抵押設定者：以估價總值扣除前順位抵押權及土地增值稅後之淨額 200％為授信額度，其估價由甲方指定之鑒價公司之鑒價報告為准，另前順位需為金融票。

    e. 乙方亦得提供甲方公司股票，質設給甲方指定人員，再由該指定人員開立保證票據給乙方作為擔保，即行使間接質設擔保，其授信額度可以甲方公司股票最近三十日之 250％為限。

    甲方應於本契約終止或屆滿，且乙方已完全履行其餘本合同下之義務後，一日內返還前開擔保品予乙方或配合塗銷質押設定。

3、乙方於信用額度內向甲方所採購之貨款,以每月五日、十五日或二十五日三者之一由雙方協議擇一為結帳日;並必須於次月結帳日前,開立出貨當月結30天之支票予甲方。若特定產品經甲方事先規劃告知並經雙方協議後,得以其他付款條件進行交易。可歸責乙方之延遲付款,應由乙方負擔因此而生之損害。

4、乙方向甲方所採購之貨款必須依訂單報價之幣別付款。在特殊情形下,經事先征得甲方同意後,乙方得以甲方同意之其他幣別於貨款應付日之前電匯付款,並以出貨日當天匯率計算付款。可歸責乙方之延遲付款,應由乙方負擔因此而生之損害。

5、乙方於超過信用額度外的金額必須以現金或不可撤銷之信用狀支付甲方。

6、乙方如有取消訂單或拒絕付款或延遲付款情事,經雙方確認金額後,甲方有權由乙方所質押之現金或不動產中徑行扣除之;並收回或降低本合同第五條第二項所給予之信用額度。

六、訂貨及交貨

1、乙方之訂單由其負責人或其指定代理人簽字蓋章後始生效,此訂單應由甲方於三個工作日內簽字確認或拒絕,經甲方確認後始成為正式訂單而對雙方均有拘束力。甲方逾三個工作日未簽認或拒絕者,視為已確認。

2、雙方同意下列之訂貨及交貨條件:

　　訂單以甲方委外生產各產品的最少批量的整數倍為訂貨數量。若甲方有現貨庫存則不在此限。

3、一方就合同之履行有遲延之情形者,他方得依第十五條第一款據以終止契約。

4、所有乙方之訂貨,除有事先於訂單指定外,均以乙方之所在地為送貨交付地。

七、產品行銷調整

1、乙方必須依本約第三條之要求,準時向甲方提出乙方之客戶群及各客戶之業績、採購產品、產品應用、訂單預測等。甲方得依據乙方所提內容及每月月報時之客戶檢討,於每季依公平合理之原則重新劃分或確認經銷商之客戶歸屬。劃分標準依是否報備、報告內容、接觸時間、業績、客戶採用產品狀況及客戶滿意度而定。

2、甲方未同意乙方享有銷售權之產品，甲方有權將乙方客戶有關此部份產品之
市場開放予其他代理商或經銷商經營。

3、對於新產品，於充分保障乙方權益之前提下，甲方有權按實際情況及其策略、
政策等做先期的客戶劃分。

八、庫存

1、乙方應依照雙方協定之數量與方式建立適當之庫存。

2、乙方必須於每個月的月報提出次六個月的銷售預估（Rolling Forecast），以利
甲方規劃庫存。

九、不良品處理

1、乙方客戶如於使用甲方產品而進行量產加工後發現產品不良時，乙方負責協
助澄清確認與協調解決。除非乙方確認系可歸責於甲方而造成之產品不良者
外，甲方不接受任何客戶之申訴。

2、乙方客戶如於使用甲方產品而進行量產加工後發生產品不良而提出客戶申訴
時，乙方必須先出面處理。乙方無法澄清解決時，甲方應接手處理。

3、乙方客戶如因產品不良而提出客戶申訴時，乙方應提供不良樣品、申請表等，
於發現問題五個工作天內一併交與甲方檢驗。不良原因由甲方確認後，由甲
乙雙方視問題原因合理共同補償。補償比率必須扣除出貨時已額外給予之備
換產品比率。但不良原因系由可單獨歸責甲方者，應由甲方補償。

4、因乙方或乙方客戶之任何不當使用、錯誤的包裝、裝運時破損等不可歸責於
甲方所生之損害，甲方概不負更換或賠償責任。

十、經銷商之義務

1、乙方必須維持相當的銷售組織及管道，以推動其經銷甲方產品之業務。

2、乙方必須維持基本且必要之工程人員，為客戶提供基本指導與解釋。

3、乙方至少需聘雇一名有電子工程背景，以無條件接受甲方所安排之各種免費
訓練課程。

4、乙方之經銷計畫如有任何之重要修改，應即書面通知甲方並提出相關說明。

十一、產品服務、訓練

1、甲方應於營業時間內免費提供乙方必要之工程或銷售上之協助。

2、甲方應免費提供各項工程或業務推廣之課程提供乙方學習。

3、為推廣業務所需要的簡介、技術支援資料或檔、甲方應主動供應乙方。

4、甲方應依乙方之要求，依實際之需要，協同乙方向客戶作產品說明。

5、甲方所發佈之任何工程變更通知，必須在發布日起算前十日內通知乙方。

6、甲方應於正式推出新產品之前，對乙方及其人員提出新產品講習會。

7、甲方應提供乙方有關產品之必要資料及工程人力之支援。

8、樣品之提供：

　　甲方於新產品公開推出時，由甲方免費提供適當數量樣品做為乙方推廣之用。

十二、保密

1、乙方依本合同所提出之有關報告（財務月報表、銷售月報表、銷售計畫、市場調查表等），甲方應負責保密。

2、乙方對下列各項未經甲方公開之資訊，應負保密之責任，如未經甲方允許不得擅自宣揚洩露：

(1) 甲方未公開之新產品。

(2) 甲方之年度銷售預測與策略。

(3) 甲方之財務狀況。

(4) 甲方對乙方之技術支援檔或資料。

(5) 甲方所編寫之課程資料檔案。

(6) 甲方產品價格之檔。

3、其他經雙方協定應保密之資料或檔，雙方應保密之。

十三、知識產權之保護

1、乙方推廣之甲方產品須用甲方之商標、名稱、編號，乙方不可任意更動、塗改或仿冒。甲方所提供予乙方之產品簡介、技術資料或檔；以及支援產品應用開發之任何發展工具硬體與軟體，乙方亦不可任意更動、塗改或仿冒。如獲知任何更動、塗改或仿冒，應通知甲方處理。

2、依本合同甲方所提供予乙方之產品及相關資料，包括專利權、商標、積體電路線路權、商業機密、技術檔、產品型樣，以及甲方提供予乙方用以支

援產品應用開發、協助推廣銷售之任何發展工具硬體與軟體，均屬甲方之知識產權，乙方不得以任何方法妨礙、損害甲方之知識產權。

3、乙方經銷甲方產品時，應與客戶簽約訂明所有甲方產品之專利權、著作權及其它一切知識產權均屬甲方所有，並約明客戶或其代理人、使用人不可有任何妨礙、損害甲方知識產權之行為。若乙方發現其客戶或其代理人、使用人有妨礙、損害甲方知識產權之行為，乙方應通知甲方，並採取有效之救濟程序與排除侵害甲方知識產權之行為。

4、若有上述妨礙或損害甲方知識產權之行為，乙方對於可歸責之部分應負擔損害賠償責任及相關知識產權之法律責任。

5、甲方保證因本合同所提供之乙方之產品，並無侵害任何第三人之專利權、商標權、著作權等一切知識產權，如有任何第三人因本產品之任何知識產權疑義向乙方或乙方客戶提出訴訟時，甲方應負擔全部費用（包括但不限於律師費），以保障乙方及其客戶，如因而致乙方或其客戶受有任何損害，並應負一切賠償責任。

十四、經銷代理合同之簽訂

1、甲方得另與第三人簽訂本合同產品之經銷、代理合同，並於簽訂合同前通知乙方，乙方不得異議。

2、非經義務方同意，權利方不得將本合同之權利轉予第三人。

十五、合同終止

如契約之一方發生下列情況之一時，他方得終止合同：

1、一方未履行合同中任一條款經他方以書面催促後逾二十天仍未改善者。

2、一方未經他方同意，將合同內之權利義務轉讓或設質予第三人。

3、一方財務或管理結構重大改變。

4、一方將受或已受破產之宣告。

5、一方將他方產品之有關機密、管制文件洩露或交予競爭對手。

6、乙方連續兩季未達所規定之銷售金額。

7、乙方將甲方產品之商標、名稱、編號更改或塗改。

8、不可抗力事件發生而顯然無法於短期除去時。

9、合同有效期間結束而當事者任一方無意續約。

十六、合同終止後之處理

1、本合同終止時，除本合同另有規定外，乙方得繼續銷售其已受領之產品至售完為止，乙方並得繼續維護其已售出之產品。其因維護產品所需之零件及消耗品，乙方得向甲方繼續訂購。

2、乙方所訂購而未交貨之產品，如交貨期系合同終止起 30 日以內者，乙方應繼續受貨付款。

3、本合同終止時，乙方應依本合同第五條付款條件結清所有貨款。

4、本合同終止後一年內，本合同第十二條、第十三條仍繼續有效。

5、合同終止時，乙方應於七日內，歸還甲方所提供之全部技術檔、說明書及其它資料、硬體設備、應用軟體等，乙方如曾自行複製上述檔或軟體時，乙方並應於同期限內交付甲方上述各類檔及軟體之所有複製本，但乙方就已售出產品之維護所需之技術檔且事先告知甲方者不在此限。

十七、不可抗力事件

1、本合同所稱之不可抗力事件為，凡有阻礙、限制或延後合同中甲、乙雙方當事人義務之履行或權利行使之事件，且該事件之發生、消滅、除去，非為甲、乙雙方當事人在合理情況下所能控制者。如

(1) 天災，如水災、地震、風災或其他自然災害，造成交通運輸或通訊之限制、阻礙等情行。

(2) 暴亂、暴動、罷工、怠工、停工，但不包括當事人有權利阻止之事項。

(3) 戰爭。

(4) 意外事件，如火災。

(5) 不可預期之政府法令或規章限制。

2、甲、乙任一方因不可抗力事件所造成無法繼續履行本合同義務之情形時，除應盡速以任何可能方法通知另一方外，並應於十日內以書面向另一方提出正式通知。通知上應說明事件內容、影響範圍、可能繼續期間、對合同雙方之權利義務可能遭受之影響內容、範圍、程度等。若可預知事件結束、消滅或得以除去之時間，亦應一併說明。於通知事件之發生、繼續或結束時，應提

出相關之證明文件，如報紙、廣播、電視報導或法院、公會、政府機關等所
作成具公信力之文書。

3、不可抗力事件正式通知後至事件終止前，雙方遭受影響之權利義務得停止
履行並視為不可歸責。事件終止後，即應繼續合同之履行。若不可抗力事
件顯然無法除去時，任何一方得依本合同第十五條終止合同。因不可抗力
事件而導致合同終止時，仍適用本合同第十六條之規定進行善後處理。

4、不可抗力事件發生時，合同雙方當事人應本善意合作之精神全力阻止或除
去該不可抗力事由，或尋求解決方法，以利合同之繼續有效履行。若雙方
之協定無法達成，或無法與對方取得聯繫時，則任何一方均得終止合同，
或依本合同第二十一條之規定尋求解決。

十八、合同完整性

除本合同之規定及附件外，任一方對他方並無其他任何承諾或保證。

十九、附件

本合同所附各項附件、附錄，均視為合同書之一部份。唯附件與本合同有
所抵觸時以本合同為準。

二十、標題

本合同之標題，僅系作為合同標題之用，不得作為解釋合同之任何依據。

二十一、紛爭解決

本合同如有爭議無法協商解決者，雙方同意本合同如有爭議無法解決
時，雙方同意以_____法院為_____管轄法院。

二十二、合同之修改

本合同如有未盡事宜，得由雙方共同協定並以書面修改增訂之。

二十三、合同有效期間

本合同有效期間自西元　　年　　月　　日起至　　年　　月　　日
止，期間屆滿後，本約即行失效。雙方若有意續約，得另訂新約。

二十四、合同書簽訂

本合同書簽訂後，正本一式二份，由甲乙雙方分執存照。

第四節　資金模型

　　商業策略的資金模型，主要是策略與資金會計、資金調度、資金稅務的相應互動過程公式、應用因子之模型設計。模型首重現金流量的因子設計，包括營業活動所產生的收入、投資活動所產生的收入，或者由銀行融資、現金增資所產生的資金等，在模型設計檢視時，須先確定風險性，才能讓企業穩健經營，以降低出現付不出債款或利息的風險發生。其他應用因子例如，為購買認購權證，於是付出一筆資金，取得一個權利，可以在未來一定期間執行（Exercise），就認購權證的企業而言，可能發生的最大損失，就是購買權證標的股票價格未能達到履約價，致權證無法履約而失效時所支出的成本因子，其與會計、金融、稅務的互動關係公式、之設計。

　　選擇權依履約（Strike）期限，可分歐式選擇權（European Option）及美式選擇權（American Option）。交易型態則區分為購入買權（Call Option）、購入賣權（Put Option）、賣出買權、賣出賣權。最後，有關模型設計的思維，摘錄西晉惠帝元康年間南陽人魯褒的〈錢神論〉與易經之鼎卦（圖[12.1]）與讀者分享。

　　……錢之為體，有乾坤之象。內則其方，外則其圓。其積如山，其流如川。動靜有時，行藏有節。市井便易，不患耗折。難折象壽，不匱象道。故能長久，為世神寶。親之如兄，字曰孔方。失之則貧弱，得之則富昌。無翼而飛，無足而走。解嚴毅之顏，開難發之口。

　　錢多者處前，錢少者居後；處前者為君長，在後者為臣僕。君長者豐衍而有餘，臣僕者窮竭而不足。《詩雲》：「哿矣富人，哀此煢獨。」錢之為言泉也，無遠不往，無幽不至。京邑衣冠，疲勞講肆，厭聞清淡，對之睡寐，見我家兄，莫不驚視。錢之所佑，吉無不利。何以讀書，然後富貴。昔呂公欣悅於空版，漢祖克之於贏二，文君解布裳而被錦繡，相如乘高蓋而解犢鼻，官尊名顯，皆錢所致。

空版至虛，而況有實；贏二雖少，以致親密。由此論之，謂為神物。無德而尊，無勢而熱，排金門，入紫闥。危可使安，死可使活，貴可使賤，生可使殺。是故忿爭非錢不勝，幽滯非錢不拔，怨仇非錢不解，令問非錢不發。洛中朱衣，當途之士，愛我家兄，皆無已已，執我之手，抱我始終。不計優劣，不論年紀，賓客輻輳，門常如市。諺曰：「錢無耳，可使鬼。」又曰：「有錢可使鬼。」凡今之人，惟錢而已。故曰：軍無財，士不來；軍無賞，士不往；仕無中人，不如歸田；雖有中人而無家兄，不異無翼而欲飛，無足而欲行。

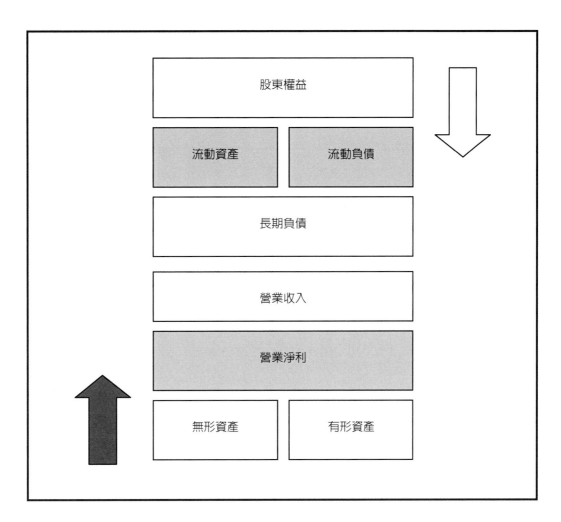

圖[12.1]　資金模型

第十三章　商業策略遵循

你是企業，孩子是客戶，子女是員工，思想是需求，靈魂是完美……於是，
黎巴嫩詩人紀伯倫說：你的小孩並不是「你的」孩子，他們是生命的子女，
渴望尋求自己。他們是「經由」你而來，並不是「從」你而來，他們與你生
活，但他們不屬於「你」。你可以給他們關愛，但不是你的思想，因為他們
有「自己」的思想。你可以給他們身體一個居所，而不是他們的「靈魂」，
他們的靈魂，居住在明日之屋，那是你不能去，也不能夢見的地方。……

第一節　遵循法規

由於現代市場經濟的多元性與多變性，法規亦隨之不斷配合新增與修正，因而構
成的綿密遵循規範，企業可能隨時因業務執行的疏忽或錯誤而違反法規，例如違反勞
動基準法或勞工保險條例下的僱主責任規定；或產品的瑕疵違反食品衛生管理法及消
費者保護法；或新產品侵害他人智慧財產權；或未依合同規定履行義務等，而遭受股
東、同業競爭廠商或消費者向之提起訴訟，導致企業必須支付賠償、和解金或訴訟費
用；或違反美國《反海外賄賂法》。美國企業或者個人向外國政府官員行賄的，對個
人的懲罰措施為十萬美元罰款和五年監禁；對公司則是最高兩百萬美元的罰金。而根
據選擇性罰款的規定，實際罰金有可能會更多。

企業遇到上述之問題，其結果除了履行損害賠償責任、支付和解金或訴訟費用外，
尚包括商譽直接受損。財務方面輕則使企業的獲利減少，重者使企業因巨額索賠而破
產。相同的，企業如果時常發生對其他人提起訴訟的行動，股東及投資人就會擔心企
業的內部控管或管理團隊的商業決策是否出了問題，致使企業受控訴案件頻繁。因此，
企業若注重遵循管理，除可保護企業主降低訴追的風險，及大幅減少企業的損害賠償
費用與訴訟費用外，更是企業對社會負責任形象的具體表現。

第二節　遵循責任

商業策略的遵循責任，主要為退休金責任（Pension liabilities）、合同責任（Contractual liabilities）、訴訟責任（Litigation liabilities）、行政責任（Administrative liabilities）、保證責任（Guarantor liabilities）、產品責任(Product Liability)及公司治理責任（Corporate Governance Liability）等，其中公司治理責任，在有關股東權益、監察人功能、利益關係人權益、資訊透明度的管理目標上，重要關鍵在於董事會成員是否具備有營運判斷、財務分析、經營管理、危機處理、產業知識、市場趨勢、領導決策等職能。

本章參照美國風險管理學者對於責任風險之定義，將責任定義為：企業在營運過程中因違約、侵權或過失行為，導致第三人之體傷、死亡、財產及權益受損，或違反刑法、行政法規的強制規定時，企業及其相關負責人員須付出的代價。形式上責任風險雖是純損的純粹風險，但因為其產生是來自企業組織、活動與環境間的互動，諸如科技、體制、社經的變化或人為的主觀或客觀作為，故其雖為靜態，亦是動態之風險。

第三節　遵循維度

本章在此對遵循維度以民事、行政及刑事等維度來分類。企業在管理民事、刑事及行政等維度時，除了內部的管理外，平日亦應與外部各主要保險公司及律師保持往來聯繫，當發生索賠案時，由於雙方平常已經建立起良好的互信關係，將較有利於理賠事務的順利開展。

一、民事維度

主要為企業簽訂、同意或承諾任何形式之協議、聲明、保證、擔保、約定等的合同責任，或因侵權行為對（特定或不特定）第三人的損害賠償責任。民法第一八八條規定受僱人因執行職務，不法侵害他人之權利者，由僱用人與行為人連帶負損害賠償

責任，例如公司業務在拜訪客戶途中車禍肇事撞傷路人，則公司必須和該業務對被撞傷路人連帶負起損害賠償責任；又例如，公司保證所供應的產品符合歐盟電子電機設備中危害物質禁用指令（Restriction of the use of certain hazardous substance in Electrical and Electronic Equipment , RoHS）中之相關規定，若檢驗出有不符合歐盟規定之產品，則願意支付買受人重工或另採購替代品的費用。

又例如，消費者保護法規定企業要負的是無過失責任，也就是消費者只須証明所受之損害是企業的產品所造成即可，且只要有損害發生，不管是製造商、經銷商，還是進出口商等，不論有無過失均應賠償消費者的損害。此與民法規定被他人因故意或過失不法侵害權利時，受害人須舉証証明他人有故意或過失，方可請求損害賠償的過失責任是不同的。茲對遵循責任有關損害賠償及合同責任分述於下。

(一) 損害賠償

目前保險公司針對醫師、律師、會計師，或企業董事、監察人、總裁、財務長等專業人員，因其專業服務或執行職務所衍生消費者或股東的損害索賠，提供責任險以供被保險人做損害賠償的風險移轉。例如，董監事及重要職員責任保險（Directors and Officers Liability Insurance，簡稱 D & O），其目的是在保障公司的董監事或重要職員（亦可擴大至其他職員）於執行職務時，因錯誤、疏忽、過失、義務違反、信託違背、不實或誤導性陳述等行為而被第三人提出賠償請求所引發的個人遵循責任，由該保險單賠償董監事及重要職員因此所支出之調查費用、抗辯費用、和解及判決金額的損失。

又例如，醫院醫師為移轉因執業過程中對病患的醫療作業失誤（Medical Malpractice）衍生的索賠風險，可投保「醫師業務責任保險」。其於保單承保範圍內將依法應負的損害賠償及訴訟費用等移轉到保險公司。對於開業的個人醫師而言，亦可投保「診所綜合責任保險」，除了承保醫師個人專業責任風險外，還包含診所的公共安全責任及受僱醫師及護士的專業責任風險。

對於製造商及經銷商、零售商所生產或販售的產品，保險公司亦有提供產品責任險，產品責任保險承保範圍為保險公司對於被保險人因被保險產品之缺陷在保險期間內或追溯日之後發生意外事故，致第三人遭受身體傷害或財物損失，依法應由被保險

人負損害賠償責任且在保險期間內受賠償請求時，保險公司在保險金額範圍內對被保險人負賠償之責。而「被保險產品」：係指經載明於保險合同，由被保險人設計、生產、飼養、製造、裝配、改裝、分裝、加工、處理、採購、經銷、輸入之產品，包括該產品之包裝及容器。「被保險產品之缺陷」一般係指被保險產品未達合理之安全期待，具有瑕疵、缺點或具有不可預料之傷害或毒氣性質，足以導致第三人身體傷害或財物損失者。

另要說明的是，責任保險雖可移轉損害賠償的風險，但須注意有關不負賠償責任的除外事項附加條款，例如一般產險公司承保之酒類產品責任險，對因受酒類影響所致消費者急、慢性酒精中毒的身體傷害損失；因消費者受酒類影響而違反政府主管機關法令規定所致之損失；以及因所製造、生產、輸入、經銷之酒類產品被仿冒致第三人因酒所受傷害，及被保險人本身之商譽及財務損失等出險是不負賠償責任。

(二) 合同責任

主要為當合同之任一方對其義務不履行時的責任。例如，進口商不給付出口商貨款、機電維修商不依約提供技術勞務、經銷商遲延送貨、原廠貨品有瑕疵或不符合綠色協議等。合同之任一方對其義務不履行時，企業直接作法為先進行商業協商，一般說來協商雖溫和而較無強制力，但對合同各方合作的商機影響性是最小的。協商仍無法達成共識時，於評估相關經濟成本等因素後，應考量是否終止合同或以訴訟、仲裁（Arbitration）等方式處理。合同可約定仲裁來排除法院管轄，例如大陸民事訴訟法規定，合同雙方當事人對糾紛自願達成書面仲裁協議，不得向人民法院起訴，而應向仲裁機構申請仲裁。

約定仲裁應約定仲裁機構、仲裁地（可選擇總公司所在地，分公司所在地或第三國）及仲裁規則，以免被認為仲裁約定無效。目前可受理仲裁的國際性常設仲裁機構，有巴黎的國際商會仲裁院（ICCCA）、瑞典斯德哥爾摩高等仲裁院（SCCCA）、華盛頓的解決投資爭端國際中心（ICSID）、瑞士日內瓦的世界知識產權組織仲裁中心（WIPOAC）；地區性常設仲裁機構則有美國仲裁協會（AAA）、香港仲裁中心（HKIAC）、中國經貿仲裁委員會（CIETAC）、新加坡國際仲裁中心（SIAC）。

另由於合同簽署目的在於與他方合意內容（作為或不作為）的實現，一方當事人可於他方債務不履行時，向有責之他方主張擁有合同上的請求權，並要求應有的損害賠償與違約金或懲罰金的權利。由於合同內容的訂定影響企業責任義務履行的風險甚鉅，因此合同的內容在訂定上除務求週延及有效履約能力的保障性外，應盡可能訂定任一方債務不履行時可以主張的權利內容及爭議解決方法，以限縮合同風險的範圍。因此諸如合同代理權限之遵循效力；合同的序文是否將合同訂約的緣由、目的、背景、共識等爭義清楚說明；合同的文字定義是否明確，以免日後因不同解釋方式引起爭議；交易客體的規格、質量與單價、數量是否明確，以免衍生後續的權利與義務問題。

交易條件的約定（例如國際貿易規則 FOB、CIF 等），於合同上是否已清楚註明雙方當事人皆同意在遵循上受其強制性的拘束；或合同內容的機密保守範圍是否明確，與洩漏機密資料的懲罰方式是否具有實質嚇阻作用；合同之終止或解除條款之約定，是雙方當事人一定期間以前通知對方即可終止，或必須要一方當事人有違反合同義務，他方當事人才可以行使終止權；再者為免於日後發生合同當事人對合同簽署真偽的爭議，簽約後可再藉由公証人、當事人律師等第三人的見証來免除此風險。以下特附上合同條款因子（見 168 頁）及合同審閱之表格（見 167 頁）供讀者參考。

二、刑事維度

企業應預先就行為所衍生的遵循效果是否牴觸刑事遵循規定做審查，其次再判斷過失的違法行為是否構成阻卻違法事由，最後則是行為之有責性問題。例如，刑法「業務過失傷害罪」或「業務過失致重傷罪」皆屬告訴乃論之罪，依刑事訴訟法之規定，告訴人必須自知悉起六個月內向警察機關或檢察官申告犯罪事實，請求追訴，故企業須注意「追訴期間」的問題；或因刑事偵查階段不能提起附帶民事賠償，故若偵查階段期間延長，則民事侵權行為損害賠償二年的請求權可能因此而消滅，則須另提起民事訴訟請求損害賠償；又例如水污染防治法規定：「事業不遵行主管機關依本法所為停工或停業之命令者，處負責人一年以下有期徒刑。」故企業負責人須評估不為停工或停業之有期徒刑的產出代價。

三、行政維度

　　行政維度主要為企業違反相關行政法規，或是行政機關之行政行為違法，或是行政法規中不確定的法律概念，例如：正當、不正當、公眾所普遍認知等，無法使企業判斷行為有違法，致企業因此所可能遭受行政機關處以罰鍰、沒入、停止營業等之行政執行罰或行政罰。行政法中各項法律關係之目的在維護國家及社會的安全與發展，而企業營運過程中與社會整體運作又息息相關，因此行政法與企業彼此關係難謂不密切。

合同審閱			
審閱對象			
合同性質	□代理　□經銷　□採購　□代工　□保證　□其他_____		
合同期間	自　　年　　月　　日起至　　年　　月　　日止共計　　年		
合同金額	□　　　　　　元　□無		
付款條件	□當月結_____天　□次月結_____天 □預付現金　□無 □其他：_____（請說明）		□具可行性 □可以調整 □不可調整
付款方式	□支票　□電匯　□信用狀　□無 □其他：_____（請說明）		□具可行性 □可以調整 □不可調整
可能損失	□　　　　　　元　□無　□不確定		
預估獲利	□毛利___％　□邊際利潤___％　□營業額：____元／月；____元／年		
標的範圍			
運送危險責任	□具可行性　□可以調整　□不可調整	說明：	
庫存損失責任	□具可行性　□可以調整　□不可調整	說明：	
瑕疵賠償責任	□具可行性　□可以調整　□不可調整	說明：	
產品保固期間	□具可行性　□可以調整　□不可調整	說明：	
交貨延遲規定	□具可行性　□可以調整　□不可調整	說明：	
懲罰性違約金	□具可行性　□可以調整　□不可調整	說明：	
知識產權保護	□具可行性　□可以調整　□不可調整	說明：	
終止合同規定	□具可行性　□可以修改　□不可修改	說明：	
適用法律法院	□具可行性　□可以修改　□不可修改	說明：	
其他責任義務	□具可行性　□可以修改　□不可修改	說明：	

合同條款因子

Statement of Work and Specifications 工作內容及規格明細
Limitation of Liability to cost of product/service 將賠償責任限於產品／服務之成本
Acceptance of consequential damages 承擔間接損失賠償責任
Acceptance of liquidated damages 承擔固定違約賠償金
Hold harmless agreement in your favor 賣方免責條款
Remedies and Indemnification Agreement 賠償協議
Deliverables and Installation 派送與安裝
Performance Milestones including testing 重要事件的履行（包括測試）
Acceptance and sign off procedures outlined 驗收與簽結程序
Fixed cost contract 固定成本契約
Fixed length or duration 固定履行期間
Venue or Jurisdiction Clause 管轄法院條款
Disclaimer of Warranties 擔保責任免除條款
Payment Terms 付款方式
Dispute Resolution/Arbitration Provision 爭議解決程序／仲裁條款
Severability Clause 條款效力各自獨立
Term and Termination 合同期間與終止
Contractual Statute of Limitation 契約權利的請求時效
Clear definitions of technical terms 技術性用語之明確定義
Integration Provision 整合條款
Change orders integrated into final contracts 訂單內容變更納入最終合同

　　例如，社會秩序維護法採無過失責任，行為不問出於故意或過失，均應處罰；或違反勞動法令之行政處罰之罰鍰；或企業間透過訊息交換的方式，同時將產品漲價，

亦即二家以上有競爭關係之事業共同決定商品或服務之價格、相互約束事業活動等之行為，就可能會構成公平交易法之「聯合行為」，而被處以罰鍰。

對跨國企業來說，面對投資國的行政法規的限制、反壟斷調查，或行政機關濫用職權、行政違法行為等爭議，不論最後是否提起訴願或行政訴訟，皆須預先做好訴諸遵循的規劃。例如是否向投資國當地的法院提起訴訟，方不致因向母國法院起訴後，引起投資地民眾的民族排外情緒，或者是向國際仲裁機構提出仲裁等。

第四節　遵循治理

遵循治理的主要核心問題，為所有權與經營權分開的代理問題。當公司的資金提供者授權公司的主要股東或專業經理人等執行公司業務時，在資訊不對等的因素下，常會發生業務代理人與業務委託人間之利益衝突。業務代理人若做出不利於業務委託人利益的決策而損及其權益，連帶的也將影響到投資人及債權人之投資、借貸的意願。企業為達成永續經營與競爭優勢的建立，必須取得投資人的資金與資源的支援，而健全的公司治理制度，使企業有良好的經營成效，使股東、債權人、員工獲取應有的報償，這將是取得投資人的資金與資源的先決條件，更重要的是此亦為股東與投資人信心與信賴之所在。

因此企業建立健全的遵循治理制度，除加重外部董事的職能以面對國際市場之競爭與挑戰外，亦須從有效治理並落實法規與流程機制上著手，方能吸引長期資金投資者及國際投資人的投資。

一、決策流程

企業經理人或董事、監察人因資訊不足或故意而違反內控制度，或因利益關係而從事與法令規定不符的情事，諸如關係人交易、內線交易、利益輸送、掏空公司資產或詐欺、背信等脫法行為，常會導致企業財務、商譽受損。例如，關係企業的某個供

應商是母公司董事長的親戚，母公司或母公司管理階層於是以不合理的價格決策，要求子公司以不合營業常規方式採購，致子公司受有損害。

於此，依公司法之規定，母公司未於會計年度終了時為適當補償致子公司受有損害時，母公司必須對子公司負賠償責任，若其他子公司因此受有利益，依同法規定，於他子公司所受利益限度內，與母公司負連帶賠償責任。為避免諸如此類情事的發生，企業在公司治理管理上，首重於建立透明化決策管理流程，以取得股東及投資人的信任。

二、股權架構

企業的股權架構就像房屋的結構般，是房屋的主要支撐力量。房屋結構設計首重安全，它必須要能承受著人、傢俱之重量及風、雨、地震等之侵襲而不倒塌。相同的，公司的股權架構亦以安全性為首要，例如跨國企業為使海外投資及財務處理上具方便與節稅性，其股權架構可採用雙層控股方式，亦即設立兩層境外控股公司。

如此方式除能使其他投資者在將來取得股權時的手續簡便外，同時在股東變更時亦不會被稅務單位以其投資屬已實現而課徵相關營利事業所得稅；且將來第三地第二層控股公司分配股利時，由於該項股利並未匯回母公司，而是先行分配給第三地第一層控股公司，只要該控股公司不分配股利，則無需繳交所得稅，且第三地控股公司股利所得累積到一定數目後，可作為海外其他投資事業之資金來源。不僅具租稅遞延之效果，且兼具財務功能。

三、法律文件

企業法律文件依商業往來及衍生的活動內容，可分為本國或涉外的法律文件。而涉外的國際商業往來活動中較有影響力之企業，大都是來自實行普通法的國家，而英語均為這些國家的母語。因此，要能有效地管理本國或涉外商業活動所衍生的法律文件，除通曉中英文、了解普通法國家制度外，明白往來企業處理商業糾紛時的思維邏輯和手法並熟悉國際商貿運作亦是非常重要的事項。

(一) 文件的定義

　　企業的法律文件，本書定義為本國或涉外的電子或書面式的公司章程、公司證照、股東會及董事會會議記錄、政府單位公文、公司相關營運規定或辦法、勞資關係文件（如員工退休、福利、保險辦法、內部勞資爭議處理辦法等）、不動產所有權及他項權利書狀、合同（例如獨家總經銷合同）、買賣合同（合同）、工程合同（合同）、智慧財產權文件（如專利權利證書、商標權利證書）等。

(二) 文件有效性

　　法律文件管理重點在於其內容的有效性，以保障企業的權益，故除定期的治理、檢查文件內容並適時調整外，平時則應作好文件的登記、分類、歸檔、統計等保存工作，避免因人為疏忽或天然災害而毀損滅失。對於政府單位糾舉或通知的文件，亦須妥善回應並存檔。而需依規定製作或申請的各項文件，應及時在法定期限內完成。

　　以專利申請的文件為例，美國是以誰發明的時間較早，來判斷由誰取得專利權；但在歐洲則不相同，其是以誰先申請提出，做為審定專利權取得的依據。又如在英國尚未取得專利前，如果將專利發表在論文期刊，則無法就此申請專利；但反觀專利法之規定，只要於論文發表六個月內，仍可提出專利申請。

(三) 文件機密性

　　公司的文件，若為非普遍及一般公眾可取得之資料，即應適當地將文件採機密性分級管理，並管制其流通的方式與可知悉之層級或單位。而對相關知悉之內、外部人員，則應另與其簽訂保密協議書，協議書內容中應訂定明確及具嚇阻性的懲罰條款，期以有效管理文件內容外洩對公司商機可能造成的損失風險。

第十四章　商業策略資源

第一節　資源統計

商業策略資源，有形如建築物、貨物、廠房、營業裝修、機器設備等的財產；無形的如資訊軟體、技術、專利、商譽、債信等。企業經營過程中資源的流動是免不了的，在這種情況下，資源統計是商業策略實施很重要的一環。因為若要企業的有形或無形資源的損失能獲得適足的保障與回復，是需要對每一項資源的流動狀況能有一定程度的掌握，因此可以透過資源統計來進行管理。

例如，依資源運用來統計，可分為資訊資源運用、經驗資源運用。依資源安全來統計，可分為人力資源安全、環境資源安全、財產資源安全。懂得運用分享資源的人最富有，能否運用分享資源，是貧富差距的關鍵。而本章資源運用所下定義為：「資源運用為直接建立在資源的創造、延伸和應用的組合能力。」。

第二節　資源重估

資源重估，可分為企業資產與非資產的資源重估。資產重估是對抗因物價致使設備、廠房、專利、商標、公司債信等資產價值縮減的有力工具，適時辦理資產重估，重估後的資產價值相對的提高，就可以連帶提高資產分年攤提的折舊費用，直接的好處是因此降低所得稅負。唯要注意的是，由於上市櫃企業須依財會準則第 35 號公報「資產減損之會計處理」規定，於資產負債表日評估是否有跡象顯示資產可能發生減損，當有減損跡象存在，即應將資產可回收金額低於帳面價值部分認列為減損。

企業在資源重估時，對許多資源判斷事項，例如：營收、毛利、管銷費用、利息費用等流動性的資源，重估時應提出具體客觀合理之參考依據以佐證其合理性。對於資源可能的損失頻率（幾乎不會發生（Almost Never）、很少發生（Slight）、與一般

情況（Moderate）、會發生（Definite）及損失嚴重性，衡量出最大可能損失（Most Possible Loss）與可能最大損失（Probable Maximum Loss），以做為資源回復預應基礎。

第三節　資源運用

目前企業競爭致勝的關鍵，乃取決於員工對資源的運用與創造程度。故企業若能建構出資源運用與創造的機制，使內部或外部組織的資源，能不斷經過創造、交易、整合、更新等過程，以形成不斷累積的實證經驗時，其因此減少的實作中學（Learning-by-doing）的時間與成本，將提昇公司的市場競爭力。資源運用說明如下。

一、資訊資源運用

網際網路的快速發展，影響所及，現今企業的主要競爭優勢，已不再僅是土地、資本或勞力，而是對資訊的掌握度及企業運用網際網路從事電子及虛擬商務的能力，電子商務目前大致可以包括企業與企業間、企業內部、企業與顧客間的交易方式等三種不同方式。企業與企業間電子商務，（Business to business e-commerce；又稱 B2B）亦即企業組織間透過網際網路電子商業活動，促使組織之間原料供應、庫存、配送、通路及付款等管理更有效率；企業內部電子商務（Intra-organizational electronic commerce）係指企業運用網際網路架構，建立內部溝通系統，整合內部相關活動及提升效率；企業與顧客間電子商務（Business to customer electronic commerce；又稱 B2C）則可讓顧客迅速取得商品與相關資訊，並藉由網路與顧客間進行快速的雙向交流。

誠如三位獲諾貝爾經濟學獎的美國經濟學家 George A. Akerlof、A. Michael Spence、Joseph E. Stiglitz 所提出，市場不對稱資訊（Asymmetric Information）的因素，形成對資訊運用掌握較強的企業，市場競爭優勢將相對高於其它對資訊運用掌握較弱的企業。而影響資訊運用的關鍵，即在於資訊資源管理。其主要為公司的主機系統、伺服器、應用程式、資料庫等的資源管理。

二、經驗資源運用

　　經驗資源運用，本章將其概分為主觀經驗、客觀經驗及實證經驗運用等三種。而企業最重要的競爭優勢，即在於能將各職能或單位的員工之主、客觀經驗與實證經驗運用，以有系統的方式結合起來應用與傳承，並將其累積記錄在組織內部系統。例如，客觀經驗運用：包括著作權、專利權、商標權、營業秘密、積體電路布局、電腦軟體、工業設計等智慧財產權運用。企業若得以保存經驗的運用模式，則人員流動所產生的經驗運用的缺口衝擊影響，將能有效的降低。下列物流倉儲服務的實證經驗運用（見176頁），提供讀者參考。

物流倉儲服務合同
Logistics and Warehousing Service Agreement

Whereas:

鑒於

(A) Party A is a company supplying parts, product and related materials to **** (hereinafter "****"), which refers to the companies located in XXXX and invested directly by C Inc., a corporation organized and existing under the laws of with its principal place of business at____。

甲方系指為 ****（以下簡稱****）提供產品及相關材料的供應商，****指位於　　並由 C Inc.,直接投資的公司，C Inc.,是一家根據___法律註冊_____公司，其主要經營地位於　　。

(B) Party B is a professional warehousing and logistics company established in XXXX which can provide international freight forwarding, Customs transfer transportation, Customs supervised transportation, Customs declaration, warehousing, distribution, business consulting and other logistics-related services; and

乙方是建立在 XXXX 的專業物流倉儲公司，可以提供國際貨運代理、轉關、監管運輸、報關、倉儲、配送、商務諮詢以及其他物流服務。

(C) By mutual intention between LCL and ****, LCL shall provide warehousing and logistics services to the vendors appointed by ****.

根據與****的合作意向，LCL 物流倉儲有限公司為****認定之供應商提供物流倉儲服務。

Through friendly negotiations, Party A and Party B agree that Party B will provide logistics services for Party A under the following conditions:

甲、乙雙方經過協商，就乙方為甲方提供物流倉儲服務達成協議如下：

1. Introduction and Scope of Services

   概述和服務內容

   Party B shall provide Party A with warehousing and logistics services including the following:

   甲方委託乙方提供物流倉儲服務，包括以下業務：

   XXXX Entry Declaration for Party A's bounded goods;

   甲方產品進入出口加工區之進境備案；

   Management of inbound, inventory and outbound process for Party A as a consignee appointed by Party A in XXXX;

   作為甲方指定 XXXX 內收貨人代甲方管理入庫、庫存及出庫；

   Export process for Party A's returned goods; and

   甲方產品退運出境相關手續的辦理；

   Transportation and/or other related business entrusted by Party A's written instruction.

   運輸及其他相關或甲方書面指定的業務。

   During the aforementioned service process, the ownership of the goods remains with Party A . Party B has no right to dispose the goods entrusted by Party A unless otherwise stipulated in this Agreement.

   在委託業務中，貨物的所有權屬於甲方，乙方對甲方所委託的貨物無處置權，除非本協議另有規定。

2. Responsibilities of Party A

   甲方責任

   2.1 Party A shall have the good title to the goods entrusted to Party B;

   　　甲方應就其委託的貨物擁有合法產權；

   2.2 Party A shall transport the goods safely and completely at its own expenses and risks to LCL's warehouse in_____ ;

   　　甲方承擔費用及風險將貨物運抵乙方倉庫；

   2.3 Party A shall not store or require LCL to store any materials or goods which are of or contains articles of explosive, corrosive or hazardous nature;

甲方不得儲存，亦不得要求乙方儲存任何有爆炸性、腐蝕性或其他危險性質的貨物；

2.4 Party A shall provide LCL in time with complete and correct commercial and shipping documents in full compliance with the goods needed for XXXX Entry Declaration and deliver the abovementioned documents to LCL prior to the arrival of the goods at destination in Xxxx　as agree by both parties;

及時向乙方提供與貨物完全相符的進境備案所需的商業單證及提貨單據：在貨物到達雙方約定的到貨地點前，將上述單證及提貨單據提供給乙方；

2.5 Party A shall bear all additional costs arising from the unconformity between the documents and the goods, as well as, the absence of Party A's documents;

甲方應當承擔由於單證與貨物不符或缺少應提供的單證而產生的附加費用；

2.6 Party A shall provide or require its customer to provide LCL with all necessary import/export license or certificate which are compulsorily requested in accordance with applicable＿＿＿＿＿laws and/or regulations;

甲方應向乙方提供或者要求其客戶向乙方提供＿＿＿＿法律法規規定必須具備的所有進出口相關的許可證明；

2.7 Party A shall authorize appointed personnel to issue written instruction, in an accurate and timely manner to LCL to proceed with required service;

甲方應授權指定人員及時準備的書面指示乙方進行各種操作；

2.8 Party A shall immediately pay to LCL the logistics service fees, storage and management fees, proper disbursement, and other mutually agreed charges without any deductions as listed in this Agreement and when such fees fall due.　The required services and amount of fees are listed in the appendix of this Agreement;

甲方應按協議向乙方不打任何折扣的支付物流操作費用、倉儲費、代付費用及其他約定費用。具體服務專案及費用金額依本協定附件；

2.9 Party A shall be solely responsible for the quantity and quality of the goods provided such goods stay unopened in the pallets, cartons and other form of packages and be solely responsible for all the damages or losses arising in Party A's negligence thereof unless otherwise caused by negligence of Party B during transportation or storage period;

甲方應對所委託的在未開啟的託盤、紙箱以及其他包裝內的貨物的數量、品質負責，並對可能由此造成的可歸責損失負責，由於乙方運輸或倉儲保管過失造成的損失損壞除外；

2.10 Party A shall bear the additional costs that caused by negligence of Party A, and arise from exceeding the overload/shortfall range (±　%) stipulated by the Customs including without limitation the costs of canceling the original documents for customs clearance, revising the inbound information, demurrage fee etc;

甲方應承擔因可歸責於其所造成超出海關限定的貨物短溢裝範圍（±　%）所帶來所有可能產生的額外費用（如刪單重報、更改進境備案資料及滯報金等費用）；

3. Responsibilities of Party B

乙方責任

3.1 Party B shall provide within the materials hub self-contained handling equipment and a warehousing computer system incorporated therein and such necessary manpower to store the goods;

乙方應在物料倉儲中心內提供完備合格的機械操作設備、倉庫 IT 管理系統以及必要的人力；

3.2 In the event of any license/certificate is required by government regulation or statutory business practice for performing any service involved in this Agreement, Party B shall be duly licensed/certificated or appoint other licensed/certificated party (hereinafter the "Third Party") to perform such service.　Any expenses arising from the service re-entrusted by Party B which was authorized from　Party A . The third Party shall be paid directly by Party A to the Third Party with the written instruction of Party B when such expenses fall due;

各項委託業務如有涉及到國家、行業資質等級限制的，乙方應具有相應資質，或安排具有相應資質的公司（以下簡稱「第三方」）具體代理經辦；乙方受甲方之要求，委託第三方代辦事項發生的費用由甲方直接支付給第三方，乙方應就該等費用到期時書面通知甲方；

3.3 Party B shall proceed with the XXXX Entry Declaration for the Party A's goods according to related Customs regulations after receiving all necessary documents provided by Party A;

乙方應在收到甲方提供的所有進境備案的的所有單證後，及時按照海關有關規定為甲方貨物辦理進境備案；

3.4 Party B shall perform, as entrusted by Party A, the transportation of Party A's goods between Party B's warehouse and Xxxxxxx   airport/seaport safely and punctually;

乙方應按照甲方的委託，安全及時的進行乙方物流倉庫與上海空／海港之間的運輸；

3.5 Party B shall ensure and be responsible for the safety of the goods stored in Party B's warehouse and conduct the operations involved in this agreement in conformity with generally accepted industrial safety practices and standards and any specific written instructions provided by Party A;

乙方應保障並負責對存放在乙方倉庫的貨物之安全，所涉及的各種操作均按照業內安全操作慣例和標準以及按照甲方書面的具體指示進行操作；

3.6 Party B shall maintain a proper and orderly system of storage to facilitate prompt and convenient distribution of the goods in accordance with the instruction requested by **** or Party A;

乙方應保持一個良好、有序的倉庫儲存系統，可以根據****或甲方的要求，及時、便捷的提取貨物；

3.7 Party B shall permit Party A or its duly authorized representatives may enter Party B's material hub upon a prior written notice to Party B to examine the state and condition of the goods or take an inventory count of the goods;

乙方應允許甲方或其授權代表在事先通知乙方的情況下進入乙方物流倉儲中心對其儲存的貨物狀況檢查以及對貨物進行盤點；

3.8 Party B shall provide Party A and/or **** with the free internet access to Party B's warehousing computer management system to check their own inventory list;

乙方應通過 Internet 網路，免費提供給甲方和****進入乙方物流倉儲中心 IT 系統的進入埠，使甲方和****可以查看自己的庫存明細單；

3.9 Party B shall conduct physical inventory count regularly and/or pursuant to Party A's written instruction and provide Party A or **** with a result list of aforementioned counting;

乙方應對庫內貨物進行定期盤點，或根據甲方的書面指示對庫內貨物進行盤點，並提供盤點清單予甲方或****；

3.10 In the event that Party A intends to claim against any third party, Party B shall upon Party A's request provide all support and related evidence within its reasonable control, All reasonable cost arising thereof shall be reimbursed by Party A to Party B;

如甲方需向第三方進行索賠，乙方應根據甲方要求向甲方提供在乙方控制範圍內的相關索賠證據或證明。所產生的合理費用由甲方承擔；

3.11 Party B shall be bound to keep and manage the goods with due care of a good administrator. If Party B violates the duty under the provisions of the   preceding paragraph, whereby damage or destruction has been caused to the goods , Party B shall be bound to compensate for the damage arising therefrom.

乙方應以善良管理人之注意，保管租賃物。乙方違反前項義務，致貨物毀損、滅失者，應負損害賠償責任。

4.　Exemption of Party B's Responsibilities

乙方免責條款

4.1 Party B shall not be responsible for the liabilities and losses arising from the defect, quality or nature of the goods, which are not caused by Party B;

乙方不承擔非乙方原因引起的，由貨物的內在缺陷、特性品質和自然屬性造成的各種相關責任及損失；

4.2 Party B shall not be responsible for the expenses caused by Party A's delayed delivery of related documents including without limitation the demurrage and detention fee, customs charge and/or penalty;

乙方不承擔因甲方未能及時提供相應單據而造成的包括但不限於滯期費、延期費、海關收費或罰金等；

4.3 Party B shall not be responsible for the losses of the goods if force majeure occurs during the course of Party B's control of the goods;

在乙方控制貨物的過程中發生不可抗力時，乙方不承擔對貨物的損失賠償責任；

4.4 Party B shall not be responsible for the losses when Party B is not able to provide the services stipulated in this Agreement because of the changes of the laws and regulations of the government.

由於政府法律的改變致使乙方不能按本協定條款提供服務時，乙方不承擔所由此而引起的責任和損失。

5. Confidential Information

保密條款

5.1 All information shall be deemed as confidential information (hereinafter "Information") provided it is related to this agreement or disclosed by the information owner to the recipient regarding business status or secret of its own or ****. Neither party shall disclose or disseminate Information to any third party without prior written consent by the disclosing party. This clause shall remain in full force for the duration of this Agreement and for a further period of one (1) year thereafter.

協定雙方對下列資訊承擔保密義務：所有與本協定相關的資訊及資訊所有者向資訊接收者披露的有關其自身或者與****相關的商業情況或商業秘密（以下簡稱「機密資料」）。任何一方在沒有權利方提前書面同意的情況下，不得向第三方洩露或散佈機密資料。本條款在本協議有效期內及合約結束後 1 年內有效。

6. Fees and Payment

費用與結算

Party B's service charge for Party A is listed in the appendix. Once the appendix is signed and confirmed by both parties, the appendix becomes an inseparable part of this Agreement as well as the only basis for financial settlement on both parties. Party B shall have the right to readjust the related service charge in line with the market situation. However, Party B shall notify Party A in writing with regard to the modification of service change in time so that both parties can negotiate the readjusted schedule of service charge;

乙方向甲方收取物流服務費用的收費標準見附件。該附件一經甲乙簽字確認後即成為本協定不可分割的一部分，作為雙方財務結算的唯一依據；乙方有權根據市場行情的變化情況，調整相關收費價格，但乙方須將有關價格變化及時以書面形式同時甲方，以便雙方共同協商價格調整方案；

The charge for HUB logistics service shall be paid on the basis of "monthly settlement", i.e. Party B issues invoice for settlement only once a month to collect the logistics service fee. The cycle definition of "monthly settlement" is from the 1st of a calendar month to the last day of the calendar month and the deadline for settlement is the last day of every calendar month (the deadline is subject to postponement in case of festivals and holidays). On the deadline for settlement, Party B shall issue a settlement list for the service fee, which can either be an E-mail message or a facsimile message. After receiving the abovementioned list, Party A shall review and verify it in time and have it confirmed within five days in the same way. In the event that Party A fails to reply to Party B within five days to confirm the settlement list, it shall be deemed that the list has been verified and accepted by Party A;

雙方的 HUB 物流服務費用以「月結算」方式結算，即乙方每月集中一次向甲方開票結算，收取物流服務費用。「月結算」週期定義為每個日曆月 1 日至該日曆月的最後一日，結算截止日為每日曆月的最後一日（若遇節假日順延）；結算截止日乙方向甲方出具服務費結算清單，該清單可以是電子郵件，或書面檔傳真；甲方在收到上述清單後應及時審核，並於 5 天內以同等方式向乙方確認。如甲方在 5 天內對乙方結算清單不予回復確認，則視為認同並接受；

After receiving the verified settlement list, Party B shall issue a formal invoice and have it sent by EMS or the way indicated by Party A. Party A shall pay for the service fees within sixty days starting from the day of issuing the invoice by Party B. The P-HUB fee and C-HUB fee shall be paid by Party A or the vendor appointed by Party A.   In case Party A entrusts Party B to pay for it, Party A shall remit sufficient amount of money to the account appointed by Party B within fifteen days after verification for correctness with Party B in accordance with the photocopy of the relevant fees paid by Party B and the bill amount;

乙方在接到確認後的結算清單後出具正式發票，並以郵政快遞或甲方指定的的方式發送。甲方應於乙方發票開具之日後六十天內向乙方執行付款。P-HUB 的費用或 C-HUB 的費用應由甲方或甲方指定代理支付。如果甲方委託乙方支付，甲方應根據乙方代付相關費用的影本及乙方開出的帳單金額並與乙方核對無誤後於 15 天內將足額款項匯入乙方指定帳戶；

In the event that Party A can't pay for the service fees before the deadline due to some special reason, Party B's prior consent shall be acquired.

甲方在付款截止期限如遇特殊原因不能及時付款的，須征得乙方同意。

Ways of Payment: Check, remittance, bank draft, etc.

付款方式：支票、匯款、銀行匯票等

7.   Extra Services (Special Services)

額外服務（特殊服務）

7.1   Any cost for the labor needed by Party B exclusive of usual logistics service (that is, within the scope of work) shall be charged in the light of Party B's usual standard for the logistics service consignor;

不屬於通常物流服務所需的乙方勞動力，按乙方的通常費用標準收取額外的合理費用；

7.2   Any material request raised by logistics service consignor including without limitation packing materials and other special materials shall be charged on the consignor pursuant to Party B's usual cost standard;

為物流服務委託方提供材料，包裝材料或其他特殊材料，按乙方通常費用標準，物流服務委託方承擔合理的額外費用；

7.3 For receiving or transporting goods prearranged not in normal business hours, additional reasonable fee shall be charged in the light of Party B's usual standard on the logistics service consignor;

由於事先安排，不在正常商業時間內收到或運送貨物，按乙方通常費用標準，由物流服務委託方承擔合理的額外費用；

7.4 Communications fees, including postage, telex, cable or telephone, if beyond normal service standard or using non-ordinary communication means as requested by the consignor, shall be borne by the consignor.

包括郵資、電傳、電報或電話的通訊費用，如果這些方面的服務超過通常的服務標準，或者在物流服務委託方的要求下，這些通訊不採用郵政的正常方式，那麼上述費用向物流服務委託方收取。

8. If either party fails to comply with any terms and conditions of this Agreement, the other party shall have the right to terminate this Agreement with no less than 30 days prior notice to the other in writing.

若甲、乙雙方的任何一方未能履行本協議，另一方有權終止本協議，但須提前不少於 30 天以書面形式通知對方

9. Any issue not covered by this Agreement shall be settled through negotiations between the two parties.　If any dispute occurs during execution of this Agreement, both parties shall settle it through friendly negotiations.　If no settlement can be reached, the dispute shall be submitted to＿＿for arbitration.　The place of arbitration shall be and the language used for arbitration shall be either English.

本協議未盡事宜，雙方另行協商解決。如在執行本協議的過程中出現爭議，甲乙雙方應友好協商。如協商未果，則將爭議提交＿＿＿仲裁，仲裁地應為，仲裁語言應為英文。

10. This Agreement is made out two copies in both Chinese and English with each party keeping one for reference.　Both Chinese and English Agreements are of equal validity. In case of any discrepancy, the　English version shall prevail.

本協議一式兩份，皆以中文和英文書就。甲、乙雙方各執一份為憑。中文和英文協議同時有效，如有衝突，英文協議優先適用。

11. This Agreement shall be effective after signed by the authorized representatives of the two parties.   The initial effective period of the Agreement shall be one（1）years and can be extended automatically for another one year every time unless any party gives notice in writing to terminate this Agreement in light of Clause 8 of this Agreement...   In case either party is unwilling to extend this Agreement, written notice shall be delivered to the other party 30 days before the Agreement expires.

本協議自雙方簽字之日起生效，有效期為一年；協議期滿，如甲、乙雙方均無疑義，則自動順延一年，嗣後延展亦同。如任何一方無意在期滿後繼續執行本協議，則應在本協議到期日前 30 天以書面形式告知對方。

第四節　資源安全

一、人力資源安全

各國勞工法令一般皆採「無過失責任」主義，也就是無論雇主有沒有過失，員工在執行職務中，因職業災害死亡、殘廢、傷害或疾病等，一般皆是要求雇主負擔賠償責任。如果是因公司之疏失所造成，則在經法院判決有侵權之過失時，公司尚須負民法之侵權賠償的責任。因此企業對公司最重要的「人力資源」，首要為預防員工發生職災，及發生後之賠償責任的風險移轉。

由於大多數的政府所能提供的社會保險，僅能達最基本的照護條件，因此企業在社會保險之外，在消極面，應規劃配合完善的團體商業保險，如此除了能提供給員工全力以赴之工作環境外，相對能減少事故發生後，因員工家屬抗爭影響企業的形象及運作。在積極面的管理規劃上，則應提供員工人身風險管理的教育與訓練，使員工將人身風險降至最低，對於因執行職務造成傷殘的員工，則應儘可能朝如何使員工回復原有之工作為方向。

二、環境資源安全

環境資源安全，主要為企業營運的相關作業系統，例如電氣系統、高壓系統、動力傳送系統、物料傳送系統、供水系統及工具機械、儀器或器材等的安全管理。例如：對於作業的執行應訂定工作安全規範並徹底執行，對危險性的區域應對員工作適當而充份的警告；對於較具危險性的工作則應予以足夠的安全防護訓練，並適當的增加員工的防護設備（如安全眼鏡、安全鞋）來調整員工與作業設備間能量互動關係，以防止員工滑倒、高處墜落、機械刺傷、破片割傷或重物壓傷等意外事故發生；添購輔助工具來操作輻射物設備，以降低游離輻射對員工身體的影響性；制定妥善有效的性別歧視及性騷擾防範措施及懲戒辦法。以下為環境資源安全保護（見 188 頁）及 RoHS 風險管理聲明書（見 190 頁），特提供讀者參考。

環境資源安全保護聲明書

　　環境資源安全保護（以下簡稱「環境保護」）是每個公司進行生產、活動和服務時都必須考慮的問題，我們認識到，與其他經濟組織一起，節約資源，保持生態，保護我們賴以生存和發展的環境的安全是我們共同的責任。因此，在積極推進公司技術和經濟許可範圍內的環境保護行動的同時，為了加強與公司相關往來廠商在環境保護方面的合作，實現污染預防以及環境行為的持續改進，對物料、供應商、工程包商、廢棄物處理廠商等相關方特做出以下要求：

1、所提供的產品及產品的原材料、生產過程、服務應滿足（或設法滿足）國家、地方、行業的有關環境保護的法律法規要求，在保證質量的前提下，減少包裝材料。

2、在生產、活動或服務過程中排放的超標污染物（廢水、廢氣、固體廢棄物、噪音等）應制定計劃、採取措施達到國家或地方的排放標準（每年都要有明顯的削減，直至達標）。

3、在生產、施工過程中，應優先考慮採用無污染或少污染的生產工藝、生產與施工設施、先進的施工方法等，不得採用國家或地方已禁止使用的生產工藝、生產與施工設備。在施工過程中，採取必要的措施降低噪音污染，並對施工現場的廢物妥善處置。

4、妥善保管易燃易爆或有毒有害危險物品，應採取防範措施，防止在儲運過程發生火災、爆炸或洩漏等事故，造成對環境的污染。

5、在儲運過程中，應保證運輸車輛狀況良好，車輛排放的廢氣、噪音及車輛沖廢水要符合國家規定的排放標準。在運輸過程中，不得對廠區附近工廠帶來不良影響。

6、為了督促相關的環境保護行為，本公司將對需重點施加環境影響的相關往來廠商進行不定期的監督與檢查，檢查的主要內容包括但不限於：

是否理解本公司的全面管理方針及制定相應的環境方針；

是否有計劃建立環境管理體系；

是否因環境保護問題受到相關方的投訴；

是否因環境污染事故受到上級主管部門或環保部門的處罰；

污染物排放是否達標，或已有明顯的削減。

對不符合要求的往來廠商，本公司將提出改進意見，對改進不符合或拒絕改進，或可能造成嚴重污染的企業或已經造成重大環境污染事故的供應商，本公司將會採取減少訂貨，更換往來廠商等措施以施加影響性。為了使地球有一個永續發展的未來，我們期望所採取的保護環境活動得到各相關供應商的支援與配合。

RoHS 風險管理聲明書

1.風險控制

（1）對製成品進行 RoHS 管制物質適當、明確、而可行的逐批次分析。

（2）對製成品之原材料進行 RoHS 管制物質適切的分析、紀錄、與測試報告，並以此為例行程序。

（3）執行適當的品質管制程序，來確定原物料分析結果與可靠性。

（4）能接受所有使用其產品之客戶所執行的監督與支持。

2.風險移轉

（1）供應廠商保證進行適當、明確、而可行的逐批次 RoHS 管制物質分析。

（2）供應廠商保證有定義明確，適切而獨立的第三方認證之逐批次的 RoHS 管制物質分析檢測報告。

（3）供應廠商保證所訂定的 RoHS 管制物質標準，具適當的分析程序，且可實施於常態、逐批次的分析。

三、財產資源安全

　　企業的財產資源安全，首先要瞭解的是財產保險的管理。其分為運輸保險、汽車保險、火災保險、資金保險、員工誠實保證保險、營業中斷保險及公共意外責任保險等。購買財產保險之目的，主要在於損害之填補。因此在投保時，須妥善規劃保險之條件與範圍，以達風險移轉之效果，故財產保險管理人對於上述保險之有效期間內之保險標的物項目、金額地點或資源使用性質等有變動時，應即刻通知保險公司簽發批單予以批註，以確保企業（被保險人）權益。投保的金額則須避免低於實際現金價值致造成不足額保險的情形。

　　在保險事故發生時，若為不足額保險，則保險人只能按保險金額佔保險價額之比例來補償，不足額部份，視為被保險人自承損失。在與保險公司簽立保險契約、續保、附加、變更，或回復保險前所應揭露知悉的事項中，企業是無須對下列事項揭露的：對減少保險公司所承保之危險；為一般常識者；保險公司已知悉或在其業務上應當知悉；保險公司放棄要求您履行義務的權利。最後，將企業財產資源的風險移轉工具綜述（見 192 頁）如下供讀者參考：

壹、火災保險

火災保險的承保範圍可區分為列舉式與全險式二種，其內容如下所述：

A.列舉式火災保險：

甲、承保範圍（保險公司的責任）：

(一) 保險公司對於下列危險事故所導致保險標的物之損失，依本保險契約之規定，負賠償責任：

1、火災

2、爆炸引起之火災

3、閃電雷擊

(二) 因前項各項危險事故之發生，為救護保險標的物，導致保險標的物發生損失者，視同本保險契約承保之損失。

乙、須經特別約定之危險事故（保險公司對於下列損失除經特別約定加保外，不負賠償責任）：

(一) 保險公司對下列各種危險事故所致保險標的物之損失，除經特別約定載明承保外，不負賠償責任：

1、爆炸，包括火災引起之爆炸。

2、保險標的物自身之醱酵、自然發熱、自燃或烘焙。

3、竊盜。

4、第三人之惡意破壞行為。

5、不論直接或間接由於下列危險事故，或因其引起之火災或其延燒所導致之損失。

①地震、海嘯、地層滑動或下陷、山崩、地質鬆動、沙及土壤流失。

②颱風、暴風、旋風或龍捲風。

③洪水、河川、水道、湖泊之高漲氾濫或水庫、水壩、堤岸之崩潰氾濫。

④罷工、暴動、民眾騷擾。

⑤恐怖主義者之破壞行為。

⑥冰雹。

⑦機動車輛或其他拖掛物或裝載物之碰撞。

⑧航空器或其他墜落物之碰撞。

(二) 因前項第 1、2、3、4 款所列之危險事故導致火災發生者，保險公司對保險標的物因此所生之損失，負賠償責任。

B.全險式火災保險：

甲、承保範圍：

本保險單所載之保險標的在本保險單所載處所，於保險期間內，因突發而不可預料之意外事故所致之毀損滅失，除本保險單載明之不保事項外，保險公司對被保險人負賠償責任。

乙、不保事項：

(一) 不保財物：

1、營建中或安裝過程中之財物。

2、於使用中，製造中、試車中、修理中、清洗中、或於重新裝配、改裝過程中、或保養中之財物。但因外來事故所致者仍須負賠償責任

3、運送途中之財物。

4、領有行車執照之機動車輛，各型船隻及航空器。

5、金銀條塊及其製品、珠寶、玉石、首飾、古玩、皮草、藝術品、文稿、圖樣、模型、貨幣及各種有價証券、各種文件、証件、帳簿及其它商業憑證傳冊。

6、各類植物、動物。

7、土地、水源、洞穴、水壩、水庫、橋樑、道路、隧道、地下管線、碼頭、船塢、堤岸、靠岸設備、坡崁、擋土設施、水井、油井、礦坑內設備。

8、基於租賃契約或買賣契約而無所有權之財物。

9、保險事故發生時，保險標的物另有運輸保險契約存在。

(二) 不保危險事故：

1、戰爭（不論宣戰與否），類似戰爭行為，侵犯、外敵入侵、敵對狀態、內戰、叛變、軍事叛亂、謀反、篡奪、強力霸占。

2、以政治訴求為目的使用各種暴力使大眾或公眾處於恐懼狀態之恐怖主義破壞行為。

3、政府或治安當局命令所為之扣押、沒收、充公、或破壞。

4、放射性物質之熔合、爆炸、燃燒、輻射、污染及其他核子反應。

5、要保人、被保險人或其法定代理人或其家屬之故意、重大過失或違法行為。

6、全部或部分停工。

7、地震。

8、交貨延遲、市場損失。

9、任何性質之附帶損失（Consequential loss）或間接損失（Indirect loss）。

10、任何詐欺或不誠實行為。

11、不明原因之損失或減少。

12、鍋爐、過熱器、壓力容器、或蒸汽設備（均包括其附屬設備）因接頭滲漏、焊接不良、碎裂、壓潰、過熱、或機械性或電器性故障所致前述設備本身之毀損滅失。

13、自然之耗損、銹蝕、發霉、固有瑕庇、變質、鼠蝕、蟲蛀、微生物感染。

14、污染之損失，但該污染如係因火災、閃電雷擊、爆炸、航空器及其墜落物機動車輛或動物之碰撞、罷工、暴動、民眾騷擾、惡意破壞行為、颱風、洪水及儲水設備之漏水之事故所致者、本公司仍負賠償責任。

15、任何法令或法律關於保險標的物之建造、修復或拆除之強制規定、但另以批單載明公權力有關規定者、不在此限。

16、保險標的物之收縮、蒸發、重量減輕、氣味、顏色、品質、外觀之變化、或因光線之影響。

17、溫度、濕度之變化。

１８、冷暖空調系統因操作錯誤致使功能失常，但被保險人能證明其損失之發生非操作錯誤者，不在此限。

１９、置存於露天或非完全密閉建築物內之財物受天候影響者。

(三) 不保費用：

１、因用料、設計、製造之缺陷而作修改。

２、一般正常之保養、維護、維修。

３、不當之程式設計、打卡、標記、資料註銷、儲存體之廢棄，或受磁場干擾所致資料之喪失。

貳、商業動產流動綜合保險

承保範圍：

保險公司對於保險標的物在所載區域內，且在被保險人之營業處所外於下列情形因外來突發事件所致標的物的毀損或滅失時，負賠償責任。

１、正常運輸途中。

２、正常運輸途中之暫時停放，以不超過七天為限，可經保險公司的事前同意加批延長。

３、修理保養期間。

４、操作使用期間。

５、委託他人加工處理期間。

６、委託他人銷售期間。

７、巡迴展示銷售期間。

８、出租於他人使用期間。

「正常運輸途中」指始於開始裝載，經一般習慣上認為合理之運送路線及方法為運送，以迄於卸載完成時止。所謂運輸包括被保險人自行運送或委託他人運送。此險種可以適用列舉式（named perils）或全險式（All Risks）承保事故安排

參、現金保險

承保範圍：

承保被保險人所有或負責管理之現金因遭受竊盜、搶奪、強盜、火災、爆炸或運送人員、工具發生意外事故所致之損失負賠償之責。

1、運送中之現金：包括薪資及帳款。責任限額以每趟之最高運送金額為準。

2、庫存現金：以每日最高存放金額為準。

3、櫃台現金：設定一定金額為準。

肆、汽車保險（公司用車）

汽車車體損失險的承保範圍如下：

	承保範圍
甲式車體損失險	1.碰撞、傾覆 2.火災、閃電、雷擊、爆炸、拋擲物、墜落物 3.第三人非善意行為 4.不屬於保險契約特別載明為不保事項之任何其他原因
乙式車體損失險	1.碰撞、傾覆 2.火災、閃電、雷擊、爆炸、拋擲物、墜落物
丙式車體損失險	免自負額車對車碰撞損失保險

自負額：不論甲式或乙式，均採遞增式自負額。

建議：1、以車隊方式投保，以便統一承保期間，承保範圍及管理。

　　　2、應投保高額第三人責任保險，以符實際需要及防止事故發生後被蓄意訛詐。

伍、營造工程保險（工廠）

　　承保工程在施工處所，因突發狀況之意外事故所致之毀損或滅失，另為營建承保工程所需之施工機具設備或為進行修復所需之拆除清理費用，亦可同時承保在施工處所發生意外事故，導致第三人體傷、死亡或財物損失的賠償責任。

　　共同不保事項：

１・戰爭（不論宣戰與否）、類似戰爭行為、叛亂或強力霸佔等。

２・罷工、暴動、民眾騷擾。

３・政治團體或民眾團體之唆使或與之有關人員所為之破壞或惡意行為。

４・政府或治安當局之命令所為之扣押、沒收、徵用、充公或破壞。

５・核子反應、核子輻射或放射性污染。

６・被保險人或其代理人之故意、重大過失。

７・工程之一部份或全部連續停頓逾三十日曆天。

　　特別不保事項：

１、任何附帶損失、包括貶值、不能使用、違約金、逾期罰款、罰金以及延滯完工、撤銷合約或不履行合約等之損失。

２、因工程規劃、設計或規範之錯誤或遺漏所致之毀損或滅失。

３、因材料、器材之瑕疵、規格不合或工藝品質不良所需之置換修理及改良費用，但因上述原因導致承保工程其他無缺陷部份之意外毀損滅失，不在此限。

４、保險標的之腐蝕、氧化、銹垢、變質或其他自然耗損。

５、文稿、證件、圖說、帳冊、憑證、貨幣及各種有價證券之毀損滅失。

６、任何維護或保養費用。

７、清點或盤存時所發現任何保險標的之失落或短少。

８、家具、衣李、辦公設備及事務機器之毀損滅失。

９、下列財物之毀損滅失：

　　①各型船隻、航空器。

　　②領有公路行車執照車輛。但在施工處所用作施工機具、經約定並載明於本保險契約者，不在此限。

１０、施工機具設備之機械、電子或電氣性損壞、故障、斷裂、失靈之損失。

陸、安裝工程保險（機械）

承保保險標的物在施工處所內，因意外事故直接造成的毀損或滅失。同時對於毀損或滅失的修復，所需拆除清理費用，也承保在內。

共同不保事項：

1、戰爭（不論宣戰與否）、類似戰爭行為、叛亂或強力霸佔等。

2、罷工、暴動、民眾騷擾。

3、政治團體或民眾團體之唆使或與之有關人員所為之破壞或惡意行為。

4、政府或治安當局之命令所為之扣押、沒收、徵用、充公或破壞。

5、核子反應、核子輻射或放射性污染。

6、被保險人或其代理人之故意、重大過失。

特別不別事項：

1、設計錯誤、材料瑕疵、鑄造缺陷、工作不良所致之毀損滅失。但安裝錯誤所致之毀損滅失不在此限。

2、自然耗損、腐蝕、氧化、銹垢。

3、直接或間接因地震或土地坍塌陷落所致之毀損滅失。但得經特別約定承保之。

4、直接或間接因火山爆發所致之毀損滅失。

5、被保險財物之毀損滅失所致之任何附帶損失，包括延滯完工或驗交、不能完工、違約解約、貶值無法使用操作不便、外型不良所致之罰款或損失。

6、包裝物之毀損滅失。

7、卷宗、圖說、帳冊、收據、借據、印花稅票、本票、支票、匯票、現鈔及其他有價證券之毀損滅失。

8、清點或盤存時所發現之損失。

柒、海上（運輸）保險

貨物運輸保險所承保的危險，大致可分為 Marine，War 及 Strikes。在 Marine Risks 中，隨海、陸、空運送方式之不同而訂有各種基本條款。就海運而言，常見的有 A.B.C.條款，其承保範圍詳下表）。兵險方面有 War Clauses，罷工、暴動險方面則有 S.R.C.C. Clauses。

A.B.C.條款承保範圍比較表

火災

爆炸

承運船舶／駁船擱淺

承運船舶／駁船沈沒

承運船舶／駁船觸礁或傾覆

承運船舶／駁船與他船碰撞

承運船舶／駁船與水以外之其他物體接觸

避難港之卸貨，倉儲及轉運

共同海損之犧牲費用分攤

救助費用

損害防止費用

全損／推定全損

陸上運送工具傾覆或出軌

投棄

裝卸貨時整件貨品之毀損滅失

地震、火山爆發、雷擊

沖刷落海

海、湖、河水之侵入船艙，貨櫃等

海上劫掠

其他一切任何意外事故

C

B

A

捌、電子設備保險（電腦機組）

電腦設備可包括於財產中投保火災保險，亦可另行單獨投保電子設備保險基本比較如下，其兩險表所示：

承保範圍	電子設備險	火災保險（含附加險）
火	承保	承保
閃電	承保	承保
雷擊	承保	承保
颱風	可加保	可加保
地震	可加保	可加保
洪水（因颱風所引起）	可加保	可加保
（非因颱風所引起）	可加保	不保
海嘯（因颱風所引起）	可加保	可加保
（非因颱風所引起）	可加保	不保
自動消防裝置滲漏	承保	可加保
航空器墜落、車輛碰撞	承保	可加保
竊盜	可加保	可加保
罷工、暴動、民眾騷擾	可加保	可加保
一般惡意行為（非政治性）	承保	可加保
爆炸	承保	可加保
空調設備故障	承保	不保
水管破裂	承保	不保
被保險人之受雇人操作不當或其它疏忽	承保	不保
灰塵	承保	不保
清潔疏忽	承保	不保
電腦房震動（非地震引起）	承保	不保
煙燻	承保	不保

以上承保標的包括全套 CPU 電腦系統及 PC，以重置成本之基礎投保。承保範圍區分如下：

1、電子設備損失險

保險期間內，因突發而不可預料之意外事故所致之毀損或滅失，除約定不保事項外，負賠償責任。

2、電腦外在資料儲存體損失險

保險期間內，因承保事故所致之毀損或滅失，需予置換或其儲存資料需於重製時，負賠償責任。

3、電腦額外費用險

保險期間內，因承保事故受有毀損或滅失致作業全部或部份中斷為繼續作業使用之替代設備所增加之租金、人事費及材料運費，負賠償之責任。

玖、僱主意外責任保險（員工）

承保範圍：

被保險人之受僱人在保險期間內，因執行職務發生意外事故遭受體傷或死亡，依法應由被保險人負賠償請求時，保險公司對被保險人負賠償之責。

保險公司依前項對被保險人所負之體傷賠償責任，除本保險單另有約定，以超過勞工保險條例、公務人員保險法或軍人保險條例之給付部份為限。

本保險單所稱「受僱人」係指在一定或不定之期限內，接受被保險人給付之薪津工資而服務，且年滿十五歲之人。

以下，我們概略介紹被保險人對於受僱人，在上班時間內發生意外事故而受傷害，依法應負賠償責任的可能情況供您參考：

● 工作場所欠缺合理的安全性。

● 工作場所使用的工具機械、儀器或器材欠缺合理的安全性。

● 僱用一些粗心大意，不適任的受僱人以致造成其他受僱人受到傷害。

● 對於有危險性的工作，未訂工作安全規範，或雖有訂定但未徹底執行。

● 對於較具危險性的工作未予以適當的訓練，或危險性的情況未對受僱人作適當而充份的警告。

保險金額與賠償金額：

正如同其他責任保險，保險金額的訂定，在於約定保險公司賠償之最高限額。賠償金額之多寡，需視被保險人對意外事故之過失或疏忽程度，受僱人之傷害情況而異，但任何情形下，保險公司之賠償責任以不超過約定之保險金額為限。

主要除外不保事項：

●受僱人之任何疾病所致之死亡。

●受僱人之故意或非法行為所致本身體傷死亡。

●受僱人因受酒類或藥劑之影響所發生之體傷或死亡。

●保險人之承包人或轉包人及該承包人或轉包人之受僱人之體傷死亡，但本保險
　契約另有約定者不在此限（可加保）。

●保險人依勞動基準法規定之賠償責任。但本保險契約另有約定者不在此限。

僱主責任險與意外傷害保險（壽險公司產品）概略比較：

	僱主責任險	意外傷害保險
保險時間	執行職務期間 （含上班、加班、出差期間）	一天 24 小時都有保障
承保之事故	需因被保險人設備、設施或管理或作業上之缺失導致受僱人受傷而依法應由被保險人負賠償責任時始成立	非經保單特別除外之事故發生導致受僱人受傷即可成立。
給付範圍	按被保險人過失輕重及受僱人傷殘程度斟酌給付，雖較不明確但較具彈性	按保單約定之殘廢等級給付較明確但殘廢等級之傷殘需達全殘或功能喪失之程度始得適用失之較苛
醫療費用	包含在內無需另行加保，但健保給付部份不得重覆給付	需另行加保，且健保給付部份不得重覆給付

現在產險公司也可以在僱主責任險中附加意外傷害保險。

拾、公共意外責任保險（辦公室、廠房）

承保範圍：

被保險人或員工在營業處所範圍內，經營業務時可能會因為

●人員疏忽或過失；或者

●建築物、通道、機器或其他工作物之設置、保養或管理有缺失而發生意外事故
　導致第三人體傷、死亡或財物受損依法應負賠償責任而受賠償請求時，保險公
　司替保戶負賠償之責。以上所稱第三人係指被保險人及執勤中員工以外之人。
　例如：保戶或其員工因作業或管理上之過失或疏忽引起下述之意外事故－

- 火災或爆炸
- 員工作業疏失傷害第三人生命或財產
- 因欄杆扶手不穩或高度不夠致第三人自樓上摔落下來
- 招牌、廣告看板、雨蓬、天花板或其他設置物掉落
- 地板打滑行人或顧客滑倒或車輛因積水、積油打滑撞及他人
- 走道通道因貨物堆放或施工阻塞行人致顧客絆倒
- 機器設備或其他工作物操作欠缺安全性

  導致第三人體傷、死亡或財物損失而受賠償請求時之賠償責任。

  主要不保事項：

- 售出或供應之商品或貨物所發生之賠償責任。（可加保產品責任險）
- 保戶之家屬或執行職務之受僱人之體傷、死亡或財損。
- 因使用電梯（含電扶梯升降梯）所致第三人體傷、死亡或財物損失（此項可加保電梯責任險以排除之）
- 因使用飛機、船舶、車輛所致第三人體傷死亡或財損。
- 因颱風、地震、洪水或其他天然災變，或因罷工暴動民眾騷擾所致第三人體傷、死亡或財損。
- 因提供醫療護理，檢驗服務等專業行為（例會計師，醫師，律師）所致第三人體傷、死亡或財損。
- 自有或管理、使用、租用、保管、加工處理中之第三人財物之損失。
- 因工作而發生之震動或支撐設施薄弱或移動，致第三人之建築物土地或其他財物遭受毀損滅失之賠償責任。

拾壹、產品責任保險

承保範圍：

保險公司對於被保險人因被保產品之缺陷在保險期間內或追溯日之後發生意外事故，致第三人遭受身體傷害或財物損失，依法應由被保險人負損害賠償責任且在保險期間內受賠償請求時，保險公司在保險金額範圍內對被保險人負賠償之責。

名詞定義：

「被保險產品」：係指經載明於本保險契約，由被保險人設計、生產、飼養、製造、裝配、改裝、分裝、加工、處理、採購、經銷、輸入之產品，包括該產品之包裝及容器。

「被保險產品之缺陷」係指被保險產品未達合理之安全期待，具有瑕疵、缺點或具有不可預料之傷害或毒氣性質，足以導致第三人身體傷害或財物損失者。

拾貳、董監事責任保險

董監事及重要職員責任保險（Directors and Officers Liability Ⅰ Insurance，簡稱 D & O）目的是在保障公司的董監事或重要職員（亦可擴大至其他職員）於執行職務時，因錯誤、疏忽、過失、義務違反、信託違背、不實或誤導性陳述等行為而被第三人提出賠償請求所引發的個人法律責任，由該保險單賠償董監事及重要職員因此所支出之調查費用、抗辯費用、和解及判決金額的損失。

拾參、員工誠實保證保險

承保範圍：

保險公司對於被保險人所有依法應負責任或以任何名義保管之財產的被保證員工，在保證期間內，因單獨或共謀之不誠實行為所致之直接損失負賠償之責。

投保方式：

職員	人數	責任額
總經理	1	XXX
秘書	X	XXX
財務經理	X	XXX
收帳員	X	XXX
會計	X	XXX
其他人員	X	XXX
	X	XXX
	X	XXX
總計	X	XXX

拾肆、營業中斷保險

承保範圍：

對因發生承保在內之危險事故，致保險單載明之財產遭受毀損或滅失，直接所引起之營業中斷損失，負賠償之責。

賠償損失範圍：

遇有損失發生時，保險公司將以被保險人直接因營業中斷所遭受之實際損失為賠償範圍，但以不超過營業中斷期間所減少之營業毛利扣除營業中斷期間不必繼續支付之各項費用後之餘額為限。

營業毛利：

銷貨淨額加其他營業收入淨額減去下列成本之總和：

● 銷貨成本包括包裝材料之費用。

● 被保險人為提供服務所直接消耗之物品或財料之費用。

● 自外界（非被保險人之受僱人）臨時購進之業務以備再出售所消耗之成本。

拾伍、信用保險

貿易信用保險及保障：

貿易信用保險主要保障　貴公司因銷貨或提供服務之信用交易所產生應收帳款之風險，主要有買方的破產及遲繳。買方遲繳係指於等待期屆滿後，仍有貨款未獲繳付。但若未付款是因商業糾紛引起，則不在保障範圍內。

● 買方無清償能力，破產。

● 買方遲繳，債務不履行。

● 可額外附加－政治風險，在製品保險。

貿易信用保險的好處：

信用保險的好處可有效的降低信用交易風險及提供財務上的靈活運用。換言之，保險公司賠付承保帳款未被支付而成為呆帳時的損失。另一方面，越來越多人運用信用保險保單向財務金融機構取得融資。同時保險公司亦經由信用額度的核准，評估被保險人新客戶及持續追蹤現有客戶的信用狀況。

●保障應收帳款，穩定企業獲利，強化資產負債表。

●改善企業內部信用管理。

●持續追蹤您買方的財務及信用之變化及市場資訊。

●提高業務競爭力，有助於開拓新市場。

●可作為向金融機構融資之工具。

主要有那些事項不保：

●匯率波動。

●商業糾紛。

●公權力介入。

●戰爭及天災。

拾陸、企業危機保險

承保事故：

被保險人在本保險契約生效期間載明之承保地區因發生下列承保事故所致之損失，保險公司對被保險人負賠償之責：

●綁架或勒索

　　1、被保險人遭歹徒綁架或歹徒宣稱綁架被保險人

　　2、被保險人遭歹徒以傷害人身勒索

●非法拘留

　　被保人員遭人非法拘留

●劫持

　　被保人員搭乘之飛機、汽車或船舶遭歹徒劫持。

拾柒、團體保險

保障員工因生、老、病、死、傷殘、退休，而發生之任何費用或賠償責任而設計之各項福利計劃。

對雇主	對員工
1.使員工安心工作，減少流動率。	1.員工生活有保障。
2.分散企業風險。	2.眷屬亦可參加。
3.保障員工及眷屬生活建立完整的撫卹制度。	3.員工部份付費時其保費可扣減綜合所得稅。
4.保費當費用沖帳，合法節稅。	4.醫療補償金或保險金免繳所得稅或遺產稅。

第十五章　商業策略市場

　　企業營運是建立在商業策略市場之上，但是很多企業由於疏忽了市場風險而遭受巨大損失。本章藉由商業策略市場分析，展示相關市場定位和評估的價值。同時思考交易、溝通與聯結的概念框架。政府與企業之間的商業關係隨問題與國家而變，這種關係，在此將用易經動態模型加以呈現。

　　Enterprise operations are based on their business strategy market; many enterprises suffer heavy losses as a result of inattention to the market risk. This chapter demonstrates through business strategy market analysis the value of market position and assessment. The chapter presents conceptual frameworks for thinking about trade-off, communication and market-linkage. However, government and enterprise relations in business vary by issue and by country, a dynamic yi-jing model will be presented to explain business strategy market.

第一節　市場定位

　　企業在經營過程之際，對於因應隨時可能遭遇如戰爭、革命、內亂、暴動、政變、外匯管制、環境保護、關稅障礙、反傾銷稅，及時差、語言、法律及風俗習慣差異等非商業交易面的風險時，商業策略市場定位就顯得非常重要。絕大部分的企業皆須面對商業與非商業交易面的綜合風險（Mix Risk），使得商業策略市場成本非僅藉數據分析即可理解與體認。

　　誠如俄國數學家 B.V.Gnedenko(1912-1995)在其所著《機率理論》（The theory of Probability）所言：「……整個發展過程顯示出，觀念如何在經歷了現實和理想兩種看法的激烈掙扎之後，終於成形。」。商業策略市場，例如：歐盟、北美自由貿易區、東協自由貿易區等市場，本章依風險型態與來源，將之定位為全球型市場、區域型市場以及投資地市場等，茲分述如下：

一、全球型市場

　　以全球型市場而言，某些經濟大國如中國、美國，或國際專業組織如國際貨幣基金（IMF）、世界銀行、世界關務組織、世界智慧財產權組織、國際石油輸出組織（OPEC）等的決議，即會影響到各地區市場相關國家的商業營運活動方式。例如阿根廷為取得國際貨幣基金給予金援貸款，該國國會於是必須順應其要求，於 2002 年 5 月 15 日通過破產法修正案，使債權人可利用不同法律途徑收回債務或得到補償，其連帶使得該國商業對債權債務處理方式有所改變。

　　又例如，國際石油輸出組織（OPEC）國家的石油產量下降使油價走高，全球許多企業將因石油能源支出增加而轉往使用綠色能源。美國的國內法「特別 301 條款」，將未達美國智慧財產權保護標準及法規、政策對美國的產品有不利影響情形之國家，納入施以貿易制裁的優先名單。在納入名單後，如果經由協商仍無法達成共識，美國即對該國家施以貿易制裁，則此勢必影響到該國之商業。

　　另近些年來，由於地球的溫室效應、有害物污染、水資源枯竭等種種問題日益嚴重，地球生態環境永續發展（sustainable development）已形成國際間重要共識，因此環境保護問題相繼進入了外交、貿易與公約等領域。例如管制有害廢棄物跨國運輸的巴塞爾公約、管制臭氧層破壞物質的蒙特婁議定書（限制氟氯碳化物之使用），以及管制溫室效應氣體排放的京都議定書等均是。

二、區域型市場

　　以區域型市場而言，其影響主要來自區域內鄰近的國家，其結果常導致商業的投資因此停頓或受到限制，或彼此往來的貨物運輸交通航線被迫關閉等，進而令商業蒙受經濟的損失。例如東北亞地區北韓的核武發展計畫，引發與鄰近國家間如中國、俄羅斯、南韓和日本等國家安全和戰略利益受影響的爭議。印度和巴基斯坦在克什米爾問題上的對峙等。上述國家其彼此間市場上的不友善關係，隨時有可能因此爆發戰爭或經貿利益之衝突。

又例如 2008 年金融危機對北歐冰島的衝擊，使這個人口不到 32 萬的國家，曾經個人國民所得高達 6 萬美元以上，排名居全球前幾名的國家，銀行出現提領人潮，民眾囤積民生物資，通膨率與利率雙高，貨幣快速貶值，國外投資退出，外匯兌換停止，國家經濟幾乎瀕臨崩潰邊緣，鄰近區域商業亦都因此遭到波及。

三、投資地市場

有別於全球型和區域型等的市場，投資地市場對於商業的影響則是全面的，尤其在經濟、市場、文化、人口素質等發展尚未成熟的國家更是如此。例如政黨間意識型態之爭、激進利益關係人的武裝暴力、在野政黨不合理的杯葛經貿法案等，皆會影響到投資地商業的營運；或教育、兒童、婦女及弱勢利益關係人的福利預算不斷刪減，致貧富差距過大使社會階級流動減少，造成社會的緊張動盪等。

<h2 style="text-align:center">第二節　市場評估</h2>

市場評估，主要是針對影響商業策略活動的風險因子進行質化與量化的分析。企業在做評估前，可參考報紙及政府發佈經濟指標，例如歐盟執委會（European Commission）定期公佈有關歐盟（Eureopean Union）與歐元區（Euro zone）的一般經濟活動，並結合對工業、服務業、營造業、零售交易等行業經理人，以及消費者的信心調查結果，評估及預測的經濟指標。

另尚可參考各風險顧問公司的風險評估報告，例如香港的政治與經濟風險顧問公司（Political and Economic Risk Consultancy，簡稱 PERC）、瑞士商業環境風險評估公司（Business Environment Risk Intelligence，簡稱 BERI）、美國商業環境風險評估機構（Business Environment Risk Information），及諸如穆迪投資服務公司、標準普爾公司（Standard & Poor's），或惠譽國際評級（Fitch ratings）等信用評級機構作出的國家信用評等報告數據。而諮詢當地證券公司分析師、商業利益關係人、知名學者及相關市場人士等，亦是很重要的參考來源。市場評估方式概述如下：

一、質化分析

　　質化分析標的，一般包括有民族主義程度、托拉斯的程度、對外人投資的限制程度、產業排外的保護程度、勞動的素質程度、法治完善程度、智慧財產權保護程度、潛在勞工糾紛情形、政府政策、國內對外資的態度、企業國有化程度等。例如，商業所製造的產品與產量哪些屬於當地國政府政策限制項目；各種不同原料的進口批準核可程式的便利；投資市場是否有健全的金融體系支撐，是否會為了市場因素，進行金融市場逆向操作，及該國資金進入和退出機制是否順暢等皆是。

　　又例如，有些國家，政策會隨執政者的選舉需求或官場文化的貪汙（corruption）與濫權的因素而改變，完全沒有穩定與原則可言，諸如此類的市場風險因素，對於不得不面對的商業而言，更需要有較高的市場風險管理能力。另特摘錄《三國志・蜀志・諸葛亮傳》的「隆中對」與讀者分享商業策略質化分析的佳作。

　　自董卓已來，豪傑並起，跨州連郡者不可勝數。曹操比於袁紹，則名微而眾寡，然操遂能克紹，以弱為強者，非惟天時，抑亦人謀也。今操已擁百萬之眾，挾天子而令諸侯，此誠不可與爭鋒。孫權據有江東，已歷三世，國險而民附，賢能為之用，此可以為援而不可圖也。

　　荊州北據漢、沔，利盡南海，東連吳會，西通巴、蜀，此用武之國，而其主不能守，此殆天所以資將軍，將軍豈有意乎？益州險塞，沃野千里，天府之土，高祖因之以成帝業。劉璋闇弱，張魯在北，民殷國富而不知存恤，智能之士思得明君。

　　將軍既帝室之冑，信義著於四海，總攬英雄，思賢如渴，若跨有荊、益，保其巖阻，西和諸戎，南撫夷越，外結好孫權，內脩政理；天下有變，則命一上將將荊州之軍以向宛、洛，將軍身率益州之眾出於秦川，百姓孰敢不簞食壺漿以迎將軍者乎？誠如是，則霸業可成，漢室可興矣。

二、量化分析

　　量化分析標的，一般採用如平均每人國民所得、國內生產毛額、通貨膨脹率、幣制匯率、工業成長率、失業率、出口值、進口值、外匯準備、消費者物價指數、國外負債額度、經常帳赤字佔 GDP 比率、政府預算數字、國家整體商業的投資與設備支出、資本外流程度（Capital flight）等重要經濟指標。

　　在此值得一提的是，資本外流程度往往是觀察一國的市場風險很好的指標之一。因為在不安定的市場環境中，民眾為了他們所積蓄的資金能夠受到安全保障，故會希望將資金轉至國外以求保全。因此當有嚴重的資本外流現象發生時，執政當局常會宣佈停止償還外債，並將民眾銀行的存款凍結，甚或強制將外匯市場關閉，例如 1997 年索羅斯利用避險基金放空泰國的泰銖，造成泰銖暴跌所引發的亞洲金融風暴，導致 1996 年 9 月馬來西亞實施的外匯管制措施。

三、組合分析

　　進行組合分析時，首先應蒐集審視各種風險分析報告及相關資料，並定義何種為「非商業風險因子」，例如國際人權組織、無國界醫生組織、綠色和平組織等的影響性。其次則是從各種的風險報告或相關資訊中審查出會影響商業的市場風險因子，並將之匯整歸納。再者則是決定市場風險因子量化的項目權重比例、範圍和數值後，將之組合分析並予以評等。

第三節　市場價值

　　全球不論任何市場，大抵都有其特殊商業經濟與市場的互動模式，例如商業活動繁榮市場，市場活動保護商業。本章在此定義市場價值管理為：企業在全球任一區域的市場或產業欲進行商業經營時，要獲得當地各層級有決定權的執政者或民意代表機關的核准時，其所須付出的市場交易成本。

　　如果某區域的產業或市場，為凡是只要符合當地區域法令規定之商業即可進行經營活動時，而非僅保障少數特許，則稱此產業或市場具流動價值。當此產業或市場只有透過政府或國會特許後，方可進行商業經營活動時，即該產業或市場只有和特許結合才能發揮其價值，我們稱此商業經營活動為具有特許價值。

一、價值成本

　　價值成本，主要發生在商業營運過程中，為排除管制法律及行政命令規定以創造價值，企業需與執政當局或地方議會的互動費用。當特定政府執政情境下對特定商業具有價值時，相對的會對其他商業產生進入障礙。當該產業或區域只有特定公司握有該產業或區域內的營運特許權，則其他商業在該產業或區域的發展將因須支出與該公司談判及相關限制之高交易成本，而此勢必影響到商業投資的利潤。因此，商業在面對交易成本高之經濟環境，應儘量運用各種不同型態的方式進行相應。

二、價值聯結

　　商業與投資地的市場價值聯結方式，常見為出售或交換部份股權給當地具影響力的政商人士；或與地方政府簽立商業契約；或與地方政府合作設立地方發展基金，以增強與當地政府的關係；或以第三地公司的市場力量來聯結市場價值；或藉著由各國政府參與之基金的介入投資提供聯結，例如亞洲基建基金（Asian Infrastracture Fund）等；或向多國銀行舉債的方式進入投資，此乃藉由牽涉數國利益的因素降低市場風險；或者藉由本國政府出面簽訂自由貿易協定。例如，美、加、墨三國於 1992 年 15 月 12 日共同簽立的北美自由貿易區（NAFTA）協定等。

第四節　市場變動

一、聯動管理

　　投資地的市場情勢如果是充滿著變化與不可預期，例如投資地的新執政者內閣不斷改組使政策搖擺不定，致使國外銀行因疑慮，而對商業於該投資地的資金融通與匯出受到限制；或投資地港口碼頭的勞工罷工，使商業的貨物運輸成本增加；又或投資地發生政變或暴動使商業營運停擺，則相對大量資金的積壓，勢將危及企業發展；亦或一國對他國發動戰爭引發石油價格飆升，使能源支出成本增加等，都將使企業付出更多的營運成本。

　　因此在市場情勢具有高度的不確定與複雜的國家，不論商業所屬國家與投資國間，是否已經簽署以公權力來保障雙方商業在地主國免於受外匯管制、徵收、戰爭、暴動等市場風險之投資保障協定，商業若無法藉由併購當地現存公司以迅速本土化，則至少應將經營成果或績效與當地員工的利益相聯結，並同時尋求增加在當地銀行的融資。亦即讓當地人的利益與商業的利益是相連動的關係，則員工及其親屬等當地人及政府，必自發的關心及保護商業。

　　若可能的話，應再尋求可提供市場風險保險之國際銀行（例如亞洲開發銀行ADB）、國際保險公司或政府的出面承保，以分散市場風險。例如政府為從事國際銷售商業所提供的出口信用貸款保險（export-credit insurance）。企業投保市場風險保險，將有助於直接分散商業在世界各地的市場和國家進行投資時的非商業風險，例如投保政府無償徵收企業用地、政府突然實施資本管制使通貨不能兌換或轉讓、恐怖活動攻擊、暴動等的保險補償；政府無償徵收企業財產時的財產重置保險；或於當地國遭受暴動、恐怖攻擊時的財務損失或營業中斷回復的保險；或買方因戰爭無法付款時的應收帳款保險等皆是。

二、交易管理

　　交易（Trade-off）管理過程中，若能將政府、政黨及非利益利益關係人的意見做整合，能使交易成本得以降低。「交易管理」本章的定義為：企業就商業經營活動的利

益與執政者、政黨、營利及非營利等利益關係人交換價值過程的管理，其主要為價值標的、價值偏好、價值衡量及價值衝突的管理。對大多數民眾而言，其與政黨或非營利利益關係人人士交換價值的必要並不多。但商業領域則不同，往往政府的某些管制措施對企業必然成為重大的成本負擔。因此企業常常需藉由負起某些社會責任或捐獻，以交換政府或非營利利益關係人人士不去推動或制訂限制的法令措施。

例如，環保公司每個月的有毒廢棄物處理，公司要取得當地環保利益關係人或民意代表同意的交易次數即可能很高，且須持續很長的期間；或例如電鍍、造紙業、鍛造業者，須具有能將工業廢水處理達到政府環保單位制定的放流水標準之污水處理設施，方能將其排放於廠外水溝；又例如企業希望國會或執政當局訂出有利商業發展的外貿及經濟政策，於是對國會或執政當局進行遊說或市場捐款活動。

但要注意的是，企業在市場交易管理過程中，勿因便宜行事觸犯法律，或捲入市場是非關係影響到公司正常營運。例如公司管理團隊為獲取投資地之建廠合同，應避免用向當地政府地方領導人或高級政府官員行賄的方式取得。當市場交易次數愈高時，企業愈難與單方面政（府）黨及非營利利益關係人來完成交易。也因此通常須讓相關聯的利益關係人來參與市場交易的過程。然在過程中，企業也經常會因相關利益關係人的利益衝突，不得不再衍生許多其他交易活動來化解。因此企業在市場管理上，須拿捏出合理的方式來衡平相關利益關係人的利益衝突。而如何建立長期合作的默契及良好的市場交易信任度亦是管理的重點。

在此讀者可參考市場變動管理模式（圖[15.1]），此模式乃作者體察易經「大有卦」之意含所衍生，其卦辭為「大有，元亨」；象傳的闡釋則為「大有，柔得尊位大中而上下應之，曰大有。其德剛健而文明，應乎天而時行，是以元亨」。亦即市場變動管理應把握合諧共生及謙謹誠信的哲理，以期使各關係方能夠達心悅誠服之境。

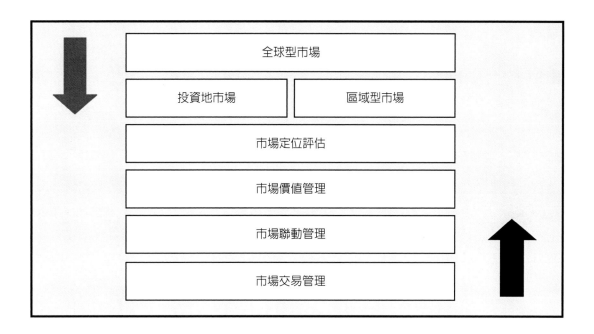

圖[15.1]　市場變動管理模式

第十六章　商業策略指標

「請坐！」「請用茶！」「請抽菸！」「請看畫報！」

老舍「四請」

第一節　關鍵指標

當企業僅就市場商機、規模，或人力成本等因素即進行投資時，常導致投資產生重大損失部位。特別是多國籍企業的商業投資分佈遍及全球，在商業策略運作上尤需格外謹慎。因此，商業策略的關鍵指標，是為了對企業在商業模式的綜觀與掌握度方面有所助益，並減緩非商業的風險可能對企業造成的衝擊，並對企業營運創造的商業利益進行評量。

尤以近年來，以企業持續營運管理系統（Business Continuity Management System，簡稱 BCMS）來因應各種營運中斷或損失的觀念，使關鍵指標能擴展至企業整體組織結構。促成此一轉變的主要因素即為公司治理。其目的，在協助企業決策時有適當的取捨基礎，獲利的企業在成立之初，若就能作好取捨，確定自己要專注哪些商業利益，這樣企業才能夠在自己選擇的商業模式中找出最核心的關鍵指標，利用這些關鍵指標建構起一套適合的商業策略管理模式。

銷售成本	內銷佔總營業比
	外銷佔總營業比
	薪資營收貢獻值
	產品線集中度
	客戶集中度
	送樣率
	平均單價
	發票作廢率

	庫存金額佔總營業比
	付現天數
	營運週轉天數
	庫存金額變動數
銷售效益	銷貨金額達成率
	毛利金額達成率
	當月營收預估準確率
	營業成長率
	獲利成長率
	內銷成長率
	外銷成長率
	客戶平均銷貨金額
	平均銷貨價格降低率
銷售資源	員工淨利貢獻值
	薪資淨利貢獻值
	銷退折讓率
	呆滯品流動率
	寄售倉銷貨佔總銷貨額比
	庫存天數
銷售風險	收現天數
	應收帳款準時率
	應收帳款回收率

圖[16.1]　銷售關鍵指標

第二節　趨勢指標

　　商業策略趨勢指標，主要是從營運管理、風險管理、策略管理等「主觀經驗」、「客觀經驗」及「實證經驗」的關鍵指標融合過程中，整合分析出與商業策略具關聯性的趨勢指標，例如市場、產品、客戶的預測指標。過程中除運用所熟悉的因子特性（Factor characteristics）外，可藉由物理、數學、統計或易理的輔助，使聯結性更適切。例如，每股盈餘（EPS＝盈餘／加權平均股數）為企業資源運用能力的最後結果。每股盈餘高代表著公司每單位資本額的資源運用能力高，這表示公司的行銷、技術、管理等能力佳，使得公司可以用較少的資源創造出較高的獲利。

第三節　評等指標

一、財務指標

商業策略的財務指標主要可從現金、營運資金、固定資產、非固定資產、負債、股東權益、營收、毛利、管銷費用、利息、稅前淨利、稅金、淨利等交錯組合來形成，舉例說明如下：

（1）盈餘再投資率（Reinvestment Rate）

N 年度盈餘再投資率＝N 年[長期投資＋固定資產]－（N-4）年[長期投資＋固定資產]÷[N＋（N-1）＋（N-2）＋（N-3）＋（N-4）]年的稅後淨利。

（2）本益比（P/E）

本益比＝股價／每股盈餘（Earnings per share）

（3）股東權益報酬率（ROE）

股東權益報酬率＝淨利／股東權益

二、現象指標

商業策略的現象面通常難以量化指標表達，往往只能由現象面來瞭解，由於現象就是策略實際的表現，它在不同時間、空間都有不同呈現方式，因此欲推導指標必須綜合很多現象，現象的組合越多，指標設計就越容易，就能有累積的量化數字分析，例如，可利用圖[16.2]來組合現象指標。

第四節　績效指標

　　由於企業現況體質適合的策略績效指標不盡相同，例如，可將商業策略績效指標分為三大型，即改善型、穩健型、擴展型（圖[16.3]）。並與評等指標做聯結，代表意義可為 A+、A：擴展型；B+、B：穩健型；C+、C：改善型。至於結構指標組成的發展，誠如愛因斯坦（Albert Einstein）所言，創新不是由邏輯思維帶來的，儘管最後的成果需要一個符合邏輯的結構。（Innovation is not the product of logical thought, even though the final product is tied to a logical structure.）。而商業策略模型要發揮全球化的功效，如何使績效指標、評等指標與類似美國國家標準的工業分類碼（Standard Industrial Classification Code）聯動，將是很重要的關鍵，亦是成為全球百大企業的基石，讀者可根據本章附錄（策略形態）的 SICC 碼及其說明內容，對照企業自身所屬或有興趣的產業做商業策略的連結碼，其相應的商業策略約有 700 多種形態。也就是說，SICC Descriptions goal is to "recover the nature", since the nature is a connection of strategy and business。

評等指標	A+	A	B+	B	C+	C
評等分數	100-161	160-81	80-71	70-61	60-51	50 以下
績效指標	擴展型		穩健型		改善型	

圖[16.3]　結構指標

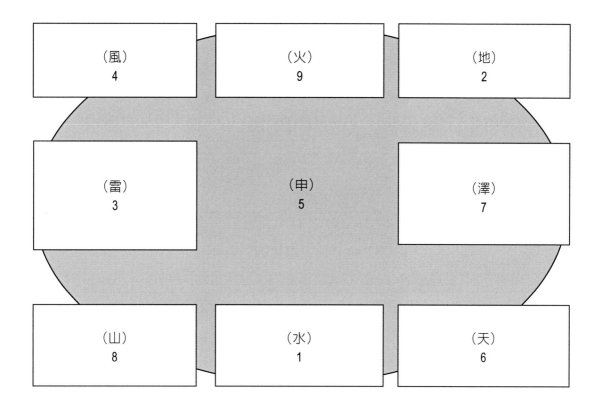

圖[16.2]　現象組合

本章附錄－策略型態
Standard Industrial Classification Code Descriptions

Sic Code	Sic Code Description
3291	ABRASIVE PRODUCTS
6321	ACCIDENT AND HEALTH INSURANCE
8720	ACCOUNTING, AUDITING, & BOOKKEEPING
8721	ACCOUNTING, AUDITING, & BOOKKEEPING
2891	ADHESIVES AND SEALANTS
7322	ADJUSTMENT & COLLECTION SERVICES
7310	ADVERTISING
7311	ADVERTISING AGENCIES
7319	ADVERTISING, NEC
2870	AGRICULTURAL CHEMICALS
2879	AGRICULTURAL CHEMICALS, NEC
0200	AGRICULTURAL PRODUCTION^LIVESTOCK
0700	AGRICULTURAL SERVICES
3563	AIR AND GAS COMPRESSORS
4513	AIR COURIER SERVICES
4520	AIR TRANSPORTATION, NONSCHEDULED
4522	AIR TRANSPORTATION, NONSCHEDULED
4510	AIR TRANSPORTATION, SCHEDULED
4512	AIR TRANSPORTATION, SCHEDULED
3721	AIRCRAFT

3720	AIRCRAFT AND PARTS
3724	AIRCRAFT ENGINES AND ENGINE PARTS
3728	AIRCRAFT PARTS AND EQUIPMENT, NEC
4580	AIRPORTS, FLYING FIELDS, & SERVICES
4581	AIRPORTS, FLYING FIELDS, & SERVICES
2812	ALKALIES AND CHLORINE
3363	ALUMINUM DIE-CASTINGS
3354	ALUMINUM EXTRUDED PRODUCTS
3365	ALUMINUM FOUNDRIES
3355	ALUMINUM ROLLING AND DRAWING, NEC
3353	ALUMINUM SHEET, PLATE, AND FOIL
3483	AMMUNITION, EXC. FOR SMALL ARMS, NEC
7900	AMUSEMENT & RECREATION SERVICES
7999	AMUSEMENT AND RECREATION, NEC
7996	AMUSEMENT PARKS
3826	ANALYTICAL INSTRUMENTS
2077	ANIMAL AND MARINE FATS AND OILS
0273	ANIMAL AQUACULTURE
0750	ANIMAL SERVICES, EXCEPT VETERINARY
0270	ANIMAL SPECIALTIES
0279	ANIMAL SPECIALTIES, NEC
0752	ANIMAL SPECIALTY SERVICES
1230	ANTHRACITE MINING
1231	ANTHRACITE MINING
6513	APARTMENT BUILDING OPERATORS
2389	APPAREL AND ACCESSORIES, NEC
5600	APPAREL AND ACCESSORY STORES

2300	APPAREL AND OTHER TEXTILE PRODUCTS
2387	APPAREL BELTS
5130	APPAREL, PIECE GOODS, AND NOTIONS
3446	ARCHITECTURAL METAL WORK
8712	ARCHITECTURAL SERVICES
7694	ARMATURE REWINDING SHOPS
3292	ASBESTOS PRODUCTS
2952	ASPHALT FELTS AND COATINGS
2950	ASPHALT PAVING AND ROOFING MATERIALS
2951	ASPHALT PAVING MIXTURES AND BLOCKS
5530	AUTO AND HOME SUPPLY STORES
5531	AUTO AND HOME SUPPLY STORES
7533	AUTO EXHAUST SYSTEM REPAIR SHOPS
7500	AUTO REPAIR, SERVICES, AND PARKING
3581	AUTOMATIC VENDING MACHINES
7520	AUTOMOBILE PARKING
7521	AUTOMOBILE PARKING
5012	AUTOMOBILES AND OTHER MOTOR VEHICLES
2396	AUTOMOTIVE AND APPAREL TRIMMINGS
5500	AUTOMOTIVE DEALERS & SERVICE STATIONS
5590	AUTOMOTIVE DEALERS, NEC
5599	AUTOMOTIVE DEALERS, NEC
7536	AUTOMOTIVE GLASS REPLACEMENT SHOPS
7510	AUTOMOTIVE RENTALS, NO DRIVERS
7530	AUTOMOTIVE REPAIR SHOPS
7539	AUTOMOTIVE REPAIR SHOPS, NEC
7540	AUTOMOTIVE SERVICES, EXCEPT REPAIR

7549	AUTOMOTIVE SERVICES, NEC
3465	AUTOMOTIVE STAMPINGS
7537	AUTOMOTIVE TRANSMISSION REPAIR SHOPS
2673	BAGS: PLASTICS, LAMINATED, & COATED
2674	BAGS: UNCOATED PAPER & MULTIWALL
2050	BAKERY PRODUCTS
3562	BALL AND ROLLER BEARINGS
6712	BANK HOLDING COMPANIES
7240	BARBER SHOPS
7241	BARBER SHOPS
7230	BEAUTY SHOPS
7231	BEAUTY SHOPS
0211	BEEF CATTLE FEEDLOTS
0212	BEEF CATTLE, EXCEPT FEEDLOTS
5181	BEER AND ALE
5180	BEER, WINE, AND DISTILLED BEVERAGES
2063	BEET SUGAR
0171	BERRY CROPS
2080	BEVERAGES
2836	BIOLOGICAL PRODUCTS EXC. DIAGNOSTIC
1220	BITUMINOUS COAL AND LIGNITE MINING
1221	BITUMINOUS COAL AND LIGNITE^SURFACE
1222	BITUMINOUS COAL^UNDERGROUND
2780	BLANKBOOKS AND BOOKBINDING
2782	BLANKBOOKS AND LOOSELEAF BINDERS
3310	BLAST FURNACE AND BASIC STEEL PRODUCTS
3312	BLAST FURNACES AND STEEL MILLS

3564	BLOWERS AND FANS
3732	BOAT BUILDING AND REPAIRING
5550	BOAT DEALERS
5551	BOAT DEALERS
3452	BOLTS, NUTS, RIVETS, AND WASHERS
2732	BOOK PRINTING
2731	BOOK PUBLISHING
5942	BOOK STORES
2789	BOOKBINDING AND RELATED WORK
2730	BOOKS
5192	BOOKS, PERIODICALS, & NEWSPAPERS
8420	BOTANICAL AND ZOOLOGICAL GARDENS
8422	BOTANICAL AND ZOOLOGICAL GARDENS
2086	BOTTLED AND CANNED SOFT DRINKS
7930	BOWLING CENTERS
7933	BOWLING CENTERS
2342	BRAS, GIRDLES, AND ALLIED GARMENTS
2051	BREAD, CAKE, AND RELATED PRODUCTS
3251	BRICK AND STRUCTURAL CLAY TILE
5032	BRICK, STONE, & RELATED MATERIALS
1622	BRIDGE, TUNNEL, & ELEVATED HIGHWAY
2210	BROADWOVEN FABRIC MILLS, COTTON
2211	BROADWOVEN FABRIC MILLS, COTTON
2220	BROADWOVEN FABRIC MILLS, MANMADE
2221	BROADWOVEN FABRIC MILLS, MANMADE
2230	BROADWOVEN FABRIC MILLS, WOOL
2231	BROADWOVEN FABRIC MILLS, WOOL

0251	BROILER, FRYER, AND ROASTER CHICKENS
3991	BROOMS AND BRUSHES
7349	BUILDING MAINTENANCE SERVICES, NEC
5200	BUILDING MATERIALS & GARDEN SUPPLIES
3995	BURIAL CASKETS
4140	BUS CHARTER SERVICE
4142	BUS CHARTER SERVICE, EXCEPT LOCAL
4170	BUS TERMINAL AND SERVICE FACILITIES
4173	BUS TERMINAL AND SERVICE FACILITIES
8244	BUSINESS AND SECRETARIAL SCHOOLS
8610	BUSINESS ASSOCIATIONS
8611	BUSINESS ASSOCIATIONS
8748	BUSINESS CONSULTING, NEC
6150	BUSINESS CREDIT INSTITUTIONS
7300	BUSINESS SERVICES
7389	BUSINESS SERVICES, NEC
4840	CABLE AND OTHER PAY TV SERVICES
4841	CABLE AND OTHER PAY TV SERVICES
3578	CALCULATING AND ACCOUNTING EQUIPMENT
5946	CAMERA & PHOTOGRAPHIC SUPPLY STORES
7030	CAMPS AND RECREATIONAL VEHICLE PARKS
2064	CANDY & OTHER CONFECTIONERY PRODUCTS
5440	CANDY, NUT, AND CONFECTIONERY STORES
5441	CANDY, NUT, AND CONFECTIONERY STORES
2062	CANE SUGAR REFINING
2091	CANNED AND CURED FISH AND SEAFOODS
2033	CANNED FRUITS AND VEGETABLES

2032	CANNED SPECIALTIES
2394	CANVAS AND RELATED PRODUCTS
3624	CARBON AND GRAPHITE PRODUCTS
2895	CARBON BLACK
3955	CARBON PAPER AND INKED RIBBONS
3592	CARBURETORS, PISTONS, RINGS, VALVES
1750	CARPENTRY AND FLOOR WORK
1751	CARPENTRY WORK
7217	CARPET AND UPHOLSTERY CLEANING
2270	CARPETS AND RUGS
2273	CARPETS AND RUGS
7542	CARWASHES
0119	CASH GRAINS, NEC
5961	CATALOG AND MAIL-ORDER HOUSES
2823	CELLULOSIC MANMADE FIBERS
3240	CEMENT, HYDRAULIC
3241	CEMENT, HYDRAULIC
6553	CEMETERY SUBDIVIDERS AND DEVELOPERS
6010	CENTRAL RESERVE DEPOSITORY
6019	CENTRAL RESERVE DEPOSITORY, NEC
3253	CERAMIC WALL AND FLOOR TILE
2043	CEREAL BREAKFAST FOODS
2022	CHEESE, NATURAL AND PROCESSED
1470	CHEMICAL AND FERTILIZER MINERALS
1479	CHEMICAL AND FERTILIZER MINING, NEC
2899	CHEMICAL PREPARATIONS, NEC
5169	CHEMICALS & ALLIED PRODUCTS, NEC

2800	CHEMICALS AND ALLIED PRODUCTS
5160	CHEMICALS AND ALLIED PRODUCTS
2130	CHEWING AND SMOKING TOBACCO
2131	CHEWING AND SMOKING TOBACCO
2067	CHEWING GUM
0252	CHICKEN EGGS
8350	CHILD DAY CARE SERVICES
8351	CHILD DAY CARE SERVICES
5640	CHILDREN'S AND INFANTS' WEAR STORES
5641	CHILDREN'S AND INFANTS' WEAR STORES
2066	CHOCOLATE AND COCOA PRODUCTS
2110	CIGARETTES
2111	CIGARETTES
2120	CIGARS
2121	CIGARS
0174	CITRUS FRUITS
8640	CIVIC AND SOCIAL ASSOCIATIONS
8641	CIVIC AND SOCIAL ASSOCIATIONS
1459	CLAY AND RELATED MINERALS, NEC
3255	CLAY REFRACTORIES
1450	CLAY, CERAMIC, & REFRACTORY MINERALS
5052	COAL AND OTHER MINERALS AND ORES
1200	COAL MINING
1240	COAL MINING SERVICES
1241	COAL MINING SERVICES
2295	COATED FABRICS, NOT RUBBERIZED
7993	COIN-OPERATED AMUSEMENT DEVICES

7215	COIN-OPERATED LAUNDRIES AND CLEANING
3316	COLD FINISHING OF STEEL SHAPES
8220	COLLEGES AND UNIVERSITIES
8221	COLLEGES AND UNIVERSITIES
4939	COMBINATION UTILITIES, NEC
4930	COMBINATION UTILITY SERVICES
7336	COMMERCIAL ART AND GRAPHIC DESIGN
6020	COMMERCIAL BANKS
6029	COMMERCIAL BANKS, NEC
5046	COMMERCIAL EQUIPMENT, NEC
0910	COMMERCIAL FISHING
3582	COMMERCIAL LAUNDRY EQUIPMENT
3646	COMMERCIAL LIGHTING FIXTURES
8732	COMMERCIAL NONPHYSICAL RESEARCH
7335	COMMERCIAL PHOTOGRAPHY
8731	COMMERCIAL PHYSICAL RESEARCH
2750	COMMERCIAL PRINTING
2754	COMMERCIAL PRINTING, GRAVURE
2752	COMMERCIAL PRINTING, LITHOGRAPHIC
2759	COMMERCIAL PRINTING, NEC
7940	COMMERCIAL SPORTS
6220	COMMODITY CONTRACTS BROKERS, DEALERS
6221	COMMODITY CONTRACTS BROKERS, DEALERS
4800	COMMUNICATION
4890	COMMUNICATION SERVICES, NEC
4899	COMMUNICATION SERVICES, NEC
3660	COMMUNICATIONS EQUIPMENT

3669	COMMUNICATIONS EQUIPMENT, NEC
7370	COMPUTER AND DATA PROCESSING SERVICES
3570	COMPUTER AND OFFICE EQUIPMENT
5734	COMPUTER AND SOFTWARE STORES
7376	COMPUTER FACILITIES MANAGEMENT
7373	COMPUTER INTEGRATED SYSTEMS DESIGN
7378	COMPUTER MAINTENANCE & REPAIR
3577	COMPUTER PERIPHERAL EQUIPMENT, NEC
7371	COMPUTER PROGRAMMING SERVICES
7379	COMPUTER RELATED SERVICES, NEC
7377	COMPUTER RENTAL & LEASING
3572	COMPUTER STORAGE DEVICES
3575	COMPUTER TERMINALS
5045	COMPUTERS, PERIPHERALS & SOFTWARE
3271	CONCRETE BLOCK AND BRICK
3272	CONCRETE PRODUCTS, NEC
1770	CONCRETE WORK
1771	CONCRETE WORK
3270	CONCRETE, GYPSUM, AND PLASTER PRODUCTS
5145	CONFECTIONERY
5082	CONSTRUCTION AND MINING MACHINERY
3530	CONSTRUCTION AND RELATED MACHINERY
3531	CONSTRUCTION MACHINERY
5039	CONSTRUCTION MATERIALS, NEC
1442	CONSTRUCTION SAND AND GRAVEL
2679	CONVERTED PAPER PRODUCTS, NEC
3535	CONVEYORS AND CONVEYING EQUIPMENT

2052	COOKIES AND CRACKERS
3366	COPPER FOUNDRIES
1020	COPPER ORES
1021	COPPER ORES
3351	COPPER ROLLING AND DRAWING
2298	CORDAGE AND TWINE
0115	CORN
2653	CORRUGATED AND SOLID FIBER BOXES
3961	COSTUME JEWELRY
3960	COSTUME JEWELRY AND NOTIONS
0131	COTTON
0724	COTTON GINNING
2074	COTTONSEED OIL MILLS
4215	COURIER SERVICES, EXCEPT BY AIR
2021	CREAMERY BUTTER
7320	CREDIT REPORTING AND COLLECTION
7323	CREDIT REPORTING SERVICES
6060	CREDIT UNIONS
0722	CROP HARVESTING
0721	CROP PLANTING AND PROTECTING
0723	CROP PREPARATION SERVICES FOR MARKET
0720	CROP SERVICES
3466	CROWNS AND CLOSURES
1310	CRUDE PETROLEUM AND NATURAL GAS
1311	CRUDE PETROLEUM AND NATURAL GAS
4612	CRUDE PETROLEUM PIPELINES
1423	CRUSHED AND BROKEN GRANITE

1422	CRUSHED AND BROKEN LIMESTONE
1420	CRUSHED AND BROKEN STONE
1429	CRUSHED AND BROKEN STONE, NEC
3643	CURRENT-CARRYING WIRING DEVICES
2391	CURTAINS AND DRAPERIES
3087	CUSTOM COMPOUND PURCHASED RESINS
3280	CUT STONE AND STONE PRODUCTS
3281	CUT STONE AND STONE PRODUCTS
3421	CUTLERY
3420	CUTLERY, HANDTOOLS, AND HARDWARE
2865	CYCLIC CRUDES AND INTERMEDIATES
0240	DAIRY FARMS
0241	DAIRY FARMS
2020	DAIRY PRODUCTS
5450	DAIRY PRODUCTS STORES
5451	DAIRY PRODUCTS STORES
5143	DAIRY PRODUCTS, EXC. DRIED OR CANNED
7910	DANCE STUDIOS, SCHOOLS, AND HALLS
7911	DANCE STUDIOS, SCHOOLS, AND HALLS
7374	DATA PROCESSING AND PREPARATION
8243	DATA PROCESSING SCHOOLS
0175	DECIDUOUS TREE FRUITS
4420	DEEP SEA DOMESTIC TRANS. OF FREIGHT
4424	DEEP SEA DOMESTIC TRANS. OF FREIGHT
4410	DEEP SEA FOREIGN TRANS. OF FREIGHT
4412	DEEP SEA FOREIGN TRANS. OF FREIGHT
4481	DEEP SEA PASSENGER TRANS., EX. FERRY

2023	DRY, CONDENSED, EVAPORATED PRODUCTS
7216	DRYCLEANING PLANTS, EXCEPT RUG
5099	DURABLE GOODS, NEC
6514	DWELLING OPERATORS, EXC. APARTMENTS
5800	EATING AND DRINKING PLACES
5810	EATING AND DRINKING PLACES
5812	EATING PLACES
2079	EDIBLE FATS AND OILS, NEC
8200	EDUCATIONAL SERVICES
6732	EDUCATIONAL, RELIGIOUS, ETC. TRUSTS
4931	ELECTRIC AND OTHER SERVICES COMBINED
3610	ELECTRIC DISTRIBUTION EQUIPMENT
3634	ELECTRIC HOUSEWARES AND FANS
3641	ELECTRIC LAMPS
3640	ELECTRIC LIGHTING AND WIRING EQUIPMENT
4910	ELECTRIC SERVICES
4911	ELECTRIC SERVICES
4900	ELECTRIC, GAS, AND SANITARY SERVICES
5063	ELECTRICAL APPARATUS AND EQUIPMENT
5064	ELECTRICAL APPLIANCES, TV & RADIOS
3699	ELECTRICAL EQUIPMENT & SUPPLIES, NEC
5060	ELECTRICAL GOODS
3620	ELECTRICAL INDUSTRIAL APPARATUS
3629	ELECTRICAL INDUSTRIAL APPARATUS, NEC
7620	ELECTRICAL REPAIR SHOPS
7629	ELECTRICAL REPAIR SHOPS, NEC
1730	ELECTRICAL WORK

1731	ELECTRICAL WORK
3845	ELECTROMEDICAL EQUIPMENT
3313	ELECTROMETALLURGICAL PRODUCTS
3671	ELECTRON TUBES
3600	ELECTRONIC & OTHER ELECTRIC EQUIPMENT
3675	ELECTRONIC CAPACITORS
3677	ELECTRONIC COILS AND TRANSFORMERS
3670	ELECTRONIC COMPONENTS AND ACCESSORIES
3679	ELECTRONIC COMPONENTS, NEC
3571	ELECTRONIC COMPUTERS
3678	ELECTRONIC CONNECTORS
5065	ELECTRONIC PARTS AND EQUIPMENT
3676	ELECTRONIC RESISTORS
8210	ELEMENTARY AND SECONDARY SCHOOLS
8211	ELEMENTARY AND SECONDARY SCHOOLS
3534	ELEVATORS AND MOVING STAIRWAYS
7361	EMPLOYMENT AGENCIES
3694	ENGINE ELECTRICAL EQUIPMENT
8710	ENGINEERING & ARCHITECTURAL SERVICES
8700	ENGINEERING & MANAGEMENT SERVICES
8711	ENGINEERING SERVICES
3510	ENGINES AND TURBINES
7929	ENTERTAINERS & ENTERTAINMENT GROUPS
2677	ENVELOPES
3822	ENVIRONMENTAL CONTROLS
7359	EQUIPMENT RENTAL & LEASING, NEC
1794	EXCAVATION WORK

2892	EXPLOSIVES
2381	FABRIC DRESS AND WORK GLOVES
3400	FABRICATED METAL PRODUCTS
3499	FABRICATED METAL PRODUCTS, NEC
3498	FABRICATED PIPE AND FITTINGS
3443	FABRICATED PLATE WORK (BOILER SHOPS)
3060	FABRICATED RUBBER PRODUCTS, NEC
3069	FABRICATED RUBBER PRODUCTS, NEC
3441	FABRICATED STRUCTURAL METAL
3440	FABRICATED STRUCTURAL METAL PRODUCTS
2399	FABRICATED TEXTILE PRODUCTS, NEC
8744	FACILITIES SUPPORT SERVICES
5650	FAMILY CLOTHING STORES
5651	FAMILY CLOTHING STORES
3520	FARM AND GARDEN MACHINERY
5083	FARM AND GARDEN MACHINERY
0760	FARM LABOR AND MANAGEMENT SERVICES
0761	FARM LABOR CONTRACTORS
3523	FARM MACHINERY AND EQUIPMENT
0762	FARM MANAGEMENT SERVICES
4221	FARM PRODUCT WAREHOUSING AND STORAGE
5191	FARM SUPPLIES
5150	FARM-PRODUCT RAW MATERIALS
5159	FARM-PRODUCT RAW MATERIALS, NEC
3965	FASTENERS, BUTTONS, NEEDLES, & PINS
2070	FATS AND OILS
6110	FEDERAL & FED.-SPONSORED CREDIT

6111	FEDERAL & FED.-SPONSORED CREDIT
6061	FEDERAL CREDIT UNIONS
6011	FEDERAL RESERVE BANKS
6035	FEDERAL SAVINGS INSTITUTIONS
4482	FERRIES
1060	FERROALLOY ORES, EXCEPT VANADIUM
1061	FERROALLOY ORES, EXCEPT VANADIUM
2875	FERTILIZERS, MIXING ONLY
2655	FIBER CANS, DRUMS & SIMILAR PRODUCTS
0130	FIELD CROPS, EXCEPT CASH GRAINS
0139	FIELD CROPS, EXCEPT CASH GRAINS, NEC
0912	FINFISH
2261	FINISHING PLANTS, COTTON
2262	FINISHING PLANTS, MANMADE
2269	FINISHING PLANTS, NEC
6330	FIRE, MARINE, AND CASUALTY INSURANCE
6331	FIRE, MARINE, AND CASUALTY INSURANCE
5146	FISH AND SEAFOODS
0920	FISH HATCHERIES AND PRESERVES
0921	FISH HATCHERIES AND PRESERVES
0900	FISHING, HUNTING, AND TRAPPING
3210	FLAT GLASS
3211	FLAT GLASS
2087	FLAVORING EXTRACTS AND SYRUPS, NEC
5713	FLOOR COVERING STORES
1752	FLOOR LAYING AND FLOOR WORK, NEC
5992	FLORISTS

2041	FLOUR AND OTHER GRAIN MILL PRODUCTS
5193	FLOWERS & FLORISTS' SUPPLIES
3824	FLUID METERS AND COUNTING DEVICES
2026	FLUID MILK
3593	FLUID POWER CYLINDERS & ACTUATORS
3594	FLUID POWER PUMPS AND MOTORS
3492	FLUID POWER VALVES & HOSE FITTINGS
2657	FOLDING PAPERBOARD BOXES
2000	FOOD AND KINDRED PRODUCTS
0182	FOOD CROPS GROWN UNDER COVER
2099	FOOD PREPARATIONS, NEC
3556	FOOD PRODUCTS MACHINERY
5400	FOOD STORES
5139	FOOTWEAR
3130	FOOTWEAR CUT STOCK
3131	FOOTWEAR CUT STOCK
3140	FOOTWEAR, EXCEPT RUBBER
3149	FOOTWEAR, EXCEPT RUBBER, NEC
6081	FOREIGN BANK & BRANCHES & AGENCIES
6080	FOREIGN BANK & BRANCHES + AGENCIES
6082	FOREIGN TRADE & INTERNATIONAL BANKS
0831	FOREST PRODUCTS
0831	FOREST PRODUCTS
0800	FORESTRY
0850	FORESTRY SERVICES
0851	FORESTRY SERVICES
4430	FREIGHT TRANS. ON THE GREAT LAKES

5710	FURNITURE AND HOMEFURNISHINGS STORES
5712	FURNITURE STORES
3944	GAMES, TOYS, AND CHILDREN'S VEHICLES
7212	GARMENT PRESSING & CLEANERS' AGENTS
4932	GAS AND OTHER SERVICES COMBINED
4920	GAS PRODUCTION AND DISTRIBUTION
4925	GAS PRODUCTION AND/OR DISTRIBUTION
4923	GAS TRANSMISSION AND DISTRIBUTION
3053	GASKETS, PACKING AND SEALING DEVICES
5540	GASOLINE SERVICE STATIONS
5541	GASOLINE SERVICE STATIONS
7538	GENERAL AUTOMOTIVE REPAIR SHOPS
1500	GENERAL BUILDING CONTRACTORS
0290	GENERAL FARMS, PRIMARILY ANIMAL
0291	GENERAL FARMS, PRIMARILY ANIMAL
0190	GENERAL FARMS, PRIMARILY CROP
0191	GENERAL FARMS, PRIMARILY CROP
3560	GENERAL INDUSTRIAL MACHINERY
3569	GENERAL INDUSTRIAL MACHINERY, NEC
0219	GENERAL LIVESTOCK, NEC
8062	GENERAL MEDICAL & SURGICAL HOSPITALS
5300	GENERAL MERCHANDISE STORES
4225	GENERAL WAREHOUSING AND STORAGE
5947	GIFT, NOVELTY, AND SOUVENIR SHOPS
2361	GIRLS' & CHILDREN'S DRESSES, BLOUSES
2360	GIRLS' AND CHILDREN'S OUTERWEAR
2369	GIRLS' AND CHILDREN'S OUTERWEAR, NEC

3220	GLASS AND GLASSWARE, PRESSED OR BLOWN
1793	GLASS AND GLAZING WORK
3221	GLASS CONTAINERS
1040	GOLD AND SILVER ORES
1041	GOLD ORES
5153	GRAIN AND FIELD BEANS
2040	GRAIN MILL PRODUCTS
0172	GRAPES
3321	GRAY AND DUCTILE IRON FOUNDRIES
2770	GREETING CARDS
2771	GREETING CARDS
5140	GROCERIES AND RELATED PRODUCTS
5149	GROCERIES AND RELATED PRODUCTS, NEC
5141	GROCERIES, GENERAL LINE
5410	GROCERY STORES
5411	GROCERY STORES
3761	GUIDED MISSILES AND SPACE VEHICLES
3760	GUIDED MISSILES, SPACE VEHICLES, PARTS
2861	GUM AND WOOD CHEMICALS
3275	GYPSUM PRODUCTS
3423	HAND AND EDGE TOOLS, NEC
3170	HANDBAGS AND PERSONAL LEATHER GOODS
3996	HARD SURFACE FLOOR COVERINGS, NEC
5072	HARDWARE
5250	HARDWARE STORES
5251	HARDWARE STORES
3429	HARDWARE, NEC

5070	HARDWARE, PLUMBING & HEATING EQUIPMENT
2426	HARDWOOD DIMENSION & FLOORING MILLS
2435	HARDWOOD VENEER AND PLYWOOD
2350	HATS, CAPS, AND MILLINERY
2353	HATS, CAPS, AND MILLINERY
8090	HEALTH AND ALLIED SERVICES, NEC
8099	HEALTH AND ALLIED SERVICES, NEC
8000	HEALTH SERVICES
3433	HEATING EQUIPMENT, EXCEPT ELECTRIC
7353	HEAVY CONSTRUCTION EQUIPMENT RENTAL
1600	HEAVY CONSTRUCTION, EX. BUILDING
1620	HEAVY CONSTRUCTION, EXCEPT HIGHWAY
1629	HEAVY CONSTRUCTION, NEC
7363	HELP SUPPLY SERVICES
1610	HIGHWAY AND STREET CONSTRUCTION
1611	HIGHWAY AND STREET CONSTRUCTION
5945	HOBBY, TOY, AND GAME SHOPS
0213	HOGS
3536	HOISTS, CRANES, AND MONORAILS
6700	HOLDING AND OTHER INVESTMENT OFFICES
6719	HOLDING COMPANIES, NEC
6710	HOLDING OFFICES
8080	HOME HEALTH CARE SERVICES
8082	HOME HEALTH CARE SERVICES
5023	HOMEFURNISHINGS
0272	HORSES AND OTHER EQUINES
0180	HORTICULTURAL SPECIALTIES

3050	HOSE & BELTING & GASKETS & PACKING
2252	HOSIERY, NEC
6324	HOSPITAL AND MEDICAL SERVICE PLANS
8060	HOSPITALS
7010	HOTELS AND MOTELS
7011	HOTELS AND MOTELS
7000	HOTELS AND OTHER LODGING PLACES
3142	HOUSE SLIPPERS
2392	HOUSEFURNISHINGS, NEC
5720	HOUSEHOLD APPLIANCE STORES
5722	HOUSEHOLD APPLIANCE STORES
3630	HOUSEHOLD APPLIANCES
3639	HOUSEHOLD APPLIANCES, NEC
3650	HOUSEHOLD AUDIO AND VIDEO EQUIPMENT
3651	HOUSEHOLD AUDIO AND VIDEO EQUIPMENT
3631	HOUSEHOLD COOKING EQUIPMENT
2510	HOUSEHOLD FURNITURE
2519	HOUSEHOLD FURNITURE, NEC
3633	HOUSEHOLD LAUNDRY EQUIPMENT
3632	HOUSEHOLD REFRIGERATORS AND FREEZERS
3635	HOUSEHOLD VACUUM CLEANERS
0970	HUNTING, TRAPPING, GAME PROPAGATION
0971	HUNTING, TRAPPING, GAME PROPAGATION
2024	ICE CREAM AND FROZEN DESSERTS
8320	INDIVIDUAL AND FAMILY SERVICES
8322	INDIVIDUAL AND FAMILY SERVICES
5113	INDUSTRIAL & PERSONAL SERVICE PAPER

1541	INDUSTRIAL BUILDINGS AND WAREHOUSES
3567	INDUSTRIAL FURNACES AND OVENS
2813	INDUSTRIAL GASES
2810	INDUSTRIAL INORGANIC CHEMICALS
2819	INDUSTRIAL INORGANIC CHEMICALS, NEC
7218	INDUSTRIAL LAUNDERERS
3500	INDUSTRIAL MACHINERY AND EQUIPMENT
5084	INDUSTRIAL MACHINERY AND EQUIPMENT
3590	INDUSTRIAL MACHINERY, NEC
3599	INDUSTRIAL MACHINERY, NEC
2860	INDUSTRIAL ORGANIC CHEMICALS
2869	INDUSTRIAL ORGANIC CHEMICALS, NEC
3543	INDUSTRIAL PATTERNS
1446	INDUSTRIAL SAND
5085	INDUSTRIAL SUPPLIES
3537	INDUSTRIAL TRUCKS AND TRACTORS
3491	INDUSTRIAL VALVES
7375	INFORMATION RETRIEVAL SERVICES
2816	INORGANIC PIGMENTS
4785	INSPECTION & FIXED FACILITIES
1796	INSTALLING BUILDING EQUIPMENT, NEC
3800	INSTRUMENTS AND RELATED PRODUCTS
3825	INSTRUMENTS TO MEASURE ELECTRICITY
6400	INSURANCE AGENTS, BROKERS, & SERVICE
6410	INSURANCE AGENTS, BROKERS, & SERVICE
6411	INSURANCE AGENTS, BROKERS, & SERVICE
6300	INSURANCE CARRIERS

6390	INSURANCE CARRIERS, NEC
6399	INSURANCE CARRIERS, NEC
4131	INTERCITY & RURAL BUS TRANSPORTATION
4130	INTERCITY AND RURAL BUS TRANSPORTATION
8052	INTERMEDIATE CARE FACILITIES
3519	INTERNAL COMBUSTION ENGINES, NEC
6282	INVESTMENT ADVICE
6720	INVESTMENT OFFICES
6726	INVESTMENT OFFICES, NEC
6799	INVESTORS, NEC
0134	IRISH POTATOES
3462	IRON AND STEEL FORGINGS
3320	IRON AND STEEL FOUNDRIES
1010	IRON ORES
1011	IRON ORES
4970	IRRIGATION SYSTEMS
4971	IRRIGATION SYSTEMS
3915	JEWELERS' MATERIALS & LAPIDARY WORK
5094	JEWELRY & PRECIOUS STONES
5944	JEWELRY STORES
3911	JEWELRY, PRECIOUS METAL
3910	JEWELRY, SILVERWARE, AND PLATED WARE
8330	JOB TRAINING AND RELATED SERVICES
8331	JOB TRAINING AND RELATED SERVICES
8222	JUNIOR COLLEGES
1455	KAOLIN AND BALL CLAY
8092	KIDNEY DIALYSIS CENTERS

2253	KNIT OUTERWEAR MILLS
2254	KNIT UNDERWEAR MILLS
2250	KNITTING MILLS
2259	KNITTING MILLS, NEC
8630	LABOR ORGANIZATIONS
8631	LABOR ORGANIZATIONS
3821	LABORATORY APPARATUS AND FURNITURE
2258	LACE & WARP KNIT FABRIC MILLS
3083	LAMINATED PLASTICS PLATE & SHEET
0780	LANDSCAPE AND HORTICULTURAL SERVICES
0781	LANDSCAPE COUNSELING AND PLANNING
7219	LAUNDRY AND GARMENT SERVICES, NEC
7210	LAUNDRY, CLEANING, & GARMENT SERVICES
3524	LAWN AND GARDEN EQUIPMENT
0782	LAWN AND GARDEN SERVICES
1030	LEAD AND ZINC ORES
1031	LEAD AND ZINC ORES
3952	LEAD PENCILS AND ART GOODS
3100	LEATHER AND LEATHER PRODUCTS
2386	LEATHER AND SHEEP-LINED CLOTHING
3150	LEATHER GLOVES AND MITTENS
3151	LEATHER GLOVES AND MITTENS
3190	LEATHER GOODS, NEC
3199	LEATHER GOODS, NEC
3110	LEATHER TANNING AND FINISHING
3111	LEATHER TANNING AND FINISHING
8100	LEGAL SERVICES

8110	LEGAL SERVICES
8111	LEGAL SERVICES
8230	LIBRARIES
8231	LIBRARIES
6310	LIFE INSURANCE
6311	LIFE INSURANCE
3648	LIGHTING EQUIPMENT, NEC
3274	LIME
7213	LINEN SUPPLY
5984	LIQUEFIED PETROLEUM GAS DEALERS
5920	LIQUOR STORES
5921	LIQUOR STORES
5154	LIVESTOCK
0751	LIVESTOCK SERVICES, EXC. VETERINARY
0210	LIVESTOCK, EXCEPT DAIRY AND POULTRY
6163	LOAN BROKERS
4100	LOCAL AND INTERURBAN PASSENGER TRANSIT
4111	LOCAL AND SUBURBAN TRANSIT
4110	LOCAL AND SUBURBAN TRANSPORTATION
4141	LOCAL BUS CHARTER SERVICE
4119	LOCAL PASSENGER TRANSPORTATION, NEC
4214	LOCAL TRUCKING WITH STORAGE
4212	LOCAL TRUCKING, WITHOUT STORAGE
2410	LOGGING
2411	LOGGING
2992	LUBRICATING OILS AND GREASES
3160	LUGGAGE

3161	LUGGAGE
5948	LUGGAGE AND LEATHER GOODS STORES
5030	LUMBER AND CONSTRUCTION MATERIALS
5210	LUMBER AND OTHER BUILDING MATERIALS
5211	LUMBER AND OTHER BUILDING MATERIALS
2400	LUMBER AND WOOD PRODUCTS
5031	LUMBER, PLYWOOD, AND MILLWORK
2098	MACARONI AND SPAGHETTI
3545	MACHINE TOOL ACCESSORIES
3541	MACHINE TOOLS, METAL CUTTING TYPES
3542	MACHINE TOOLS, METAL FORMING TYPES
5080	MACHINERY, EQUIPMENT, AND SUPPLIES
3695	MAGNETIC AND OPTICAL RECORDING MEDIA
7330	MAILING, REPRODUCTION, STENOGRAPHIC
3322	MALLEABLE IRON FOUNDRIES
2083	MALT
2082	MALT BEVERAGES
8740	MANAGEMENT AND PUBLIC RELATIONS
8742	MANAGEMENT CONSULTING SERVICES
6722	MANAGEMENT INVESTMENT, OPEN-END
8741	MANAGEMENT SERVICES
2760	MANIFOLD BUSINESS FORMS
2761	MANIFOLD BUSINESS FORMS
2097	MANUFACTURED ICE
3999	MANUFACTURING INDUSTRIES, NEC
4493	MARINAS
4491	MARINE CARGO HANDLING

5611	MEN'S & BOYS' CLOTHING STORES
2322	MEN'S & BOYS' UNDERWEAR + NIGHTWEAR
5136	MEN'S AND BOYS' CLOTHING
2329	MEN'S AND BOYS' CLOTHING, NEC
2320	MEN'S AND BOYS' FURNISHINGS
2323	MEN'S AND BOYS' NECKWEAR
2321	MEN'S AND BOYS' SHIRTS
2310	MEN'S AND BOYS' SUITS AND COATS
2311	MEN'S AND BOYS' SUITS AND COATS
2325	MEN'S AND BOYS' TROUSERS AND SLACKS
2326	MEN'S AND BOYS' WORK CLOTHING
3143	MEN'S FOOTWEAR, EXCEPT ATHLETIC
5962	MERCHANDISING MACHINE OPERATORS
3412	METAL BARRELS, DRUMS, AND PAILS
3411	METAL CANS
3410	METAL CANS AND SHIPPING CONTAINERS
3479	METAL COATING AND ALLIED SERVICES
3442	METAL DOORS, SASH, AND TRIM
3497	METAL FOIL AND LEAF
3460	METAL FORGINGS AND STAMPINGS
3398	METAL HEAT TREATING
2514	METAL HOUSEHOLD FURNITURE
1000	METAL MINING
1080	METAL MINING SERVICES
1081	METAL MINING SERVICES
1099	METAL ORES, NEC
3431	METAL SANITARY WARE

3470	METAL SERVICES, NEC
3469	METAL STAMPINGS, NEC
5050	METALS AND MINERALS, EXCEPT PETROLEUM
5051	METALS SERVICE CENTERS AND OFFICES
3540	METALWORKING MACHINERY
3549	METALWORKING MACHINERY, NEC
2431	MILLWORK
2430	MILLWORK, PLYWOOD & STRUCTURAL MEMBERS
3296	MINERAL WOOL
3295	MINERALS, GROUND OR TREATED
3532	MINING MACHINERY
7990	MISC. AMUSEMENT, RECREATION SERVICES
5690	MISC. APPAREL & ACCESSORY STORES
5699	MISC. APPAREL & ACCESSORY STORES
6159	MISC. BUSINESS CREDIT INSTITUTIONS
2670	MISC. CONVERTED PAPER PRODUCTS
3690	MISC. ELECTRICAL EQUIPMENT & SUPPLIES
7350	MISC. EQUIPMENT RENTAL & LEASING
3490	MISC. FABRICATED METAL PRODUCTS
2390	MISC. FABRICATED TEXTILE PRODUCTS
3496	MISC. FABRICATED WIRE PRODUCTS
2090	MISC. FOOD AND KINDRED PRODUCTS
5390	MISC. GENERAL MERCHANDISE STORES
5399	MISC. GENERAL MERCHANDISE STORES
5719	MISC. HOMEFURNISHINGS STORES
5190	MISC. NONDURABLE GOODS
3290	MISC. NONMETALLIC MINERAL PRODUCTS

2990	MISC. PETROLEUM AND COAL PRODUCTS
1790	MISC. SPECIAL TRADE CONTRACTORS
2380	MISCELLANEOUS APPAREL AND ACCESSORIES
7380	MISCELLANEOUS BUSINESS SERVICES
2890	MISCELLANEOUS CHEMICAL PRODUCTS
5090	MISCELLANEOUS DURABLE GOODS
5490	MISCELLANEOUS FOOD STORES
5499	MISCELLANEOUS FOOD STORES
2590	MISCELLANEOUS FURNITURE AND FIXTURES
6790	MISCELLANEOUS INVESTING
3990	MISCELLANEOUS MANUFACTURES
3900	MISCELLANEOUS MANUFACTURING INDUSTRIES
0919	MISCELLANEOUS MARINE PRODUCTS
1090	MISCELLANEOUS METAL ORES
3449	MISCELLANEOUS METAL WORK
1490	MISCELLANEOUS NONMETALLIC MINERALS
1499	MISCELLANEOUS NONMETALLIC MINERALS
7290	MISCELLANEOUS PERSONAL SERVICES
7299	MISCELLANEOUS PERSONAL SERVICES, NEC
3080	MISCELLANEOUS PLASTICS PRODUCTS, NEC
3390	MISCELLANEOUS PRIMARY METAL PRODUCTS
2740	MISCELLANEOUS PUBLISHING
2741	MISCELLANEOUS PUBLISHING
7600	MISCELLANEOUS REPAIR SERVICES
7690	MISCELLANEOUS REPAIR SHOPS
5900	MISCELLANEOUS RETAIL
5999	MISCELLANEOUS RETAIL STORES, NEC

5940	MISCELLANEOUS SHOPPING GOODS STORES
2290	MISCELLANEOUS TEXTILE GOODS
3790	MISCELLANEOUS TRANSPORTATION EQUIPMENT
4780	MISCELLANEOUS TRANSPORTATION SERVICES
2490	MISCELLANEOUS WOOD PRODUCTS
5270	MOBILE HOME DEALERS
5271	MOBILE HOME DEALERS
6515	MOBILE HOME SITE OPERATORS
2451	MOBILE HOMES
6160	MORTGAGE BANKERS AND BROKERS
6162	MORTGAGE BANKERS AND CORRESPONDENTS
7812	MOTION PICTURE & VIDEO PRODUCTION
7822	MOTION PICTURE AND TAPE DISTRIBUTION
7820	MOTION PICTURE DISTRIBUTION & SERVICES
7829	MOTION PICTURE DISTRIBUTION SERVICES
7810	MOTION PICTURE PRODUCTION & SERVICES
7830	MOTION PICTURE THEATERS
7832	MOTION PICTURE THEATERS, EX DRIVE-IN
7800	MOTION PICTURES
3716	MOTOR HOMES
3714	MOTOR VEHICLE PARTS AND ACCESSORIES
5015	MOTOR VEHICLE PARTS, USED
5013	MOTOR VEHICLE SUPPLIES AND NEW PARTS
3711	MOTOR VEHICLES AND CAR BODIES
3710	MOTOR VEHICLES AND EQUIPMENT
5010	MOTOR VEHICLES, PARTS, AND SUPPLIES
5570	MOTORCYCLE DEALERS

5571	MOTORCYCLE DEALERS
3750	MOTORCYCLES, BICYCLES, AND PARTS
3751	MOTORCYCLES, BICYCLES, AND PARTS
3621	MOTORS AND GENERATORS
8410	MUSEUMS AND ART GALLERIES
8412	MUSEUMS AND ART GALLERIES
8400	MUSEUMS, BOTANICAL, ZOOLOGICAL GARDENS
5736	MUSICAL INSTRUMENT STORES
3930	MUSICAL INSTRUMENTS
3931	MUSICAL INSTRUMENTS
2441	NAILED WOOD BOXES AND SHOOK
2240	NARROW FABRIC MILLS
2241	NARROW FABRIC MILLS
6021	NATIONAL COMMERCIAL BANKS
4924	NATURAL GAS DISTRIBUTION
1320	NATURAL GAS LIQUIDS
1321	NATURAL GAS LIQUIDS
4922	NATURAL GAS TRANSMISSION
5510	NEW AND USED CAR DEALERS
5511	NEW AND USED CAR DEALERS
5994	NEWS DEALERS AND NEWSSTANDS
7383	NEWS SYNDICATES
2710	NEWSPAPERS
2711	NEWSPAPERS
2873	NITROGENOUS FERTILIZERS
	NONCLASSIFIABLE ESTABLISHMENTS
3297	NONCLAY REFRACTORIES

8733	NONCOMMERCIAL RESEARCH ORGANIZATIONS
3644	NONCURRENT-CARRYING WIRING DEVICES
6091	NONDEPOSIT TRUST FACILITIES
6100	NONDEPOSITORY INSTITUTIONS
5199	NONDURABLE GOODS, NEC
3364	NONFERROUS DIE-CASTING EXC. ALUMINUM
3463	NONFERROUS FORGINGS
3360	NONFERROUS FOUNDRIES (CASTINGS)
3369	NONFERROUS FOUNDRIES, NEC
3350	NONFERROUS ROLLING AND DRAWING
3356	NONFERROUS ROLLING AND DRAWING, NEC
3357	NONFERROUS WIREDRAWING & INSULATING
3299	NONMETALLIC MINERAL PRODUCTS, NEC
1480	NONMETALLIC MINERALS SERVICES
1481	NONMETALLIC MINERALS SERVICES
1400	NONMETALLIC MINERALS, EXCEPT FUELS
1540	NONRESIDENTIAL BUILDING CONSTRUCTION
6512	NONRESIDENTIAL BUILDING OPERATORS
1542	NONRESIDENTIAL CONSTRUCTION, NEC
5960	NONSTORE RETAILERS
2297	NONWOVEN FABRICS
8050	NURSING AND PERSONAL CARE FACILITIES
8059	NURSING AND PERSONAL CARE, NEC
5044	OFFICE EQUIPMENT
2520	OFFICE FURNITURE
2522	OFFICE FURNITURE, EXCEPT WOOD
3579	OFFICE MACHINES, NEC

8010	OFFICES & CLINICS OF MEDICAL DOCTORS
8011	OFFICES & CLINICS OF MEDICAL DOCTORS
8041	OFFICES AND CLINICS OF CHIROPRACTORS
8020	OFFICES AND CLINICS OF DENTISTS
8021	OFFICES AND CLINICS OF DENTISTS
8042	OFFICES AND CLINICS OF OPTOMETRISTS
8043	OFFICES AND CLINICS OF PODIATRISTS
8049	OFFICES OF HEALTH PRACTITIONERS, NEC
8030	OFFICES OF OSTEOPATHIC PHYSICIANS
8031	OFFICES OF OSTEOPATHIC PHYSICIANS
8040	OFFICES OF OTHER HEALTH PRACTITIONERS
1382	OIL AND GAS EXPLORATION SERVICES
1300	OIL AND GAS EXTRACTION
3533	OIL AND GAS FIELD MACHINERY
1380	OIL AND GAS FIELD SERVICES
1389	OIL AND GAS FIELD SERVICES, NEC
6792	OIL ROYALTY TRADERS
1530	OPERATIVE BUILDERS
1531	OPERATIVE BUILDERS
3850	OPHTHALMIC GOODS
3851	OPHTHALMIC GOODS
5048	OPHTHALMIC GOODS
5995	OPTICAL GOODS STORES
3827	OPTICAL INSTRUMENTS AND LENSES
3480	ORDNANCE AND ACCESSORIES, NEC
3489	ORDNANCE AND ACCESSORIES, NEC
2824	ORGANIC FIBERS, NONCELLULOSIC

0181	ORNAMENTAL NURSERY PRODUCTS
0783	ORNAMENTAL SHRUB AND TREE SERVICES
7312	OUTDOOR ADVERTISING SERVICES
5142	PACKAGED FROZEN FOODS
3565	PACKAGING MACHINERY
4783	PACKING AND CRATING
5230	PAINT, GLASS, AND WALLPAPER STORES
5231	PAINT, GLASS, AND WALLPAPER STORES
1720	PAINTING AND PAPER HANGING
1721	PAINTING AND PAPER HANGING
2850	PAINTS AND ALLIED PRODUCTS
2851	PAINTS AND ALLIED PRODUCTS
5198	PAINTS, VARNISHES, AND SUPPLIES
2600	PAPER AND ALLIED PRODUCTS
5110	PAPER AND PAPER PRODUCTS
2671	PAPER COATED & LAMINATED, PACKAGING
2672	PAPER COATED AND LAMINATED, NEC
3554	PAPER INDUSTRIES MACHINERY
2620	PAPER MILLS
2621	PAPER MILLS
2650	PAPERBOARD CONTAINERS AND BOXES
2630	PAPERBOARD MILLS
2631	PAPERBOARD MILLS
2540	PARTITIONS AND FIXTURES
2542	PARTITIONS AND FIXTURES, EXCEPT WOOD
7515	PASSENGER CAR LEASING
7514	PASSENGER CAR RENTAL

4729	PASSENGER TRANSPORT ARRANGEMENT, NEC
4720	PASSENGER TRANSPORTATION ARRANGEMENT
6794	PATENT OWNERS AND LESSORS
3951	PENS AND MECHANICAL PENCILS
3950	PENS, PENCILS, OFFICE, & ART SUPPLIES
6370	PENSION, HEALTH, AND WELFARE FUNDS
6371	PENSION, HEALTH, AND WELFARE FUNDS
2720	PERIODICALS
2721	PERIODICALS
6140	PERSONAL CREDIT INSTITUTIONS
6141	PERSONAL CREDIT INSTITUTIONS
3172	PERSONAL LEATHER GOODS, NEC
7200	PERSONAL SERVICES
7360	PERSONNEL SUPPLY SERVICES
2900	PETROLEUM AND COAL PRODUCTS
2999	PETROLEUM AND COAL PRODUCTS, NEC
5170	PETROLEUM AND PETROLEUM PRODUCTS
5171	PETROLEUM BULK STATIONS & TERMINALS
5172	PETROLEUM PRODUCTS, NEC
2910	PETROLEUM REFINING
2911	PETROLEUM REFINING
2834	PHARMACEUTICAL PREPARATIONS
1475	PHOSPHATE ROCK
2874	PHOSPHATIC FERTILIZERS
7334	PHOTOCOPYING & DUPLICATING SERVICES
7384	PHOTOFINISHING LABORATORIES
3860	PHOTOGRAPHIC EQUIPMENT AND SUPPLIES

3861	PHOTOGRAPHIC EQUIPMENT AND SUPPLIES
5043	PHOTOGRAPHIC EQUIPMENT AND SUPPLIES
7220	PHOTOGRAPHIC STUDIOS, PORTRAIT
7221	PHOTOGRAPHIC STUDIOS, PORTRAIT
7991	PHYSICAL FITNESS FACILITIES
2035	PICKLES, SAUCES, AND SALAD DRESSINGS
5131	PIECE GOODS & NOTIONS
4600	PIPELINES, EXCEPT NATURAL GAS
4610	PIPELINES, EXCEPT NATURAL GAS
4619	PIPELINES, NEC
1742	PLASTERING, DRYWALL, AND INSULATION
3085	PLASTICS BOTTLES
3086	PLASTICS FOAM PRODUCTS
5162	PLASTICS MATERIALS & BASIC SHAPES
2821	PLASTICS MATERIALS AND RESINS
2820	PLASTICS MATERIALS AND SYNTHETICS
3084	PLASTICS PIPE
3088	PLASTICS PLUMBING FIXTURES
3089	PLASTICS PRODUCTS, NEC
2796	PLATEMAKING SERVICES
3471	PLATING AND POLISHING
2395	PLEATING AND STITCHING
5074	PLUMBING & HYDRONIC HEATING SUPPLIES
3430	PLUMBING AND HEATING, EXCEPT ELECTRIC
3432	PLUMBING FIXTURE FITTINGS AND TRIM
1710	PLUMBING, HEATING, AIR-CONDITIONING
1711	PLUMBING, HEATING, AIR-CONDITIONING

2842	POLISHES AND SANITATION GOODS
8650	POLITICAL ORGANIZATIONS
8651	POLITICAL ORGANIZATIONS
3264	PORCELAIN ELECTRICAL SUPPLIES
1474	POTASH, SODA, AND BORATE MINERALS
2096	POTATO CHIPS AND SIMILAR SNACKS
3260	POTTERY AND RELATED PRODUCTS
3269	POTTERY PRODUCTS, NEC
0250	POULTRY AND EGGS
0259	POULTRY AND EGGS, NEC
5144	POULTRY AND POULTRY PRODUCTS
0254	POULTRY HATCHERIES
2015	POULTRY SLAUGHTERING AND PROCESSING
7211	POWER LAUNDRIES, FAMILY & COMMERCIAL
3568	POWER TRANSMISSION EQUIPMENT, NEC
3546	POWER-DRIVEN HANDTOOLS
3448	PREFABRICATED METAL BUILDINGS
2452	PREFABRICATED WOOD BUILDINGS
7372	PREPACKAGED SOFTWARE
2048	PREPARED FEEDS, NEC
2045	PREPARED FLOUR MIXES AND DOUGHS
3652	PRERECORDED RECORDS AND TAPES
2030	PRESERVED FRUITS AND VEGETABLES
3229	PRESSED AND BLOWN GLASS, NEC
3334	PRIMARY ALUMINUM
3692	PRIMARY BATTERIES, DRY AND WET
3331	PRIMARY COPPER

3300	PRIMARY METAL INDUSTRIES
3399	PRIMARY METAL PRODUCTS, NEC
3330	PRIMARY NONFERROUS METALS
3339	PRIMARY NONFERROUS METALS, NEC
3672	PRINTED CIRCUIT BOARDS
2700	PRINTING AND PUBLISHING
5111	PRINTING AND WRITING PAPER
2893	PRINTING INK
2790	PRINTING TRADE SERVICES
3555	PRINTING TRADES MACHINERY
8800	PRIVATE HOUSEHOLDS
8810	PRIVATE HOUSEHOLDS
8811	PRIVATE HOUSEHOLDS
3823	PROCESS CONTROL INSTRUMENTS
7920	PRODUCERS, ORCHESTRAS, ENTERTAINERS
3230	PRODUCTS OF PURCHASED GLASS
3231	PRODUCTS OF PURCHASED GLASS
5040	PROFESSIONAL & COMMERCIAL EQUIPMENT
5049	PROFESSIONAL EQUIPMENT, NEC
8620	PROFESSIONAL ORGANIZATIONS
8621	PROFESSIONAL ORGANIZATIONS
8063	PSYCHIATRIC HOSPITALS
2530	PUBLIC BUILDING & RELATED FURNITURE
2531	PUBLIC BUILDING & RELATED FURNITURE
7992	PUBLIC GOLF COURSES
8743	PUBLIC RELATIONS SERVICES
4220	PUBLIC WAREHOUSING AND STORAGE

2610	PULP MILLS
2611	PULP MILLS
3561	PUMPS AND PUMPING EQUIPMENT
7948	RACING, INCLUDING TRACK OPERATION
3663	RADIO & TV COMMUNICATIONS EQUIPMENT
4830	RADIO AND TELEVISION BROADCASTING
7622	RADIO AND TELEVISION REPAIR
4832	RADIO BROADCASTING STATIONS
5730	RADIO, TELEVISION, & COMPUTER STORES
5731	RADIO, TV, & ELECTRONIC STORES
7313	RADIO, TV, PUBLISHER REPRESENTATIVES
4812	RADIOTELEPHONE COMMUNICATIONS
3740	RAILROAD EQUIPMENT
3743	RAILROAD EQUIPMENT
6517	RAILROAD PROPERTY LESSORS
4000	RAILROAD TRANSPORTATION
4010	RAILROADS
4011	RAILROADS, LINE-HAUL OPERATING
2061	RAW CANE SUGAR
3273	READY-MIXED CONCRETE
6500	REAL ESTATE
6530	REAL ESTATE AGENTS AND MANAGERS
6531	REAL ESTATE AGENTS AND MANAGERS
6798	REAL ESTATE INVESTMENT TRUSTS
6510	REAL ESTATE OPERATORS AND LESSORS
6519	REAL PROPERTY LESSORS, NEC
2493	RECONSTITUTED WOOD PRODUCTS

5735	RECORD & PRERECORDED TAPE STORES
5560	RECREATIONAL VEHICLE DEALERS
5561	RECREATIONAL VEHICLE DEALERS
4613	REFINED PETROLEUM PIPELINES
4222	REFRIGERATED WAREHOUSING AND STORAGE
3585	REFRIGERATION AND HEATING EQUIPMENT
3580	REFRIGERATION AND SERVICE MACHINERY
5078	REFRIGERATION EQUIPMENT AND SUPPLIES
7623	REFRIGERATION SERVICE AND REPAIR
4953	REFUSE SYSTEMS
3625	RELAYS AND INDUSTRIAL CONTROLS
8660	RELIGIOUS ORGANIZATIONS
8661	RELIGIOUS ORGANIZATIONS
4740	RENTAL OF RAILROAD CARS
4741	RENTAL OF RAILROAD CARS
7699	REPAIR SERVICES, NEC
8730	RESEARCH AND TESTING SERVICES
1520	RESIDENTIAL BUILDING CONSTRUCTION
8360	RESIDENTIAL CARE
8361	RESIDENTIAL CARE
1522	RESIDENTIAL CONSTRUCTION, NEC
3645	RESIDENTIAL LIGHTING FIXTURES
5460	RETAIL BAKERIES
5461	RETAIL BAKERIES
5260	RETAIL NURSERIES AND GARDEN STORES
5261	RETAIL NURSERIES AND GARDEN STORES
5990	RETAIL STORES, NEC

7640	REUPHOLSTERY AND FURNITURE REPAIR
7641	REUPHOLSTERY AND FURNITURE REPAIR
0112	RICE
2044	RICE MILLING
2095	ROASTED COFFEE
2384	ROBES AND DRESSING GOWNS
3547	ROLLING MILL MACHINERY
5033	ROOFING, SIDING, & INSULATION
1760	ROOFING, SIDING, AND SHEET METAL WORK
1761	ROOFING, SIDING, AND SHEET METAL WORK
7020	ROOMING AND BOARDING HOUSES
7021	ROOMING AND BOARDING HOUSES
3052	RUBBER & PLASTICS HOSE & BELTING
3000	RUBBER AND MISC. PLASTICS PRODUCTS
3020	RUBBER AND PLASTICS FOOTWEAR
3021	RUBBER AND PLASTICS FOOTWEAR
2068	SALTED AND ROASTED NUTS AND SEEDS
1440	SAND AND GRAVEL
2656	SANITARY FOOD CONTAINERS
2676	SANITARY PAPER PRODUCTS
4950	SANITARY SERVICES
4959	SANITARY SERVICES, NEC
2013	SAUSAGES AND OTHER PREPARED MEATS
6030	SAVINGS INSTITUTIONS
6036	SAVINGS INSTITUTIONS, EXCEPT FEDERAL
3425	SAW BLADES AND HANDSAWS
2420	SAWMILLS AND PLANING MILLS

2421	SAWMILLS AND PLANING MILLS, GENERAL
3596	SCALES AND BALANCES, EXC. LABORATORY
2397	SCHIFFLI MACHINE EMBROIDERIES
4150	SCHOOL BUSES
4151	SCHOOL BUSES
8290	SCHOOLS & EDUCATIONAL SERVICES, NEC
8299	SCHOOLS & EDUCATIONAL SERVICES, NEC
5093	SCRAP AND WASTE MATERIALS
3451	SCREW MACHINE PRODUCTS
3450	SCREW MACHINE PRODUCTS, BOLTS, ETC.
3810	SEARCH AND NAVIGATION EQUIPMENT
3812	SEARCH AND NAVIGATION EQUIPMENT
3340	SECONDARY NONFERROUS METALS
3341	SECONDARY NONFERROUS METALS
7338	SECRETARIAL & COURT REPORTING
6289	SECURITY & COMMODITY SERVICES, NEC
6200	SECURITY AND COMMODITY BROKERS
6230	SECURITY AND COMMODITY EXCHANGES
6231	SECURITY AND COMMODITY EXCHANGES
6280	SECURITY AND COMMODITY SERVICES
6210	SECURITY BROKERS AND DEALERS
6211	SECURITY BROKERS AND DEALERS
7382	SECURITY SYSTEMS SERVICES
3674	SEMICONDUCTORS AND RELATED DEVICES
3263	SEMIVITREOUS TABLE & KITCHENWARE
5087	SERVICE ESTABLISHMENT EQUIPMENT
3589	SERVICE INDUSTRY MACHINERY, NEC

7819	SERVICES ALLIED TO MOTION PICTURES
7340	SERVICES TO BUILDINGS
8999	SERVICES, NEC
8990	SERVICES, NEC
8999	SERVICES, NEC
2652	SETUP PAPERBOARD BOXES
4952	SEWERAGE SYSTEMS
5949	SEWING, NEEDLEWORK, AND PIECE GOODS
0214	SHEEP AND GOATS
3444	SHEET METALWORK
0913	SHELLFISH
3730	SHIP AND BOAT BUILDING AND REPAIRING
3731	SHIP BUILDING AND REPAIRING
7250	SHOE REPAIR AND SHOESHINE PARLORS
7251	SHOE REPAIR AND SHOESHINE PARLORS
5660	SHOE STORES
5661	SHOE STORES
6153	SHORT-TERM BUSINESS CREDIT
3993	SIGNS AND ADVERTISING SPECIALITIES
1044	SILVER ORES
3914	SILVERWARE AND PLATED WARE
1521	SINGLE-FAMILY HOUSING CONSTRUCTION
8051	SKILLED NURSING CARE FACILITIES
3484	SMALL ARMS
3482	SMALL ARMS AMMUNITION
2841	SOAP AND OTHER DETERGENTS
2840	SOAP, CLEANERS, AND TOILET GOODS

8300	SOCIAL SERVICES
8390	SOCIAL SERVICES, NEC
8399	SOCIAL SERVICES, NEC
2436	SOFTWOOD VENEER AND PLYWOOD
0710	SOIL PREPARATION SERVICES
0711	SOIL PREPARATION SERVICES
2075	SOYBEAN OIL MILLS
0116	SOYBEANS
3764	SPACE PROPULSION UNITS AND PARTS
3769	SPACE VEHICLE EQUIPMENT, NEC
3544	SPECIAL DIES, TOOLS, JIGS & FIXTURES
3550	SPECIAL INDUSTRY MACHINERY
3559	SPECIAL INDUSTRY MACHINERY, NEC
2429	SPECIAL PRODUCT SAWMILLS, NEC
1700	SPECIAL TRADE CONTRACTORS
1799	SPECIAL TRADE CONTRACTORS, NEC
4226	SPECIAL WAREHOUSING AND STORAGE, NEC
8069	SPECIALTY HOSPITALS EXC. PSYCHIATRIC
8093	SPECIALTY OUTPATIENT CLINICS, NEC
3566	SPEED CHANGERS, DRIVES, AND GEARS
5091	SPORTING & RECREATIONAL GOODS
3949	SPORTING AND ATHLETIC GOODS, NEC
7032	SPORTING AND RECREATIONAL CAMPS
5941	SPORTING GOODS AND BICYCLE SHOPS
7941	SPORTS CLUBS, MANAGERS, & PROMOTERS
6022	STATE COMMERCIAL BANKS
6062	STATE CREDIT UNIONS

5112	STATIONERY AND OFFICE SUPPLIES
2678	STATIONERY PRODUCTS
5943	STATIONERY STORES
4960	STEAM AND AIR-CONDITIONING SUPPLY
4961	STEAM AND AIR-CONDITIONING SUPPLY
3325	STEEL FOUNDRIES, NEC
3324	STEEL INVESTMENT FOUNDRIES
3317	STEEL PIPE AND TUBES
3493	STEEL SPRINGS, EXCEPT WIRE
3315	STEEL WIRE AND RELATED PRODUCTS
3200	STONE, CLAY, AND GLASS PRODUCTS
3691	STORAGE BATTERIES
3250	STRUCTURAL CLAY PRODUCTS
3259	STRUCTURAL CLAY PRODUCTS, NEC
1791	STRUCTURAL STEEL ERECTION
2439	STRUCTURAL WOOD MEMBERS, NEC
6550	SUBDIVIDERS AND DEVELOPERS
6552	SUBDIVIDERS AND DEVELOPERS, NEC
2060	SUGAR AND CONFECTIONERY PRODUCTS
0133	SUGARCANE AND SUGAR BEETS
6350	SURETY INSURANCE
6351	SURETY INSURANCE
2843	SURFACE ACTIVE AGENTS
3841	SURGICAL AND MEDICAL INSTRUMENTS
3842	SURGICAL APPLIANCES AND SUPPLIES
8713	SURVEYING SERVICES
3613	SWITCHGEAR AND SWITCHBOARD APPARATUS

4013	SWITCHING AND TERMINAL SERVICES
2822	SYNTHETIC RUBBER
3795	TANKS AND TANK COMPONENTS
7291	TAX RETURN PREPARATION SERVICES
4120	TAXICABS
4121	TAXICABS
4820	TELEGRAPH & OTHER COMMUNICATIONS
4822	TELEGRAPH & OTHER COMMUNICATIONS
3661	TELEPHONE AND TELEGRAPH APPARATUS
4810	TELEPHONE COMMUNICATION
4813	TELEPHONE COMMUNICATIONS, EXC. RADIO
4833	TELEVISION BROADCASTING STATIONS
1743	TERRAZZO, TILE, MARBLE, MOSAIC WORK
8734	TESTING LABORATORIES
2393	TEXTILE BAGS
2260	TEXTILE FINISHING, EXCEPT WOOL
2299	TEXTILE GOODS, NEC
3552	TEXTILE MACHINERY
2200	TEXTILE MILL PRODUCTS
7922	THEATRICAL PRODUCERS AND SERVICES
2284	THREAD MILLS
2282	THROWING AND WINDING MILLS
0810	TIMBER TRACTS
0811	TIMBER TRACTS
2296	TIRE CORD AND FABRICS
7534	TIRE RETREADING AND REPAIR SHOPS
3010	TIRES AND INNER TUBES

3011	TIRES AND INNER TUBES
5014	TIRES AND TUBES
6540	TITLE ABSTRACT OFFICES
6541	TITLE ABSTRACT OFFICES
6360	TITLE INSURANCE
6361	TITLE INSURANCE
0132	TOBACCO
5194	TOBACCO AND TOBACCO PRODUCTS
2100	TOBACCO PRODUCTS
2140	TOBACCO STEMMING AND REDRYING
2141	TOBACCO STEMMING AND REDRYING
5993	TOBACCO STORES AND STANDS
2844	TOILET PREPARATIONS
7532	TOP & BODY REPAIR & PAINT SHOPS
4725	TOUR OPERATORS
4492	TOWING AND TUGBOAT SERVICE
5092	TOYS AND HOBBY GOODS AND SUPPLIES
3940	TOYS AND SPORTING GOODS
7033	TRAILER PARKS AND CAMPSITES
3612	TRANSFORMERS, EXCEPT ELECTRONIC
4500	TRANSPORTATION BY AIR
3700	TRANSPORTATION EQUIPMENT
5088	TRANSPORTATION EQUIPMENT & SUPPLIES
3799	TRANSPORTATION EQUIPMENT, NEC
4700	TRANSPORTATION SERVICES
4789	TRANSPORTATION SERVICES, NEC
4724	TRAVEL AGENCIES

3792	TRAVEL TRAILERS AND CAMPERS
0173	TREE NUTS
3713	TRUCK AND BUS BODIES
7513	TRUCK RENTAL AND LEASING, NO DRIVERS
3715	TRUCK TRAILERS
4210	TRUCKING & COURIER SERVICES, EX. AIR
4200	TRUCKING AND WAREHOUSING
4230	TRUCKING TERMINAL FACILITIES
4231	TRUCKING TERMINAL FACILITIES
4213	TRUCKING, EXCEPT LOCAL
6730	TRUSTS
6733	TRUSTS, NEC
3511	TURBINES AND TURBINE GENERATOR SETS
0253	TURKEYS AND TURKEY EGGS
2791	TYPESETTING
4300	U.S. POSTAL SERVICE
4310	U.S. POSTAL SERVICE
4311	U.S. POSTAL SERVICE
3081	UNSUPPORTED PLASTICS FILM & SHEET
3082	UNSUPPORTED PLASTICS PROFILE SHAPES
2512	UPHOLSTERED HOUSEHOLD FURNITURE
1094	URANIUM-RADIUM-VANADIUM ORES
5520	USED CAR DEALERS
5521	USED CAR DEALERS
5930	USED MERCHANDISE STORES
5932	USED MERCHANDISE STORES
7519	UTILITY TRAILER RENTAL

3494	VALVES AND PIPE FITTINGS, NEC
5330	VARIETY STORES
5331	VARIETY STORES
2076	VEGETABLE OIL MILLS, NEC
0160	VEGETABLES AND MELONS
0161	VEGETABLES AND MELONS
3647	VEHICULAR LIGHTING EQUIPMENT
0740	VETERINARY SERVICES
0741	VETERINARY SERVICES FOR LIVESTOCK
0742	VETERINARY SERVICES, SPECIALTIES
7840	VIDEO TAPE RENTAL
7841	VIDEO TAPE RENTAL
3262	VITREOUS CHINA TABLE & KITCHENWARE
3261	VITREOUS PLUMBING FIXTURES
8240	VOCATIONAL SCHOOLS
8249	VOCATIONAL SCHOOLS, NEC
5075	WARM AIR HEATING & AIR-CONDITIONING
7630	WATCH, CLOCK, AND JEWELRY REPAIR
7631	WATCH, CLOCK, AND JEWELRY REPAIR
3870	WATCHES, CLOCKS, WATCHCASES & PARTS
3873	WATCHES, CLOCKS, WATCHCASES & PARTS
4489	WATER PASSENGER TRANSPORTATION, NEC
4940	WATER SUPPLY
4941	WATER SUPPLY
4400	WATER TRANSPORTATION
4440	WATER TRANSPORTATION OF FREIGHT, NEC
4449	WATER TRANSPORTATION OF FREIGHT, NEC

4480	WATER TRANSPORTATION OF PASSENGERS
4490	WATER TRANSPORTATION SERVICES
4499	WATER TRANSPORTATION SERVICES, NEC
1780	WATER WELL DRILLING
1781	WATER WELL DRILLING
1623	WATER, SEWER, AND UTILITY LINES
2385	WATERPROOF OUTERWEAR
2257	WEFT KNIT FABRIC MILLS
3548	WELDING APPARATUS
7692	WELDING REPAIR
2046	WET CORN MILLING
5000	WHOLESALE TRADE^DURABLE GOODS
5100	WHOLESALE TRADE^NONDURABLE GOODS
5182	WINE AND DISTILLED BEVERAGES
2084	WINES, BRANDY, AND BRANDY SPIRITS
3495	WIRE SPRINGS
2331	WOMEN'S & MISSES' BLOUSES & SHIRTS
5630	WOMEN'S ACCESSORY & SPECIALTY STORES
5632	WOMEN'S ACCESSORY & SPECIALTY STORES
5137	WOMEN'S AND CHILDREN'S CLOTHING
2340	WOMEN'S AND CHILDREN'S UNDERGARMENTS
2341	WOMEN'S AND CHILDREN'S UNDERWEAR
2330	WOMEN'S AND MISSES' OUTERWEAR
2339	WOMEN'S AND MISSES' OUTERWEAR, NEC
2337	WOMEN'S AND MISSES' SUITS AND COATS
5620	WOMEN'S CLOTHING STORES
5621	WOMEN'S CLOTHING STORES

3144	WOMEN'S FOOTWEAR, EXCEPT ATHLETIC
3171	WOMEN'S HANDBAGS AND PURSES
2251	WOMEN'S HOSIERY, EXCEPT SOCKS
2335	WOMEN'S, JUNIOR'S, & MISSES' DRESSES
2450	WOOD BUILDINGS AND MOBILE HOMES
2440	WOOD CONTAINERS
2449	WOOD CONTAINERS, NEC
2511	WOOD HOUSEHOLD FURNITURE
2434	WOOD KITCHEN CABINETS
2521	WOOD OFFICE FURNITURE
2448	WOOD PALLETS AND SKIDS
2541	WOOD PARTITIONS AND FIXTURES
2491	WOOD PRESERVING
2499	WOOD PRODUCTS, NEC
2517	WOOD TV AND RADIO CABINETS
3553	WOODWORKING MACHINERY
1795	WRECKING AND DEMOLITION WORK
3844	X-RAY APPARATUS AND TUBES
2280	YARN AND THREAD MILLS
2281	YARN SPINNING MILLS

第十七章　商業策略哲理

第一節　易經思維

一、思維組合

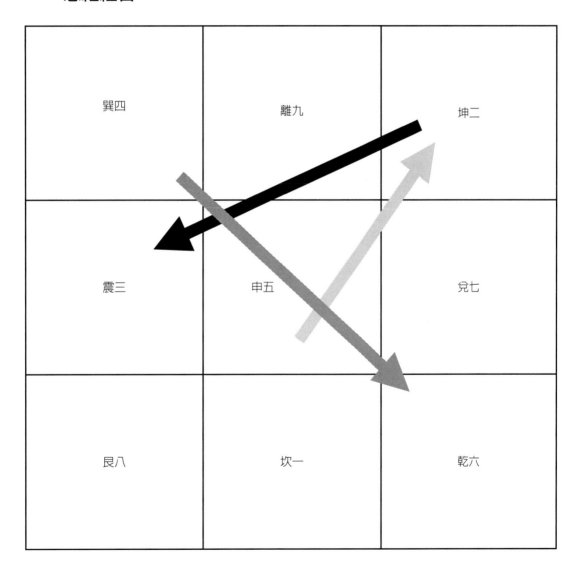

二、思維原理

天尊地卑，乾坤定矣。卑高以陳，貴賤位矣。動靜有常，剛柔斷矣。方以類聚，物以群分，吉凶生矣。在天成象，在地成形，變化見矣。

是故，剛柔相摩，八卦相盪。鼓之以雷霆，潤之以風雨，日月運行，一寒一暑，乾道成男，坤道成女。乾知大始，坤作成物。乾以易知，坤以簡能。易則易知，簡則易從。易知則有親，易從則有功。有親則可久，有功則可大。可久則賢人之德，可大則賢人之業。易簡，而天下之理得矣；天下之理得，而成位乎其中矣。

聖人設卦觀象，繫辭焉而明吉凶，剛柔相推而生變化。

是故，吉凶者，失得之象也。悔吝者，憂虞之象也。變化者，進退之象也。剛柔者，晝夜之象也。六爻之動，三極之道也。

是故，君子所居而安者，易之序也。

象者，言乎象者也。爻者，言乎變者也。吉凶者，言乎其失得也。悔吝者，言乎其小疵也。無咎者，善補過也。

是故，列貴賤者存乎位。齊小大者，存乎卦。辯吉凶者，存乎辭。憂悔吝者，存乎介。震無咎者，存乎悔。是故，卦有小大，辭有險易。辭也者，各指其所之。

易與天地準，故能彌綸天地之道

仰以觀於天文，俯以察於地理，是故知幽明之故。原始反終，故知死生之說。精氣為物，遊魂為變，是故知鬼神之情狀。

與天地相似，故不違。知周乎萬物，而道濟天下，故不過。旁行而不流，樂天知命，故不憂。安土敦乎仁，故能愛。

範圍天地之化而不過，曲成萬物而不遺，通乎晝夜之道而知，故神無方而易無體。

一陰一陽之謂道，繼之者善也，成之者性也。

仁者見之謂之仁，知者見之謂之知。百姓日用而不知，故君子之道鮮矣。

顯諸仁，藏諸用，鼓萬物而不與聖人同憂，盛德大業至矣哉。

富有之謂大業，日新之謂盛德。生生之謂易，成象之謂乾，效法之為坤，極數知來之謂占，通變之謂事，陰陽不測之謂神。

夫易，廣矣大矣，以言乎遠，則不禦；以言乎邇，則靜而正；以言乎天地之間，則備矣。

夫乾，其靜也專，其動也直，是以大生焉。夫坤，其靜也翕，其動也闢，是以廣生焉。

廣大配天地，變通配四時，陰陽之義配日月，易簡之善配至德。

子曰：「易其至矣乎！」，夫易，聖人所以崇德而廣業也。知崇禮卑，崇效天，卑法地。天地設位，而易行乎其中矣，成性存存，道義之門。

聖人有以見天下之賾，而擬諸其形容，象其物宜，是故謂之象。聖人有以見天下之動，而觀其會通，以行其典禮。繫辭焉，以斷其吉凶，是故謂之爻。言天下之至賾，而不可惡也。言天下之至動，而不可亂也。擬之而後言，議之而後動，擬議以成其變化。

……顯道神德行，是故可與酬酢，可與祐神矣。子曰：「知變化之道者，其知神之所為乎。

……是故，闔戶謂之坤；闢戶謂之乾；一闔一闢謂之變；往來不窮謂之通；見乃謂之象；形乃謂之器；制而用之，謂之法；利用出入，民咸用之，謂之神。

是故，易有太極，是生兩儀，兩儀生四象，四象生八卦，八卦定吉凶，吉凶生大業。

是故，法象莫大乎天地，變通莫大乎四時，縣象著明莫大乎日月，崇高莫大乎富貴；備物致用，立成器以為天下利，莫大乎聖人；探賾索隱，鉤深致遠，以定天下之吉凶，成天下之亹亹者，莫大乎蓍龜。

是故，天生神物，聖人則之；天地變化，聖人效之；天垂象，見吉凶，聖人象之。河出圖，洛出書，聖人則之。易有四象，所以示也。繫辭焉，所以告也。定之以吉凶，所以斷也。

易曰：「自天祐之，吉無不利。」子曰：「祐者，助也。天之所助者，順也；人之所助者，信也。履信思乎順，又以尚賢也。是以自天祐之，吉無不利也。」

……是故，形而上者謂之道，形而下者謂之器。化而裁之謂之變，推而行之謂之通，舉而錯之天下之民，謂之事業。

是故，夫象，聖人有以見天下之賾，而擬諸其形容，象其物宜，是故謂之象。聖人有以見天下之動，而觀其會通，以行其典禮，繫辭焉，以斷其吉凶，是故謂之爻。極天下之賾者，存乎卦；鼓天下之動者，存乎辭；化而裁之，存乎變；推而行之，存乎通；神而明之，存乎其人；默而成之，不言而信，存乎德行。

……是故，易者，象也，象也者像也。彖者，材也，爻也者，效天下之動者也。是故，吉凶生，而悔吝著也。

陽卦多陰，陰卦多陽，其故何也？陽卦奇，陰卦偶。其德行何也？陽一君而二民，君子之道也。陰二君而一民，小人之道也。

易曰：「憧憧往來，朋從爾思。」

子曰：「天下何思何慮？天下同歸而殊塗，一致而百慮，天下何思何慮？」

「日往則月來，月往則日來，日月相推而明生焉。寒往則暑來，暑往則寒來，寒暑相推而歲成焉。往者屈也，來者信也，屈信相感而利生焉。」

……子曰：「隼者禽也，弓矢者器也，射之者人也。君子藏器於身，待時而動，何不利之有？動而不括，是以出而有獲，語成器而動者也。」子曰：「小人不恥不仁，不畏不義，不見利不勸，不威不懲，小懲而大誡，此小人之福也。易曰：（履校滅趾無咎，此之謂也）。」

……「善不積，不足以成名；惡不積，不足以滅身。小人以小善為無益，而弗為也，以小惡為無傷，而弗去也，故惡積而不可掩，罪大而不可解。易曰（何校滅耳凶）。」

子曰：「危者，安其位者也；亡者，保其存者也；亂者，有其治者也。故，君子安而不忘危，存而不忘亡，治而不忘亂；是以身安而國家可保也。易曰：（其亡其亡，繫于苞桑）。」

子曰：「德薄而位尊，知小而謀大，力小而任重，鮮不及矣，易曰：（鼎折足，覆公餗，其形渥，凶。）言不勝其任也。」

……變動以利言，吉凶以情遷。是故愛惡相攻而吉凶生，遠近相取而悔吝生，情偽相感而利害生。凡易之情，近而不相得則凶，或害之，悔且吝。

將叛者其辭慚，中心疑者其辭枝，吉人之辭寡，躁人之辭多，誣善之人其辭游，失其守者其辭屈。

三、思維練習

巽	離	坤
震	申	兌
艮	坎	乾

第二節　自然導引

一、導引組合

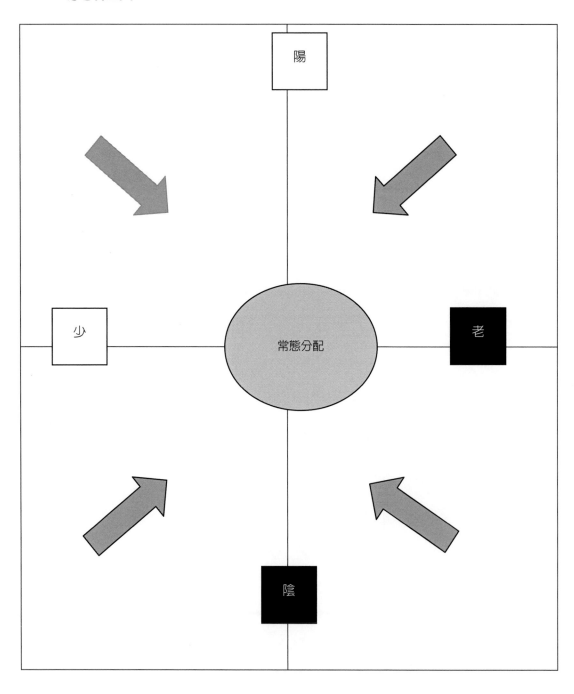

二、導引原理

道可道，非常道。名可名，非常名。

無名天地之始；有名萬物之母。

故常無，欲以觀其妙；常有，欲以觀其徼。

此兩者，同出而異名，同謂之玄。玄之又玄，眾妙之門。

天下皆知美之為美，斯惡已。皆知善之為善，斯不善已。

有無相生，難易相成，長短相形，高下相盈，音聲相和，前後相隨。恒也。

是以聖人處無為之事，行不言之教；萬物作而弗始，生而弗有，為而弗恃，功成而弗居。夫唯弗居，是以不去。

……道沖，而用之或不盈。淵兮，似萬物之宗；湛兮，似或存。吾不知誰之子，象帝之先。

……天長地久。天地所以能長且久者，以其不自生，故能長生。

是以聖人後其身而身先；外其身而身存。非以其無私邪？故能成其私。

上善若水。水善利萬物而不爭，處眾人之所惡，故幾於道。

居善地，心善淵，與善仁，言善信，政善治，事善能，動善時。夫唯不爭，故無尤。

持而盈之，不如其已；揣而銳之，不可長保。

金玉滿堂，莫之能守；富貴而驕，自遺其咎。

功遂身退，天之道也。

……寵辱若驚，貴大患若身。

何謂寵辱若驚？寵為下，得之若驚，失之若驚，是謂寵辱若驚。

何謂貴大患若身？吾所以有大患者，為吾有身，及吾無身，吾有何患？

故貴以身為天下，若可寄天下；愛以身為天下，若可托天下。

……古之善為道者，微妙玄通，深不可識。夫唯不可識，故強為之容：豫兮若冬涉川；猶兮若畏四鄰；儼兮其若客；渙兮其若淩釋；敦兮其若樸；曠兮其若穀；混兮其若濁；澹兮其若海；颺兮若無止。

孰能濁以靜之徐清？孰能安以動之徐生？

保此道者，不欲盈。夫唯不盈，故能蔽而新成。

……太上，不知有之；其次，親而譽之；其次，畏之；其次，侮之。信不足焉，有不信焉。

悠兮其貴言。功成事遂，百姓皆謂：「我自然」。

……我獨泊兮，其未兆；沌沌兮，如嬰兒之未孩；累累兮，若無所歸。

眾人皆有餘，而我獨若遺。我愚人之心也哉！

俗人昭昭，我獨昏昏。

俗人察察，我獨悶悶。

眾人皆有以，而我獨頑且鄙。

我獨異於人，而貴食母。

……曲則全，枉則直，窪則盈，敝則新，少則多，多則惑。

是以聖人抱一為天下式。不自見，故明；不自是，故彰；不自伐，故有功；不自矜，故長。

夫唯不爭，故天下莫能與之爭。古之所謂「曲則全」者，豈虛言哉！誠全而歸之。

希言自然。

故飄風不終朝，驟雨不終日。孰為此者？天地。天地尚不能久，而況於人乎？

故從事於道者，同於道；德者，同於德；失者，同於失。同於道者，道亦樂得之；同於德者，德亦樂得之；同於失者，失亦樂得之。

信不足焉，有不信焉。

……故道大，天大，地大，人亦大。域中有四大，而人居其一焉。

人法地，地法天，天法道，道法自然。

重為輕根，靜為躁君。

是以君子終日行不離輜重。雖有榮觀，燕處超然。奈何萬乘之主，而以身輕天下？

輕則失根，躁則失君。

……知其雄，守其雌，為天下谿。為天下谿，常德不離，復歸於嬰兒。

知其白，守其辱，為天下谷。為天下谷，常德乃足，復歸於樸。

知其白，守其黑，為天下式。為天下式，常德不忒，復歸於無極。

朴散則為器，聖人用之，則為官長，故大制不割。

將欲取天下而為之，吾見其不得已。天下神器，不可為也，不可執也。為者敗之，執者失之。是以聖人無為，故無敗；無執，故無失。

夫物或行或隨；或噓或吹；或強或羸；或載或隳。

是以聖人去甚，去奢，去泰。

……知人者智，自知者明。

勝人者有力，自勝者強。

知足者富。

強行者有志。

不失其所者久。

死而不亡者壽。

……將欲歙之，必故張之；將欲弱之，必故強之；將欲廢之，必故興之；將欲取之，必故與之。是謂微明。

柔弱勝剛強。魚不可脫于淵，國之利器不可以示人。

……故貴以賤為本，高以下為基。是以侯王自稱孤、寡、不穀。此非以賤為本邪？非乎？故致譽無譽。是故不欲琭琭如玉，珞珞如石。

反者道之動；弱者道之用。

天下萬物生於有，有生於無。

上士聞道，勤而行之；中士聞道，若存若亡；下士聞道，大笑之。不笑不足以為道。故建言有之：明道若昧；進道若退；夷道若纇；上德若谷；廣德若不足；建德若偷；質真若渝；大白若辱；大方無隅；大器晚成；大音希聲；大象無形；道隱無名。

夫唯道，善貸且成。

道生一，一生二，二生三，三生萬物。萬物負陰而抱陽，沖氣以為和。

「人之所惡，唯孤、寡、不谷，而王公以為稱」。

故物或損之而益，或益之而損。

人之所教，我亦教之。強梁者不得其死，吾將以為教父。

天下之至柔，馳騁天下之至堅。無有入無間，吾是以知無為之有益。

不言之教，無為之益，天下希及之。

⋯⋯為學日益，為道日損。損之又損，以至於無為。

無為而無不為。取天下常以無事，及其有事，不足以取天下。

聖人常無心，以百姓心為心。

善者，吾善之；不善者，吾亦善之；德善。

信者，吾信之；不信者，吾亦信之；德信。

聖人在天下，歙歙焉，為天下渾其心，百姓皆注其耳目，聖人皆孩之。

出生入死。生之徒，十有三；死之徒，十有三；人之生，動之於死地，亦十有三。

夫何故？以其生之厚。蓋聞善攝生者，路行不遇兕虎，入軍不被甲兵；兕無所投其角，虎無所用其爪，兵無所容其刃。夫何故？以其無死地。

道生之，德畜之，物形之，勢成之。

是以萬物莫不尊道而貴德。

道之尊，德之貴，夫莫之命而常自然。

故道生之，德畜之；長之育之；成之熟之；養之覆之。生而不有，為而不恃，長而不宰。是謂玄德。

天下有始，以為天下母。既得其母，以知其子，復守其母，沒身不殆。

塞其兌，閉其門，終身不勤。開其兌，濟其事，終身不救。

見小曰明，守柔曰強。用其光，復歸其明，無遺身殃；是為襲常。

⋯⋯知者不言，言者不知。

挫其銳，解其紛，和其光，同其塵，是謂「玄同」。故不可得而親，不可得而疏；不可得而利，不可得而害；不可得而貴，不可得而賤。故為天下貴。

⋯⋯禍兮福之所倚，福兮禍之所伏。孰知其極？其無正也。正復為奇，善復為妖。人之迷，其日固久。

⋯⋯治大國，若烹小鮮。

以道蒞天下，其鬼不神；非其鬼不神，其神不傷人；非其神不傷人，聖人亦不傷人。夫兩不相傷，故德交歸焉。

大邦者下流，天下之牝，天下之交也。牝常以靜勝牡，以靜為下。

故大邦以下小邦，則取小邦；小邦以下大邦，則取大邦。故或下以取，或下而取。大邦不過欲兼畜人，小邦不過欲入事人。夫兩者各得所欲，大者宜為下。

道者萬物之奧。善人之寶，不善人之所保。

美言可以市尊，美行可以加人。人之不善，何棄之有？故立天子，置三公，雖有拱璧以先駟馬，不如坐進此道。

古之所以貴此道者何？不曰：求以得，有罪以免邪？故為天下貴。

為無為，事無事，味無味。

圖難於其易，為大於其細；天下難事，必作于易，天下大事，必作於細。是以聖人終不為大，故能成其大。

夫輕諾必寡信，多易必多難。是以聖人猶難之，故終無難矣。

……江海之所以能為百谷王者，以其善下之，故能為百谷王。

是以聖人欲上民，必以言下之；欲先民，必以身後之。是以聖人處上而民不重，處前而民不害。是以天下樂推而不厭。以其不爭，故天下莫能與之爭。

我有三寶，持而保之。一曰慈，二曰儉，三曰不敢為天下先。

慈故能勇；儉故能廣；不敢為天下先，故能成器長。

今舍慈且勇；舍儉且廣；舍後且先；死矣！

夫慈以戰則勝，以守則固。天將救之，以慈衛之。

……天下莫柔弱于水，而攻堅強者莫之能勝，以其無以易之。

弱之勝強，柔之勝剛，天下莫不知，莫能行。

是以聖人云：「受國之垢，是謂社稷主；受國不祥，是為天下王。」正言若反。

……信言不美，美言不信。

善者不辯，辯者不善。

知者不博，博者不知。

聖人不積，既以為人己愈有，既以與人己愈多。

天之道，利而不害；聖人之道，為而不爭。

三、導引練習

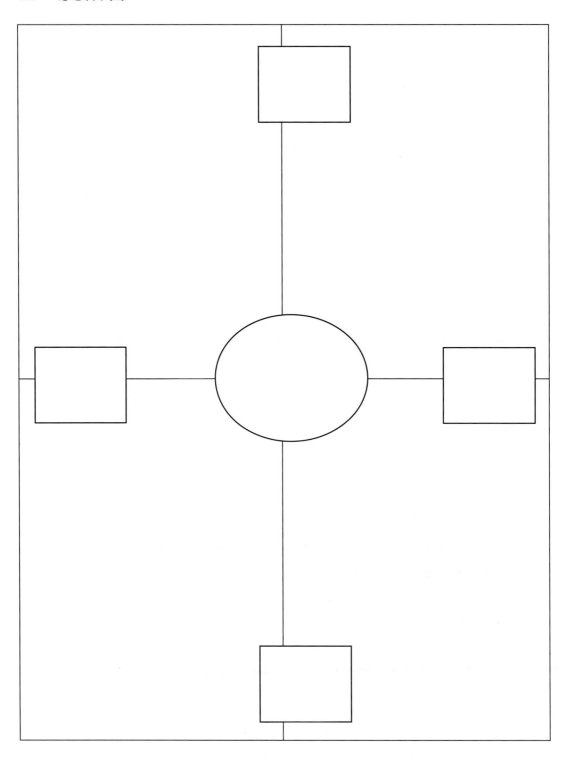

第三節　兵法運用

一、運用組合

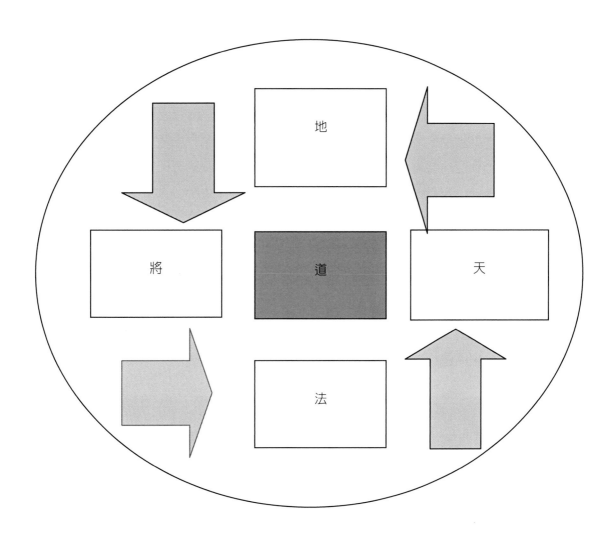

二、運用原理

計篇

孫子曰：兵者，國之大事，死生之地，存亡之道，不可不察也。

故經之以五，校之以計，而索其情：一曰道，二曰天，三曰地，四曰將，五曰法。道者，令民于上同意者也，可與之死，可與之生，民不詭也。天者，陰陽、寒暑、時制也。地者，高下、遠近、險易、廣狹、死生也。將者，智、信、仁、勇、嚴也。法者，曲制、官道、主用也。凡此五者，將莫不聞，知之者勝，不知之者不勝。故校之以計，而索其情。曰：主孰有道？將孰有能？天地孰得？法令孰行？兵眾孰強？士卒孰練？賞罰孰明？吾以此知勝負矣。將聽吾計，用之必勝，留之；將不聽吾計，用之必敗，去之。

計利以聽，乃為之勢，以佐其外。勢者，因利而制權也。兵者，詭道也。故能而示之不能，用而示之不用，近而示之遠，遠而示之近。利而誘之，亂而取之，實而備之，強而避之，怒而撓之，卑而驕之，佚而勞之，親而離之，攻其不備，出其不意。此兵家之勝，不可先傳也。

夫未戰而廟算勝者，得算多也；未戰而廟算不勝者，得算少也。多算勝，少算不勝，而況無算乎！吾以此觀之，勝負見矣。

謀攻篇

孫子曰：凡用兵之法，全國為上，破國次之；全軍為上，破軍次之；全旅為上，破旅次之；全卒為上，破卒次之；全伍為上，破伍次之。是故百戰百勝，非善之善也；不戰而屈人之兵，善之善者也。

故上兵伐謀，其次伐交，其次伐兵，其下攻城。攻城之法為不得已。

……故知勝有五：知可以戰與不可以戰者勝，識眾寡之用者勝，上下同欲者勝，以虞待不虞者勝，將能而君不御者勝。此五者，知勝之道也。故曰：知己知彼，百戰不殆；不知彼而知己，一勝一負；不知彼不知己，每戰必殆。

形篇

孫子曰：昔之善戰者，先為不可勝，以侍敵之可勝。不可勝在己，可勝在敵。故善戰者，能為不可勝，不能使敵之必可勝。故曰：勝可知，而不可為。不可勝者，守也；可勝者，攻也。守則不足，攻則有余。善守者，藏于九地之下；善攻者，動于九天之上。故能自保而全勝也。

勢篇

孫子曰：凡治眾如治寡，分數是也；斗眾如斗寡，形名是也；三軍之眾，可使必受敵而無敗，奇正是也；兵之所加，如以投卵者，虛實是也。凡戰者，以正合，以奇勝。故善出奇者，無窮如天地，不竭如江河。終而復始，日月是也。死而復生，四時是也。

……故善戰者，求之于勢，不責于人，故能擇人而任勢。任勢者，其戰人也，如轉木石。木石之性，安則靜，危則動，方則止，圓則行。故善戰人之勢，如轉圓石于千仞之山者，勢也。

虛實篇

孫子曰：凡先處戰地而待敵者佚，后處戰地而趨戰者勞。故善戰者，致人而不致于人。

能使敵自至者，利之也；能使敵不得至者，害之也。故敵佚能勞之，飽能飢之，安能動之。

出其所不趨，趨其所不意。行千里而不勞者，行于無人之地也。攻而必取者，攻其所不守也。守而必固者，守其所不攻也。

故善攻者，敵不知其所守。善守者，敵不知其所攻。

微乎微乎，至于無形，神乎神乎，至于無聲，故能為敵之司命。

進而不可御者，沖其虛也；退而不可追者，速而不可及也。故我欲戰，敵雖高壘深溝，不得不與我戰者，攻其所必救也；我不欲戰，雖畫地而守之，敵不得與我戰者，乖其所之也。

……夫兵形象水，水之形避高而趨下，兵之形，避實而擊虛，水因地而制流，兵應敵而制勝。故兵無常勢，水無常形，能因敵變化而取勝者，謂之神。故五行無常勝，四時無常位，日有短長，月有死生。

九變篇

孫子曰：凡用兵之法，將受命于君，合軍聚眾，泛地無舍，衢地交和，絕地勿留，圍地則謀，死地則戰。

途有所不由，軍有所不擊，城有所不攻，地有所不爭，君命有所不受。

故將通于九變之利者，知用兵矣；將不通于九變之利，雖知地形，不能得地之利矣；治兵不知九變之朮，雖知地利，不能得人之用矣。

是故智者之慮，必雜于利害。雜于利，而務可信也；雜于害，而患可解也。

是故屈諸侯者以害，役諸侯者以業，趨諸侯者以利。

故用兵之法，無恃其不來，恃吾有以待也；無恃其不攻，恃吾有所不可攻也。

故將有五危：必死，可殺也；必生，可虜也；忿速，可侮也；廉潔，可辱也；愛民，可煩也。凡此五者，將之過也，用兵之災也。覆軍殺將，必以五危，不可不察也。

用間篇

孫子曰：凡興師十萬，出征千里，百姓之費，公家之奉，日費千金。內外騷動，怠于道路，不得操事者，七十萬家。相守數年，以爭一日之勝，而愛爵祿百金，不知敵之情者，不仁之至也。非人之將也，非主之佐也，非勝之主也。故明君賢將，所以動而勝人，成功出于眾者，先知也。先知者，不可取于鬼神，不可象于事，不可驗于度。必取于人，知敵之情者也。

故用間有五：有因間，有內間，有反間，有死間，有生間。五間俱起，莫知其道，是謂神紀，人君之寶也。因間者，因其鄉人而用之。內間者，因其官人而用之。反間者，因其敵間而用之。死間者，為誑事于外，令吾聞知之，而傳于敵間也。生間者，反報也。

三、運用練習

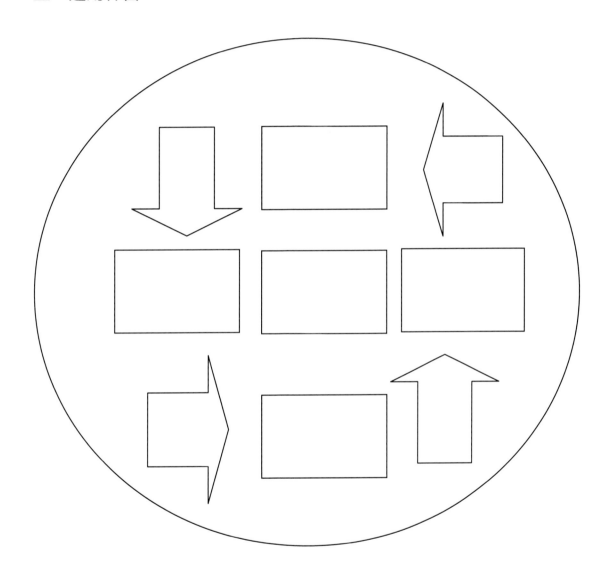

第四節　內經轉化

一、轉化組合

亥時（21點至23點）	三焦	子時（23點至1點）	膽經
戌時（19點至21點）	心包經	丑時（1點至3點）	肝經
酉時（17點至19點）	腎經	寅時（3點至5點）	肺經
申時（15點至17點）	膀胱經	卯時（5點至7點）	大腸經
未時（13點至15點）	小腸經	辰時（7點至9點）	胃經
午時（11點至13點）	心經	巳時（9點至11點）	脾經

臟腑
　　中醫的五臟是指肝、心、脾、肺、腎，六腑是指膽、胃、小腸、大腸、膀胱、三焦。五臟主要是貯藏精氣，六腑主要是消化食物，吸取其精華，排除其糟粕。

衡平
　　凡行氣，以鼻納氣，以口吐氣，微而行之名曰長息。納氣有一，吐氣有六。納氣一者謂吸也，吐氣六者謂吹、呼、嘻、呵、噓、呬。

《養性延命錄》陶弘景

要訣
　　站立平穩放鬆，仰臥心平氣和，吐吸耳不聞聲；默念呼氣收腹，鼻吸合唇隆腹，吐吸六次調息。

葉長齡

{肝 Liver}　噓　吐氣時，兩唇微合，嘴角略向後用力
　　　　　　肝火旺、肝虛、肝腫大、肝硬化，肝病引起的食慾不振，消化不良以及兩
　　　　　　眼乾澀，眼疾，頭暈目眩等

{心 Heart}　呵（科）　吐氣時，兩唇微張，舌尖輕頂下齒
　　　　　　心悸、心絞痛、失眠、健忘、出汗過多、舌、體糜爛舌強語蹇等症

{脾、胃 Spleen、Stomach}　呼　吐氣時，口如管狀，舌向上微捲
　　　　　　　　　　　　脾虛、腹脹、腹瀉、皮膚水腫、肌肉萎縮、脾胃不和、消
　　　　　　　　　　　　化不良、食慾不振、便血、女子月經病、四肢疲乏等症

{肺 Lung}　呬（細）　吐氣時，開口張顎，舌尖輕抵下齒
　　　　　　外感傷風、發熱咳嗽、痰涎上湧、背痛怕冷、呼吸急促而氣短、尿頻量少
　　　　　　等症

{腎 Kidney}　吹　吐氣時，嘴角向後，舌尖微向上翹
　　　　　　腰腿無力或冷痛、目澀健忘、潮熱盜汗、頭暈耳鳴、牙動搖、髮脫落等症

{三焦 Triple Energyizer}　嘻（西）　吐氣時，兩唇微張，面帶笑容
　　　　　　　　　　　　耳鳴、眩暈、喉、痛、咽腫、胸腹脹悶、小便不利

二、轉化原理

論篇《素問》

上古天真論篇第一

昔在黃帝，生而神靈，弱而能言，幼而徇齊，長而敦敏，成而登天。乃問于天師曰：余聞上古之人，春秋皆度百歲，而動作不衰；今時之人，年半百而動作皆衰者，時世異耶，人將失之耶。岐伯對曰：上古之人，其知道者，法於陰陽，和於術數，食飲有節，起居有常，不妄作勞，故能形與神俱，而盡終其天年，度百歲乃去。今時之人不然也，以酒為漿，以妄為常，醉以入房，以欲竭其精，以耗散其真，不知持滿，不時禦神，務快其心，逆于生樂，起居無節，故半百而衰也。

夫上古聖人之教下也，皆謂之虛邪賊風，避之有時，恬淡虛無，真氣從之，精神內守，病安從來。是以志閑而少欲，心安而不懼，形勞而不倦，氣從以順，各從其欲，皆得所願。故美其食，任其服，樂其俗，高下不相慕，其民故曰樸。是以嗜欲不能勞其目，淫邪不能惑其心，愚智賢不肖不懼於物，故合於道。所以能年皆度百歲，而動作不衰者，以其德全不危也。

帝曰：人年老而無子者，材力盡耶，將天數然也。岐伯曰：女子七歲。腎氣盛，齒更髮長；二七而天癸至，任脈通，太沖脈盛，月事以時下，故有子；三七，腎氣平均，故真牙生而長極；四七，筋骨堅，髮長極，身體盛壯；五七，陽明脈衰，面始焦，髮始墮；六七，三陽脈衰於上，面皆焦，髮始白；七七，任脈虛，太沖脈衰少，天癸竭，地道不通，故形壞而無子也。丈夫八歲，腎氣實，髮長齒更；二八，腎氣盛，天癸至，精氣溢寫，陰陽和，故能有子；三八，腎氣平均，筋骨勁強，故真牙生而長極；四八，筋骨隆盛，肌肉滿壯；五八，腎氣衰，髮墮齒槁；六八，陽氣衰竭於上，面焦，髮鬢頒白；七八，肝氣衰，筋不能動，天癸竭，精少，腎藏衰，形體皆極；八八，則齒髮去。腎者主水，受五藏六府之精而藏之，故五藏盛，乃能寫。今五藏皆衰，筋骨解墮，天癸盡矣。故髮鬢白，身體重，行步不正，而無子耳。

帝曰：有其年已老而有子者何也。岐伯曰：此其天壽過度，氣脈常通，而腎氣有餘也。此雖有子，男不過盡八八，女不過盡七七，而天地之精氣皆竭矣。

帝曰：夫道者年皆百數，能有子乎。岐伯曰：夫道者能卻老而全形，身年雖壽，能生子也。

黃帝曰：余聞上古有真人者，提挈天地，把握陰陽，呼吸精氣，獨立守神，肌肉若一，故能壽敝天地，無有終時，此其道生。中古之時，有至人者，淳德全道，和於陰陽，調於四時，去世離俗，積精全神，遊行天地之間，視聽八達之外，此蓋益其壽命而強者也，亦歸於真人。其次有聖人者，處天地之和，從八風之理，適嗜欲於世俗之間。無恚嗔之心，行不欲離於世，被服章，舉不欲觀於俗，外不勞形於事，內無思想之患，以恬愉為務，以自得為功，形體不敝，精神不散，亦可以百數。其次有賢人者，法則天地，象似日月，辨列星辰，逆從陰陽，分別四時，將從上古合同於道，亦可使益壽而有極時。

四氣調神大論篇第二

春三月，此謂發陳，天地俱生，萬物以榮，夜臥早起，廣步於庭，被髮緩形，以使志生，生而勿殺，予而勿奪，賞而勿罰，此春氣之應，養生之道也。逆之則傷肝，夏為寒變，奉長者少。

夏三月，此謂蕃秀，天地氣交，萬物華實，夜臥早起，無厭於日，使志無怒，使華英成秀，使氣得泄，若所愛在外，此夏氣之應，養長之道也。逆之則傷心，秋為痎瘧，奉收者少，冬至重病。

秋三月，此謂容平，天氣以急，地氣以明，早臥早起，與雞俱興，使志安寧，以緩秋刑，收斂神氣，使秋氣平，無外其志，使肺氣清，此秋氣之應，養收之道也。逆之則傷肺，冬為飧泄，奉藏者少。

冬三月，此謂閉藏，水冰地坼，無擾乎陽，早臥晚起，必待日光，使志若伏若匿，若有私意，若已有得，去寒就溫，無泄皮膚，使氣亟奪，此冬氣之應，養藏之道也。逆之則傷腎，春為痿厥，奉生者少。

天氣，清淨光明者也，藏德不止，故不下也。天明則日月不明，邪害空竅，陽氣者閉塞，地氣者冒明，雲霧不精，則上應白露不下。交通不表，萬物命故不施，不施則名木多死。惡氣不發，風雨不節，白露不下，則菀槁不榮。賊風數至，暴雨數起，天地四時不相保，與道相失，則未央絕滅。唯聖人從之，故身無奇病，萬物不失，生氣不竭。逆春氣，則少陽不生，肝氣內變。逆夏氣，則太陽不長，心氣內洞。逆秋氣，則太陰不收，肺氣焦滿。逆冬氣，則少陰不藏，腎氣獨。夫四時陰陽者，萬物之根本也。所以聖人春夏養陽，秋冬養陰，以從其根，故與萬物沉浮於生長之門。逆其根，則伐其本，壞其真矣。

故陰陽四時者，萬物之終始也，死生之本也，逆之則災害生，從之則苛疾不起，是謂得道。道者，聖人行之，愚者佩之。從陰陽則生。逆之則死，從之則治，逆之則亂。反順為逆，是謂內格。是故聖人不治已病，治未病，不治已亂，治未亂，此之謂也。夫病已成而後藥之，亂已成而後治之，譬猶渴而穿井，而鑄錐，不亦晚乎。

生氣通天論篇第三

黃帝曰：夫自古通天者生之本，本於陰陽。天地之間，六合之內，其氣九州、九竅、五藏、十二節，皆通乎天氣。其生五，其氣三，數犯此者，則邪氣傷人，此壽命之本也。

蒼天之氣清淨，則志意治，順之則陽氣固，雖有賊邪，弗能害也，此因時之序。故聖人傳精神，服天氣，而通神明。失之則內閉九竅，外壅肌肉，衛氣散解，此謂自傷，氣之削也。陽氣者若天與日，失其所，則折壽而不彰，故天運當以日光明。是故陽因而上，衛外者也。因於寒，欲如運樞，起居如驚，神氣乃浮。因於暑，汗煩則喘喝，靜則多言，體若燔炭，汗出而散。因於濕，首如裏，濕熱不攘，大筋短，小筋弛長，短為拘，弛長為痿。因於氣，為腫，四維相代，陽氣乃竭。

陽氣者，煩勞則張，精絕，辟積于夏，使人煎厥。目盲不可以視，耳閉不可以聽，潰潰乎若壞都，汨汨乎不可止。陽氣者，大怒則形氣絕，而血菀於上，使人薄厥。有傷於筋，縱，其若不容，汗出偏沮，使人偏枯。汗出見濕，乃生痤。高粱之變，足生大丁，受如持虛。勞汗當風，寒薄為，鬱乃痤。陽氣者，精則養神，柔則養筋。開闔不得，寒氣從之，乃生大僂。陷脈為瘻。留連肉腠，俞氣化薄，傳為善畏，及為驚駭。營氣不從，逆於肉理，乃生癰腫。魄汗未盡，形弱而氣爍，穴俞以閉，發為風瘧。

故風者，百病之始也，清靜則肉腠閉拒，雖有大風苛毒，弗之能害，此因時之序也。

故病久則傳化，上下不並，良醫弗為。故陽畜積病死，而陽氣當隔，隔者當寫，不亟正治，粗乃敗之。

故陽氣者，一日而主外，平旦人氣生，日中而陽氣隆，日西而陽氣已虛，氣門乃閉。是故暮而收拒，無擾筋骨，無見霧露，反此三時，形乃困薄。岐伯曰：陰者，藏精而起亟也，陽者，衛外而為固也。陰不勝其陽，則脈流薄疾，並乃狂。陽不勝其陰，則五藏氣爭，九竅不通。是以聖人陳陰陽，筋脈和同，骨髓堅固，氣血皆從。如是則內外調和，邪不能害，耳目聰明，氣立如故。

三、轉化練習

亥時（2l 點至 23 點） 戌時（19 點至 2l 點） 酉時（17 點至 19 點）	子時（23 點至 1 點） 丑時（1 點至 3 點） 寅時（3 點至 5 點）
申時（15 點至 17 點） 末時（13 點至 15 點） 午時（1l 點至 13 點）	卯時（5 點至 7 點） 辰時（7 點至 9 點） 巳時（9 點至 11 點）

第十八章　商業策略執行

第一節　執行主題

主題一　商業策略文化

- ●策略願景
- ●策略理念
- ●策略使命

主題二　商業策略衡平

- ●策略架構
- ●策略目標
- ●策略權責

主題三　商業策略技術

- ●策略控制
- ●策略延伸
- ●策略轉化

主題四　商業策略組合

- ●策略質化
- ●策略量化
- ●策略評估

第二節 執行趨勢

一、趨勢因子

		Xi1	Xi2	Xi3	Xi4	Xi5	Xi6	
X1	領導風格	政治導向	行政導向	行銷導向	財務導向	業務導向	技術導向	X1j
X2	社會責任	財務資訊	員工權益	環境保護	誠實納稅	客戶權益	企業倫理	X2j
X3	核心價值	創新	品質	合作	誠信			X3j
X4	市場銷售	市場客戶	市場產品	銷售客戶	銷售產品			X4j
X5	策略目標	策略方向	策略速度	目標方向	目標速度			X5j
X6	關鍵人才	人才選拔	人才培育					X6j
X7	組織變革	組織整合	組織融合					X7j
X8	系統發展	流程品質	流程成本	表單品質	表單成本	工具品質	工具成本	X8j

二、趨勢統計

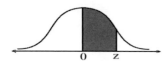

常態分配表										
z	0.00	0.01	0.02	0.03	0.04	0.05	0.06	0.07	0.08	0.09
0.0	0.0000	0.0040	0.0080	0.0120	0.0160	0.0199	0.0239	0.0279	0.0319	0.0359
0.1	0.0398	0.0438	0.0478	0.0517	0.0557	0.0596	0.0636	0.0675	0.0714	0.0753
0.2	0.0793	0.0832	0.0871	0.0910	0.0948	0.0987	0.1026	0.1064	0.1103	0.1141
0.3	0.1179	0.1217	0.1255	0.1293	0.1331	0.1368	0.1406	0.1443	0.1480	0.1517
0.4	0.1554	0.1591	0.1628	0.1664	0.1700	0.1736	0.1772	0.1808	0.1844	0.1879
0.5	0.1915	0.1950	0.1985	0.2019	0.2054	0.2088	0.2123	0.2157	0.2190	0.2224
0.6	0.2257	0.2291	0.2324	0.2357	0.2389	0.2422	0.2454	0.2486	0.2517	0.2549
0.7	0.2580	0.2611	0.2642	0.2673	0.2704	0.2734	0.2764	0.2794	0.2823	0.2852
0.8	0.2881	0.2910	0.2939	0.2967	0.2995	0.3023	0.3051	0.3078	0.3106	0.3133
0.9	0.3159	0.3186	0.3212	0.3238	0.3264	0.3289	0.3315	0.3340	0.3365	0.3389
1.0	0.3413	0.3438	0.3461	0.3485	0.3508	0.3531	0.3554	0.3577	0.3599	0.3621

1.1	0.3643	0.3665	0.3686	0.3708	0.3729	0.3749	0.3770	0.3790	0.3810	0.3830
1.2	0.3849	0.3869	0.3888	0.3907	0.3925	0.3944	0.3962	0.3980	0.3997	0.4015
1.3	0.4032	0.4049	0.4066	0.4082	0.4099	0.4115	0.4131	0.4147	0.4162	0.4177
1.4	0.4192	0.4207	0.4222	0.4236	0.4251	0.4265	0.4279	0.4292	0.4306	0.4319
1.5	0.4332	0.4345	0.4357	0.4370	0.4382	0.4394	0.4406	0.4418	0.4429	0.4441
1.6	0.4452	0.4463	0.4474	0.4484	0.4495	0.4505	0.4515	0.4525	0.4535	0.4545
1.7	0.4554	0.4564	0.4573	0.4582	0.4591	0.4599	0.4608	0.4616	0.4625	0.4633
1.8	0.4641	0.4649	0.4656	0.4664	0.4671	0.4678	0.4686	0.4693	0.4699	0.4706
1.9	0.4713	0.4719	0.4726	0.4732	0.4738	0.4744	0.4750	0.4756	0.4761	0.4767
2.0	0.4772	0.4778	0.4783	0.4788	0.4793	0.4798	0.4803	0.4808	0.4812	0.4817
2.1	0.4821	0.4826	0.4830	0.4834	0.4838	0.4842	0.4846	0.4850	0.4854	0.4857
2.2	0.4861	0.4864	0.4868	0.4871	0.4875	0.4878	0.4881	0.4884	0.4887	0.4890
2.3	0.4893	0.4896	0.4898	0.4901	0.4904	0.4906	0.4909	0.4911	0.4913	0.4916
2.4	0.4918	0.4920	0.4922	0.4925	0.4927	0.4929	0.4931	0.4932	0.4934	0.4936
2.5	0.4938	0.4940	0.4941	0.4943	0.4945	0.4946	0.4948	0.4949	0.4951	0.4952
2.6	0.4953	0.4955	0.4956	0.4957	0.4959	0.4960	0.4961	0.4962	0.4963	0.4964
2.7	0.4965	0.4966	0.4967	0.4968	0.4969	0.4970	0.4971	0.4972	0.4973	0.4974
2.8	0.4974	0.4975	0.4976	0.4977	0.4977	0.4978	0.4979	0.4979	0.4980	0.4981
2.9	0.4981	0.4982	0.4982	0.4983	0.4984	0.4984	0.4985	0.4985	0.4986	0.4986
3.0	0.4987	0.4987	0.4987	0.4988	0.4988	0.4989	0.4989	0.4989	0.4990	0.4990
3.1	0.4990	0.4991	0.4991	0.4991	0.4992	0.4992	0.4992	0.4992	0.4993	0.4993
3.2	0.4993	0.4993	0.4994	0.4994	0.4994	0.4994	0.4994	0.4995	0.4995	0.4995
3.3	0.4995	0.4995	0.4995	0.4996	0.4996	0.4996	0.4996	0.4996	0.4996	0.4997
3.4	0.4997	0.4997	0.4997	0.4997	0.4997	0.4997	0.4997	0.4997	0.4997	0.4998
3.5	0.4998	0.4998	0.4998	0.4998	0.4998	0.4998	0.4998	0.4998	0.4998	0.4998

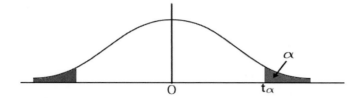

自由度 df	t0.1	t0.05	t0.025	t0.01	t0.005
1	3.078	6.314	12.706	31.821	63.656
2	1.886	2.920	4.303	6.965	9.925
3	1.638	2.353	3.182	4.541	5.841
4	1.533	2.132	2.776	3.747	4.604
5	1.476	2.015	2.571	3.365	4.032
6	1.440	1.943	2.447	3.143	3.707
7	1.415	1.895	2.365	2.998	3.499
8	1.397	1.860	2.306	2.896	3.355
9	1.383	1.833	2.262	2.821	3.250
10	1.372	1.812	2.228	2.764	3.169
11	1.363	1.796	2.201	2.718	3.106
12	1.356	1.782	2.179	2.681	3.055
13	1.350	1.771	2.160	2.650	3.012
14	1.345	1.761	2.145	2.624	2.977
15	1.341	1.753	2.131	2.602	2.947
16	1.337	1.746	2.120	2.583	2.921
17	1.333	1.740	2.110	2.567	2.898
18	1.330	1.734	2.101	2.552	2.878
19	1.328	1.729	2.093	2.539	2.861
20	1.325	1.725	2.086	2.528	2.845
21	1.323	1.721	2.080	2.518	2.831
22	1.321	1.717	2.074	2.508	2.819
23	1.319	1.714	2.069	2.500	2.807
24	1.318	1.711	2.064	2.492	2.797
25	1.316	1.708	2.060	2.485	2.787
26	1.315	1.706	2.056	2.479	2.779
27	1.314	1.703	2.052	2.473	2.771
28	1.313	1.701	2.048	2.467	2.763
29	1.311	1.699	2.045	2.462	2.756
30	1.310	1.697	2.042	2.457	2.750
31	1.309	1.696	2.040	2.453	2.744
32	1.309	1.694	2.037	2.449	2.738
33	1.308	1.692	2.035	2.445	2.733
34	1.307	1.691	2.032	2.441	2.728
35	1.306	1.690	2.030	2.438	2.724
36	1.306	1.688	2.028	2.434	2.719
37	1.305	1.687	2.026	2.431	2.715
38	1.304	1.686	2.024	2.429	2.712
39	1.304	1.685	2.023	2.426	2.708
40	1.303	1.684	2.021	2.423	2.704

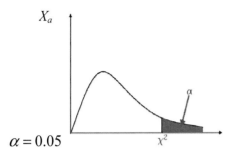

X_a

$\alpha = 0.05$

自由度	$\chi_{0.995}$	$\chi_{0.99}$	$\chi_{0.975}$	$\chi_{0.95}$	$\chi_{0.9}$	$\chi_{0.1}$	$\chi_{0.05}$	$\chi_{0.025}$	$\chi_{0.01}$	$\chi_{0.005}$
1	0.00	0.00	0.00	0.00	0.02	2.71	3.84	5.02	6.63	7.88
2	0.01	0.02	0.05	0.10	0.21	4.61	5.99	7.38	9.21	10.60
3	0.07	0.11	0.22	0.35	0.58	6.25	7.81	9.35	11.34	12.84
4	0.21	0.30	0.48	0.71	1.06	7.78	9.49	11.14	13.28	14.86
5	0.41	0.55	0.83	1.15	1.61	9.24	11.07	12.83	15.09	16.75
6	0.68	0.87	1.24	1.64	2.20	10.64	12.59	14.45	16.81	18.55
7	0.99	1.24	1.69	2.17	2.83	12.02	14.07	16.01	18.48	20.28
8	1.34	1.65	2.18	2.73	3.49	13.36	15.51	17.53	20.09	21.95
9	1.73	2.09	2.70	3.33	4.17	14.68	16.92	19.02	21.67	23.59
10	2.16	2.56	3.25	3.94	4.87	15.99	18.31	20.48	23.21	25.19
11	2.60	3.05	3.82	4.57	5.58	17.28	19.68	21.92	24.72	26.76
12	3.07	3.57	4.40	5.23	6.30	18.55	21.03	23.34	26.22	28.30
13	3.57	4.11	5.01	5.89	7.04	19.81	22.36	24.74	27.69	29.82
14	4.07	4.66	5.63	6.57	7.79	21.06	23.68	26.12	29.14	31.32
15	4.60	5.23	6.26	7.26	8.55	22.31	25.00	27.49	30.58	32.80
16	5.14	5.81	6.91	7.96	9.31	23.54	26.30	28.85	32.00	34.27
17	5.70	6.41	7.56	8.67	10.09	24.77	27.59	30.19	33.41	35.72
18	6.26	7.01	8.23	9.39	10.86	25.99	28.87	31.53	34.81	37.16
19	6.84	7.63	8.91	10.12	11.65	27.20	30.14	32.85	36.19	38.58
20	7.43	8.26	9.59	10.85	12.44	28.41	31.41	34.17	37.57	40.00
21	8.03	8.90	10.28	11.59	13.24	29.62	32.67	35.48	38.93	41.40
22	8.64	9.54	10.98	12.34	14.04	30.81	33.92	36.78	40.29	42.80
23	9.26	10.20	11.69	13.09	14.85	32.01	35.17	38.08	41.64	44.18
24	9.89	10.86	12.40	13.85	15.66	33.20	36.42	39.36	42.98	45.56
25	10.52	11.52	13.12	14.61	16.47	34.38	37.65	40.65	44.31	46.93
26	11.16	12.20	13.84	15.38	17.29	35.56	38.89	41.92	45.64	48.29
27	11.81	12.88	14.57	16.15	18.11	36.74	40.11	43.19	46.96	49.64
28	12.46	13.56	15.31	16.93	18.94	37.92	41.34	44.46	48.28	50.99
29	13.12	14.26	16.05	17.71	19.77	39.09	42.56	45.72	49.59	52.34
30	13.79	14.95	16.79	18.49	20.60	40.26	43.77	46.98	50.89	53.67

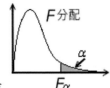

$F_{0.05,df_1,df_2}$ 值

df_2 \ df_1	1	2	3	4	5	6	7	8	9	10	11	12
1	161.4	199	216	225	230	234	236.8	239	241	242	243	244
2	18.51	19	19.2	19.2	19.3	19.3	19.35	19.4	19.4	19.4	19.4	19.4
3	10.13	9.55	9.28	9.12	9.01	8.94	8.887	8.85	8.81	8.79	8.76	8.74
4	7.709	6.94	6.59	6.39	6.26	6.16	6.094	6.04	6	5.96	5.94	5.91
5	6.608	5.79	5.41	5.19	5.05	4.95	4.876	4.82	4.77	4.74	4.7	4.68
6	5.987	5.14	4.76	4.53	4.39	4.28	4.207	4.15	4.1	4.06	4.03	4
7	5.591	4.74	4.35	4.12	3.97	3.87	3.787	3.73	3.68	3.64	3.6	3.57
8	5.318	4.46	4.07	3.84	3.69	3.58	3.5	3.44	3.39	3.35	3.31	3.28
9	5.117	4.26	3.86	3.63	3.48	3.37	3.293	3.23	3.18	3.14	3.1	3.07
10	4.965	4.1	3.71	3.48	3.33	3.22	3.135	3.07	3.02	2.98	2.94	2.91
11	4.844	3.98	3.59	3.36	3.2	3.09	3.012	2.95	2.9	2.85	2.82	2.79
12	4.747	3.89	3.49	3.26	3.11	3	2.913	2.85	2.8	2.75	2.72	2.69
13	4.667	3.81	3.41	3.18	3.03	2.92	2.832	2.77	2.71	2.67	2.63	2.6
14	4.6	3.74	3.34	3.11	2.96	2.85	2.764	2.7	2.65	2.6	2.57	2.53
15	4.543	3.68	3.29	3.06	2.9	2.79	2.707	2.64	2.59	2.54	2.51	2.48
16	4.494	3.63	3.24	3.01	2.85	2.74	2.657	2.59	2.54	2.49	2.46	2.42
17	4.451	3.59	3.2	2.96	2.81	2.7	2.614	2.55	2.49	2.45	2.41	2.38
18	4.414	3.55	3.16	2.93	2.77	2.66	2.577	2.51	2.46	2.41	2.37	2.34
19	4.381	3.52	3.13	2.9	2.74	2.63	2.544	2.48	2.42	2.38	2.34	2.31
20	4.351	3.49	3.1	2.87	2.71	2.6	2.514	2.45	2.39	2.35	2.31	2.28
21	4.325	3.47	3.07	2.84	2.68	2.57	2.488	2.42	2.37	2.32	2.28	2.25
22	4.301	3.44	3.05	2.82	2.66	2.55	2.464	2.4	2.34	2.3	2.26	2.23
23	4.279	3.42	3.03	2.8	2.64	2.53	2.442	2.37	2.32	2.27	2.24	2.2
24	4.26	3.4	3.01	2.78	2.62	2.51	2.423	2.36	2.3	2.25	2.22	2.18

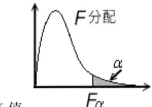

$F_{0.025,df_1,df_2}$ 值 $\alpha = 0.025$

df_2 \ df_1	1	2	3	4	5	6	7	8	9	10	11	12
1	647.8	799	864	900	922	937	948.2	957	963	969	973	977
2	38.51	39	39.2	39.2	39.3	39.3	39.36	39.4	39.4	39.4	39.4	39.4
3	17.44	16	15.4	15.1	14.9	14.7	14.62	14.5	14.5	14.4	14.4	14.3
4	12.22	10.6	9.98	9.6	9.36	9.2	9.074	8.98	8.9	8.84	8.79	8.75
5	10.01	8.43	7.76	7.39	7.15	6.98	6.853	6.76	6.68	6.62	6.57	6.52
6	8.813	7.26	6.6	6.23	5.99	5.82	5.695	5.6	5.52	5.46	5.41	5.37
7	8.073	6.54	5.89	5.52	5.29	5.12	4.995	4.9	4.82	4.76	4.71	4.67
8	7.571	6.06	5.42	5.05	4.82	4.65	4.529	4.43	4.36	4.3	4.24	4.2
9	7.209	5.71	5.08	4.72	4.48	4.32	4.197	4.1	4.03	3.96	3.91	3.87
10	6.937	5.46	4.83	4.47	4.24	4.07	3.95	3.85	3.78	3.72	3.66	3.62
11	6.724	5.26	4.63	4.28	4.04	3.88	3.759	3.66	3.59	3.53	3.47	3.43
12	6.554	5.1	4.47	4.12	3.89	3.73	3.607	3.51	3.44	3.37	3.32	3.28
13	6.414	4.97	4.35	4	3.77	3.6	3.483	3.39	3.31	3.25	3.2	3.15
14	6.298	4.86	4.24	3.89	3.66	3.5	3.38	3.29	3.21	3.15	3.09	3.05
15	6.2	4.77	4.15	3.8	3.58	3.41	3.293	3.2	3.12	3.06	3.01	2.96
16	6.115	4.69	4.08	3.73	3.5	3.34	3.219	3.12	3.05	2.99	2.93	2.89
17	6.042	4.62	4.01	3.66	3.44	3.28	3.156	3.06	2.98	2.92	2.87	2.82
18	5.978	4.56	3.95	3.61	3.38	3.22	3.1	3.01	2.93	2.87	2.81	2.77
19	5.922	4.51	3.9	3.56	3.33	3.17	3.051	2.96	2.88	2.82	2.76	2.72
20	5.871	4.46	3.86	3.51	3.29	3.13	3.007	2.91	2.84	2.77	2.72	2.68
21	5.827	4.42	3.82	3.48	3.25	3.09	2.969	2.87	2.8	2.73	2.68	2.64
22	5.786	4.38	3.78	3.44	3.22	3.05	2.934	2.84	2.76	2.7	2.65	2.6
23	5.75	4.35	3.75	3.41	3.18	3.02	2.902	2.81	2.73	2.67	2.62	2.57
24	5.717	4.32	3.72	3.38	3.15	2.99	2.874	2.78	2.7	2.64	2.59	2.54

Poisson 分配表 $P(X = x) = \dfrac{e^{-\lambda}\lambda^{x}}{x!}$

					1					
x	0.1	0.2	0.3	0.4	0.5	0.6	0.7	0.8	0.9	1
0	0.9048	0.8187	0.7408	0.6703	0.6065	0.5488	0.4966	0.4493	0.4066	0.3679
1	0.0905	0.1637	0.2222	0.2681	0.3033	0.3293	0.3476	0.3595	0.3659	0.3679
2	0.0045	0.0164	0.0333	0.0536	0.0758	0.0988	0.1217	0.1438	0.1647	0.1839
3	0.0002	0.0011	0.0033	0.0072	0.0126	0.0198	0.0284	0.0383	0.0494	0.0613
4	4E-06	5E-05	0.0003	0.0007	0.0016	0.003	0.005	0.0077	0.0111	0.0153
5	8E-08	2E-06	2E-05	6E-05	0.0002	0.0004	0.0007	0.0012	0.002	0.0031

					1					
x	1.1	1.2	1.3	1.4	1.5	1.6	1.7	1.8	1.9	2
0	0.3329	0.3012	0.2725	0.2466	0.2231	0.2019	0.1827	0.1653	0.1496	0.1353
1	0.3662	0.3614	0.3543	0.3452	0.3347	0.323	0.3106	0.2975	0.2842	0.2707
2	0.2014	0.2169	0.2303	0.2417	0.251	0.2584	0.264	0.2678	0.27	0.2707
3	0.0738	0.0867	0.0998	0.1128	0.1255	0.1378	0.1496	0.1607	0.171	0.1804
4	0.0203	0.026	0.0324	0.0395	0.0471	0.0551	0.0636	0.0723	0.0812	0.0902
5	0.0045	0.0062	0.0084	0.0111	0.0141	0.0176	0.0216	0.026	0.0309	0.0361
6	0.0008	0.0012	0.0018	0.0026	0.0035	0.0047	0.0061	0.0078	0.0098	0.012
7	0.0001	0.0002	0.0003	0.0005	0.0008	0.0011	0.0015	0.002	0.0027	0.0034
8	2E-05	3E-05	6E-05	9E-05	0.0001	0.0002	0.0003	0.0005	0.0006	0.0009
9	2E-06	4E-06	8E-06	1E-05	2E-05	4E-05	6E-05	9E-05	0.0001	0.0002

					1					
x	2.1	2.2	2.3	2.4	2.5	2.6	2.7	2.8	2.9	3
0	0.1225	0.1108	0.1003	0.0907	0.0821	0.0743	0.0672	0.0608	0.055	0.0498
1	0.2572	0.2438	0.2306	0.2177	0.2052	0.1931	0.1815	0.1703	0.1596	0.1494
2	0.27	0.2681	0.2652	0.2613	0.2565	0.251	0.245	0.2384	0.2314	0.224
3	0.189	0.1966	0.2033	0.209	0.2138	0.2176	0.2205	0.2225	0.2237	0.224
4	0.0992	0.1082	0.1169	0.1254	0.1336	0.1414	0.1488	0.1557	0.1622	0.168
5	0.0417	0.0476	0.0538	0.0602	0.0668	0.0735	0.0804	0.0872	0.094	0.1008
6	0.0146	0.0174	0.0206	0.0241	0.0278	0.0319	0.0362	0.0407	0.0455	0.0504
7	0.0044	0.0055	0.0068	0.0083	0.0099	0.0118	0.0139	0.0163	0.0188	0.0216
8	0.0011	0.0015	0.0019	0.0025	0.0031	0.0038	0.0047	0.0057	0.0068	0.0081
9	0.0003	0.0004	0.0005	0.0007	0.0009	0.0011	0.0014	0.0018	0.0022	0.0027

Wilcoxon T 臨界值

單尾	雙尾	$n = 8$	$n = 9$	$n = 10$	$n = 11$	$n = 12$
$\alpha = 0.05$	$\alpha = 0.10$	6	8	11	14	17
$\alpha = 0.025$	$\alpha = 0.05$	4	6	8	11	14
$\alpha = 0.01$	$\alpha = 0.02$	2	3	5	7	10
$\alpha = 0.005$	$\alpha = 0.01$	0	2	3	5	7
單尾	雙尾	$n = 13$	$n = 14$	$n = 15$	$n = 16$	$n = 17$
$\alpha = 0.05$	$\alpha = 0.10$	21	26	30	36	41
$\alpha = 0.025$	$\alpha = 0.05$	17	21	25	30	35
$\alpha = 0.01$	$\alpha = 0.02$	13	16	20	24	28
$\alpha = 0.005$	$\alpha = 0.01$	10	13	16	19	23
單尾	雙尾	$n = 18$	$n = 19$	$n = 20$	$n = 21$	$n = 22$
$\alpha = 0.05$	$\alpha = 0.10$	47	54	60	68	75
$\alpha = 0.025$	$\alpha = 0.05$	40	46	52	59	66
$\alpha = 0.01$	$\alpha = 0.02$	33	38	43	49	56
$\alpha = 0.005$	$\alpha = 0.01$	28	32	37	43	49
單尾	雙尾	$n = 23$	$n = 24$	$n = 25$	$n = 26$	$n = 27$
$\alpha = 0.05$	$\alpha = 0.10$	83	92	101	110	120
$\alpha = 0.025$	$\alpha = 0.05$	73	81	90	98	107
$\alpha = 0.01$	$\alpha = 0.02$	62	69	77	85	93
$\alpha = 0.005$	$\alpha = 0.01$	55	68	68	76	84

Wilcoxon W 臨界值（獨立兩母體）

$\alpha = 0.05$ 雙尾

n2 \ n1	3		4		5		6		7		8		9		10	
	W_L	W_L	W_L	W_L	W_L	W_L	W_L	W_L	W_L	W_L	W_L	W_L	W_L	W_L	W_L	W_L
3	5	16	6	18	6	21	7	23	7	26	8	28	8	31	9	33
4	6	18	11	25	12	28	12	32	13	35	14	38	15	41	16	44
5	6	21	12	28	18	37	18	41	20	45	21	49	22	53	24	56
6	7	23	12	32	19	41	19	52	28	56	29	61	31	65	32	70
7	7	26	13	35	20	45	20	56	37	68	39	73	41	78	43	83
8	8	28	14	38	21	49	21	61	39	73	49	87	51	93	54	98
9	8	31	15	41	22	53	22	65	41	78	51	93	63	108	66	114
10	9	33	16	44	24	56	24	70	43	83	54	98	66	114	79	131

Spearman's 等級相關係數臨界值

顯著水準（此處 α 均為雙尾）

n	$\alpha = 0.1$	$\alpha = 0.05$	$\alpha = 0.02$	$\alpha = 0.01$
8	0.643	0.738	0.833	0.881
9	0.600	0.683	0.783	0.833
10	0.564	0.648	0.745	0.794
11	0.523	0.623	0.736	0.818
12	0.497	0.591	0.703	0.780
13	0.475	0.566	0.673	0.745
14	0.457	0.545	0.646	0.716
15	0.441	0.525	0.623	0.689
16	0.425	0.507	0.601	0.666
17	0.412	0.490	0.582	0.645
18	0.399	0.476	0.564	0.625
19	0.388	0.462	0.549	0.608
20	0.377	0.450	0.534	0.591
21	0.368	0.438	0.521	0.576
22	0.359	0.428	0.508	0.562
23	0.351	0.418	0.496	0.549
24	0.343	0.409	0.485	0.537
25	0.336	0.400	0.475	0.526
26	0.329	0.392	0.465	0.515
27	0.323	0.385	0.456	0.505
28	0.317	0.377	0.448	0.496
29	0.311	0.370	0.440	0.487
30	0.305	0.364	0.432	0.478

第三節　執行系統

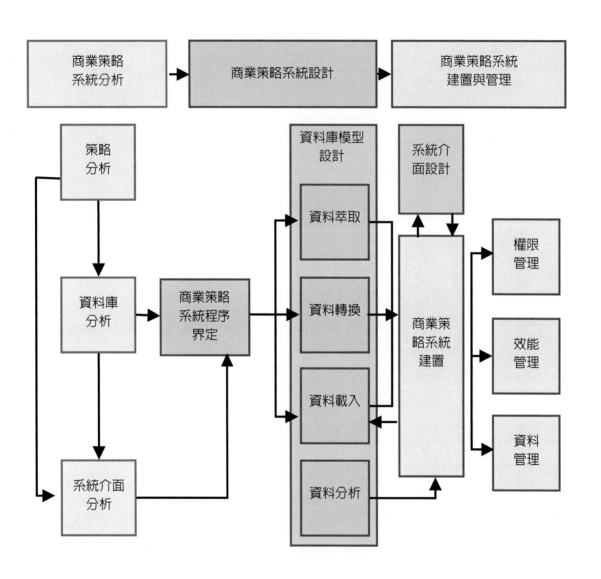

第四節　執行證書

BSM Certificate
商業策略管理證書

This is to certify that _____

has passed the necessary rating process

and has the right to bear the Foundation Level of Business Strategy

Management (BSM)

茲證明_____已通過評等審查，特授予商業策略管理證書

Certificate Authority

授證人

Lawton Yeh

/ /

附錄一　作者簡介

一、職務經歷

(一) 香港匯豐銀行　資深行員

(二) 佳格食品（股）公司　征信專員

(三) 信用風險管理協會　監事

(四) 企業風險管理協會　秘書長

(五) 德記洋行（股）公司風險管理　經理

(六) 輸入業環境保護基金會　董事

(七) 美商鄧白氏（D&B）公司　風險管理顧問

(八) 禾伸堂企業（股）公司總經理室　經理（現職）

二、學歷著作

(一) 北京中國政法大學法律博士

(二) 澳洲國立南澳大學企管碩士

(三)《企業風險管理》

(四)《商業策略管理》

(五)《企業商事仲裁策略模型的理論與實務》

(六)《知識產權保護模式研究》

三、電子信箱 lawtonyeh@gmail.com

四、工作經歷

(一) 香港匯豐銀行「法律催收訓練」課程講師

(二) 企業風險管理協會「企業風險管理師」課程講師

(三) 臺灣中信銀「供應鏈融資項目」

(四) 上海招商銀「供應鏈融資項目」

(五) 德記洋行（股）公司「代理風險管理專案」

(六) 德記洋行（股）公司「大陸 ERP 導入專案」

(七) 廣達電腦（股）公司「企業信用管理專案」

(八) 友達光電（股）公司「企業信用管理專案」

(九) 美商鄧白氏（D&B）「企業信用管理師」課程講師

(十) 統一東京（股）公司「企業信用管理」課程講師

(十一) 中小企業信用保證基金「企業信用管理」座談會講師

(十二) 景文技術學院學分班「企業風險管理」課程講師

(十三) 甲山林廣告（股）公司「企業風險管理」座談會講師

(十四) 禾伸堂企業（股）公司「合約管理系統專案」

(十五) 禾伸堂企業（股）公司「信用管理系統專案」

(十六) 禾伸堂企業（股）公司「財產保險整合專案」

(十七) 禾伸堂企業（股）公司「企業風險管理模式」講師

(十八) 淡大保險研究所「企業風險策略」座談會講師

(十九) 政治大學「商業策略管理」座談會講師

(二十) 學學文創志業（股）公司「文創業量化模型提案」

(二十一) 禾伸堂企業（股）公司「商業決策系統建置」

附錄二　統計術語

統計學	Statistics
因數	Elements
觀察值	Observation
變數	Variable
母體	Population
樣本	Sample
質化資料	Qualitative data
量化資料	Quantitative data
資料分析	Data analysis
統計表	Statistical table
統計圖	Statistical chart
圓圓形圖	Pie chart
莖葉圖	Stem-and-leaf display
盒須圖	Box plot
直方圖	Histogram
長條圖	Bar Chart
次數多邊圖	Polygon
肩形圖	Ogive
累積次數分佈	Cumulative frequency distribution
累積相對次數分佈	Cumulative relative frequency distribution
累積百分次數分佈	Cumulative percent frequency distribution
敍述統計學	Descriptive statistics

平均數	Mean
中位數	Median
加權平均	Weighted mean
眾數	Mode
變異數	Variance
標準差	Standard deviation
共變異數矩陣	Covariance matrix
四分位	Quartiles
四分位距	Interquartile range (IQR)
百分位	Percentile
百分次數分佈	Percent frequency distribution
柴比雪夫定理	Chebyshev's theorem
變異係數	Coefficient of variation
相關係數	Correlation coefficient
交叉列表	Cross table
共變異數	Covariance
經驗法則	Empirical rule
探索性資料分析	Exploratory data analysis
次數分佈	Frequency distribution
群組資料	Grouped data
離群值	Outlier
全距	Range
相對次數分佈	Relative frequency distribution
貝氏定理	Bayes' theorem
二項式實驗	Binomial experiment
機率	Probability

古典機率法	Classical method
樣本空間	Sample space
樣本點	Sample point
事件	Event
期望值	Expectation
實驗	Experiment
A 的補集	Complement of event A
A 與 B 的交集	Interaction of A and B
A 與 B 的聯集	Union of events A and B
事後機率	Posterior probabilities
事前機率	Prior probabilities
獨立事件	Independent events
不相交事件	Mutually exclusive events
條件機率	Conditional probability
相對次數法	Relative frequency method
樹狀圖	Tree diagram
變異數（隨機變數）	Variance (random variable)
標準差（隨機變數）	Standard deviation (random variable)
Venn 圖表	Venn diagram
推論統計學	Inferential statistics
點估計	Point estimation
區間估計	Interval estimation
信賴區間	Confidence interval
信賴係數	Confidence coefficient
信賴水準	Confidence level
區間估計	Interval estimate

顯著水準	Level of significance (confidence interval)
邊際誤差	Margin of error
t 分佈	t distribution
統計假設檢定	Testing statistical hypothesis
對立假設	Alternative hypothesis
關鍵值	Critical value
虛無假設	Null hypothesis
單邊檢定	One-tailed test
雙邊檢定	Two-tailed test
P 值	p-value
型 I 誤差	Type I error
型 II 誤差	Type II error
列聯表	Contingency table
獨立樣本	Independent samples
成對樣本	Matched samples
抽樣調查	Sampling survey
中央極限定理	Central limit theorem
有限母體	Finite population
無窮母體	Infinite population
普查	Census
抽樣	Sampling
抽樣分佈	Sampling distribution
信度	Reliability
效度	Validity
不可置換抽樣	Sampling without replacement
可置換抽樣	Sampling with replacement

抽樣誤差	Sampling error
非抽樣誤差	Non-sampling error
隨機抽樣	Random sampling
簡單隨機抽樣法	Simple random sampling
分層抽樣法	Stratified sampling
群集抽樣法	Cluster sampling
系統抽樣法	Systematic sampling
兩段隨機抽樣法	Two-stage random sampling
便利抽樣	Convenience sampling
配額抽樣	Quota sampling
雪球抽樣	Snowball sampling
標準誤	Standard error
無母數統計	Nonparametric statistics
等級檢定	The sign test
Spearman 等級相關檢定	Spearmann's rank correlation test
魏克森訊號等級檢定	Wilcoxon signed rank tests
魏克森等級和檢定	Wilcoxon rank sum tests
Mann-Witeney 檢定	Mann-Witeney tests
Kruskal-Wallis 檢定	Kruskal-Wallis tests
連檢定法	Run test
機率密度函數	Probability density function
機率分佈	Probability distribution
機率函數	Probability function
隨機變數	Random variable
離散隨機變數	Discrete random variable
離散的均勻密度	Discrete uniform densities

二項密度	Binomial densities
二項式機率分佈	Binomial probability distribution
超幾何密度	Hypergeometric densities
超幾何分佈	Hypergeometric probability distribution
波松密度	Poisson densities
波松機率分佈	Poisson probability distribution
幾何密度	Geometric densities
負二項密度	Negative binomial densities
連續隨機變數	Continuous random variable
連續均勻密度	Continuous uniform densities
均勻機率分佈	Uniform probability distribution (discrete)
常態密度	Normal densities
常態機率分佈	Normal probability distribution
標準常態機率分佈	Standard normal probability distribution
指數密度	Exponential densities
指數機率分佈	Exponential probability distribution
伽瑪密度	Gamma densities
貝他密度	Beta densities
決定係數	Coefficient of determination
因變數	Dependent variable
自變數	Independent variable
最小平方法	Least squares method
均方誤差	Mean square error
預測信賴估計	Prediction interval estimate
回歸分析	Regression analysis
殘差	Residual

簡單線性回歸	Simple linear regression
多重回歸	Multiple regression
變異數分析	Analysis of variance
變異數分析表	ANOVA table
多變數分析	Multivariate analysis
主因數分析	Principal components
區別分析	Discrimination analysis
群集分析	Cluster analysis
因素分析	Factor analysis
決策理論	Decision theory
羅吉斯回歸	Logistic regression
存活分析	Survival analysis
時間序列資料	Time series data
時間序列分析	Time series analysis
線性模式	Linear models
品質工程	Quality engineering
機率論	Probability theory
統計計算	Statistical computing
統計推論	Statistical inference
隨機過程	Stochastic processes
決策理論	Decision theory
離散分析	Discrete analysis
數理統計	Mathematical statistics

附錄三　商業法規

商業會計法（2006 年 05 月 24 日修正）

第一章　總則

第 1 條　　商業會計事務之處理，依本法之規定。公營事業會計事務之處理，除其他法律另有規定者外，適用本法之規定。

第 2 條　　本法所稱商業，指以營利為目的之事業；其範圍依商業登記法、公司法及其他法律之規定。本法所稱商業會計事務之處理，係指商業從事會計事項之辨認、衡量、記載、分類、彙總，及據以編製財務報表。

第 3 條　　本法所稱主管機關：在中央為經濟部；在直轄市為直轄市政府；在縣（市）為縣（市）政府。

主管機關之權責劃分如下：

一、中央主管機關：

(一) 商業會計法令與政策之制（訂）定及宣導。

(二) 受理登記之公司，其商業會計事務之管理。

二、直轄市主管機關：中央主管機關委辦登記之公司及受理登記之商業，其商業會計事務之管理。

三、縣（市）主管機關：受理登記之商業，其商業會計事務之管理。

第 4 條　　本法所定商業負責人之範圍，依公司法、商業登記法及其他法律有關之規定。

第 5 條　　商業會計事務之處理，應置會計人員辦理之。公司組織之商業，其主辦會計人員之任免，在股份有限公司，應由董事會以董事過半數之出席，及出席董事過半數之同意；在有限公司，應有全體股東過半數之同意；在無限公司、兩合公司，應有全體無限責任股東過半數之同意。前項主辦會計人員之任免，公司章程有較高規定者，從其規定。會計人員應依法處理會計事務，其離職或變更職務時，應於五日內辦理交代。商業會計事務之

處理，得委由會計師或依法取得代他人處理會計事務資格之人處理之；公司組織之商業，其委託處理商業會計事務之程式，準用第二項及第三項規定。

第 6 條　　商業以每年一月一日起至十二月三十一日止為會計年度。但法律另有規定，或因營業上有特殊需要者，不在此限。

第 7 條　　商業應以國幣為記帳本位，至因業務實際需要，而以外國貨幣記帳者，仍應在其決算報表中，將外國貨幣折合國幣。

第 8 條　　商業會計之記載，除記帳數字適用阿拉伯字外，應以我國文字為之；其因事實上之需要，而須加註或併用外國文字，或當地通用文字者，仍以我國文字為準。

第 9 條　　商業之支出達一定金額者，應使用匯票、本票、支票、劃撥、電匯、轉帳或其他經主管機關核定之支付工具或方法，並載明受款人。前項之一定金額，由中央主管機關公告之。

第 10 條　　會計基礎採用權責發生制；在平時採用現金收付制者，俟決算時，應照權責發生制予以調整。所謂權責發生制，係指收益於確定應收時，費用於確定應付時，即行入帳。決算時收益及費用，並按其應歸屬年度作調整分錄。所稱現金收付制，係指收益於收入現金時，或費用於付出現金時，始行入帳。

第 11 條　　凡商業之資產、負債或業主權益發生增減變化之事項，稱為會計事項。會計事項涉及商業本身以外之人，而與之發生權責關係者，為對外會計事項；不涉及商業本身以外之人者，為內部會計事項。會計事項之記錄，應用雙式簿記方法為之。

第 12 條　　中央主管機關得訂定商業通用會計制度規範。同性質之商業，得由同業公會訂定其業別之會計制度規範，報請中央主管機關備查。商業得依其實際業務情形、會計事務之性質、內部控制及管理上之需要，訂定其會計制度。

第 13 條　　商業通用之會計憑證、會計科目、帳簿及財務報表，其名稱、格式及財務報表編製方法等有關規定之商業會計處理準則，由中央主管機關定之。

第二章　會計憑證

第 14 條　會計事項之發生，均應取得、給予或自行編製足以證明之會計憑證。

第 15 條　商業會計憑證分下列二類：

一、原始憑證：證明會計事項之經過，而為造具記帳憑證所根據之憑證。

二、記帳憑證：證明處理會計事項人員之責任，而為記帳所根據之憑證。

第 16 條　原始憑證，其種類規定如下：

一、外來憑證：係自其商業本身以外之人所取得者。

二、對外憑證：係給與其商業本身以外之人者。

三、內部憑證：係由其商業本身自行製存者。

第 17 條　記帳憑證，其種類規定如下：

一、收入傳票。

二、支出傳票。

三、轉帳傳票。

前項所稱轉帳傳票，得視事實需要，分為現金轉帳傳票及分錄轉帳傳票。各種傳票，得以顏色或其他方法區別之。

第 18 條　商業應根據原始憑證，編製記帳憑證，根據記帳憑證，登入會計帳簿。但整理結算及結算後轉入帳目等事項，得不檢附原始憑證。商業會計事務較簡或原始憑證已符合記帳需要者，得不另製記帳憑證，而以原始憑證，作為記帳憑證。

第 19 條　對外會計事項應有外來或對外憑證；內部會計事項應有內部憑證以資證明。原始憑證因事實上限制無法取得，或因意外事故毀損、缺少或滅失者，除依法令規定程式辦理外，應根據事實及金額作成憑證，由商業負責人或其指定人員簽名或蓋章，憑以記帳。無法取得原始憑證之會計事項，商業負責人得令經辦及主管該事項之人員，分別或共同證明。

第三章　會計帳簿

第 20 條　會計帳簿分下列二類：

一、序時帳簿：以會計事項發生之時序為主而為記錄者。

二、分類帳簿：以會計事項歸屬之會計科目為主而記錄者。

第 21 條　　　序時帳簿分下列二種：

　　　　　　　一、普通序時帳簿：以對於一切事項為序時登記或並對於特種序時帳項之結數為序時登記而設者，如日記簿或分錄簿等屬之。

　　　　　　　二、特種序時帳簿：以對於特種事項為序時登記而設者，如現金簿、銷貨簿、進貨簿等屬之。

第 22 條　　　分類帳簿分下列二種：

　　　　　　　一、總分類帳簿：為記載各統馭科目而設者。

　　　　　　　二、明細分類帳簿：為記載各統馭科目之明細科目而設者。

第 23 條　　　商業必須設置之會計帳簿，為普通序時帳簿及總分類帳簿。製造業或營業範圍較大者，並得設置記錄成本之帳簿，或必要之特種序時帳簿及各種明細分類帳簿。但其會計制度健全，使用總分類帳科目日計表者，得免設普通序時帳簿。

第 24 條　　　商業所置會計帳簿，均應按其頁數順序編號，不得毀損。

第 25 條　　　商業應設置會計帳簿目錄，記明其設置使用之帳簿名稱、性質、啟用停用日期，由商業負責人及經辦會計人員會同簽名或蓋章。

第 26 條　　　商業會計帳簿所記載之人名帳戶，應載明其人之真實姓名，並應在分戶帳內註明其住所，如為共有人之帳戶，應載明代表人之真實姓名及住所。商業會計帳簿所記載之財物帳戶，應載明其名稱、種類、價格、數量及其存置地點。

第四章　會計科目及財務報表

第 27 條　　　會計科目，除法律另有規定外，分下列九類：

　　　　　　　一、資產類：指流動資產、基金及長期投資、固定資產、遞耗資產、無形資產、其他資產等項。

　　　　　　　二、負債類：指流動負債、長期負債、其他負債等項。

　　　　　　　三、業主權益類：指資本或股本、公積、盈虧等項。

　　　　　　　四、營業收入類：指銷貨收入、勞務收入、業務收入、其他營業收入等項。

五、營業成本類：指銷貨成本、勞務成本、業務成本、其他營業成本等項。

六、營業費用類：指推銷費用、管理及總務費用等項。

七、營業外收益及費損類：指營業外收益、營業外費損等項。

八、非常損益類：指性質特殊且非經常發生之項目。

九、所得稅：指本期應認列之所得稅費用或所得稅利益。

前項會計科目之分類，商業得視實際需要增減之。

第 28 條　財務報表包括下列各種：

一、資產負債表。

二、損益表。

三、現金流量表。

四、業主權益變動表或累積盈虧變動表或盈虧撥補表。

前項各款報表應予必要之註釋，並視為財務報表之一部分。第一項各款之財務報表，商業得視實際需要，另編各科目明細表及成本計算表。

第 29 條　前條第二項所稱財務報表必要之註釋，指下列事項：

一、聲明財務報表依照本法、本法授權訂定之法規命令編製。

二、重要會計政策之彙總說明及衡量基礎。

三、會計方法之變更，其理由及對財務報表之影響。

四、債權人對於特定資產之權利。

五、資產與負債區分流動與非流動之分類標準。

六、重大之承諾事項及或有負債。

七、盈餘分配所受之限制。

八、業主權益之重大事項。

九、重大之期後事項。

十、其他為避免閱讀者誤解或有助於財務報表之公正表達所必要說明之事項。

前項應加註釋之事項，得於財務報表上各有關科目後以括弧列明，或以附註或附表方式為之。

第 30 條　財務報表之編製，依會計年度為之。但另編之各種定期及不定期報表，不在此限。

第 31 條　財務報表上之科目，得視事實需要，或依法律規定，作適當之分類及歸併，前後期之科目分類必須一致；上期之科目分類與本期不一致時，應重新予以分類並附註說明之。

第 32 條　年度財務報表之格式，除新成立之商業外，應採二年度對照方式，以當年度及上年度之金額併列表達。

第五章　會計事務處理程式

第 33 條　非根據真實事項，不得造具任何會計憑證，並不得在會計帳簿表冊作任何記錄。

第 34 條　會計事項應按發生次序逐日登帳，至遲不得超過二個月。

第 35 條　記帳憑證及會計帳簿，應由代表商業之負責人、經理人、主辦及經辦會計人員簽名或蓋章負責。但記帳憑證由代表商業之負責人授權經理人、主辦或經辦會計人員簽名或蓋章者，不在此限。

第 36 條　會計憑證，應按日或按月裝訂成冊，有原始憑證者，應附於記帳憑證之後。會計憑證為權責存在之憑證或應予永久保存或另行裝訂較便者，得另行保管。但須互註日期及編號。

第 37 條　對外憑證之繕製，應至少自留副本或存根一份；副本或存根上所記該事項之要點及金額，不得與正本有所差異。前項對外憑證之正本或存根均應依次編定字號，並應將其副本或存根，裝訂成冊；其正本之誤寫或收回作廢者，應將其粘附於原號副本或存根之上，其有缺少或不能收回者，應在其副本或存根上註明其理由。

第 38 條　各項會計憑證，除應永久保存或有關未結會計事項者外，應於年度決算程序辦理終了後，至少保存五年。各項會計帳簿及財務報表，應於年度決算程式辦理終了後，至少保存十年。但有關未結會計事項者，不在此限。

第 39 條　會計事項應取得並可取得之會計憑證，如因經辦或主管該項人員之故意或過失，致該項會計憑證毀損、缺少或滅失而致商業遭受損害時，該經辦或主管人員應負賠償之責。

第 40 條　　商業得使用電子方式處理全部或部分會計資料；其有關內部控制、輸入資料之授權與簽章方式、會計資料之儲存、保管、更正及其他相關事項之辦法，由中央主管機關定之。採用電子方式處理會計資料者，得不適用第三十六條第一項及第三十七條第二項規定。

第六章　入帳基礎

第 41 條　　各項資產以取得、製造或建造時之實際成本為入帳原則。所稱實際成本，凡資產出價取得者，指其取得價格及自取得至適於營業上使用或出售之一切必要而合理之支出；其自行製造或建造者，指自行製造或建造，以至適於營業上使用或出售所發生之直接成本及應分攤之間接費用。

第 42 條　　資產之取得以現金以外之其他資產或承擔負債交換者，以公平價值入帳為原則。公平價值無法可靠衡量時，按換出資產之帳面金額加支付之現金，或減去收到之現金，作為換入資產成本。

　　受贈資產按公平價值入帳，並視其性質列為資本公積、收入或遞延收入；無公平價值時，得以適當評價計算之。所稱公平價值者，係指交易雙方對交易事項已充分瞭解並有成交意願，在正常交易下據以達成資產交換或負債清償之金額。

第 43 條　　商品存貨、存料、在製品、製成品、副產品等存貨之評價，以實際成本為原則；成本高於市價時，應以市價為準。跌價損失應列當期損失。前項成本得按存貨之種類或性質，採用個別辨認法、先進先出法、後進先出法、加權平均法、移動平均法或其他經主管機關核定之方法計算之。所稱個別辨認法，係指個別存貨以其實際成本，作為領用或售出之成本。所稱先進先出法，係指同種類或同性質之存貨，依照取得次序，以其最先進入部分之成本，作為最先領用，或售出部分之成本。所稱後進先出法，係指同種類或同性質之存貨，依照取得次序倒算，以其最後進入部分之成本，作為最先領用或售出部分之成本。所稱加權平均法，係指同種類或同性質之存貨，本期各批取得總價額與期初餘額之和，除以該項存貨本期各批取得數量與期初數量之和，所得之平均單價，作為本期領用或售出部分之成本。所稱移動平均法，係指同種類或同性質之存貨，各次取得之數量及價

格，與其前存餘額，合併計算所得之加權平均單價，作為領用或售出部分之平均單位成本。

第44條　　　有價證券投資之入帳以取得時之實際成本為原則，並準用前條規定之存貨成本計算方法。有價證券投資應視其性質採公平價值、成本、攤銷後成本之方法評價。具有控制能力或重大影響力之長期股權投資，採用權益法評價。前項所稱權益法，係指被投資公司股東權益發生增減變化時，投資公司應依投資比例增減投資之帳面價值，並依其性質作為投資損益或資本公積。

第45條　　　各項債權之評價應以扣除估計之備抵呆帳後之餘額為準，並分別設置備抵呆帳科目；其已確定為呆帳者，應即以所提備抵呆帳沖轉有關債權科目。備抵呆帳不足沖轉時，不足之數應以當期損失列帳。因營業而發生之應收帳款及應收票據，應與非因營業而發生之應收帳款及應收票據分別列示。

第46條　　　折舊性固定資產，應設置累計折舊科目，列為各該資產之減項。固定資產之折舊，應逐年提列。固定資產計算折舊時，應預估其殘值，其依折舊方法應先減除殘值者，以減除殘值後之餘額為計算基礎。固定資產耐用年限屆滿，仍可繼續使用者，得就殘值繼續提列折舊。

第47條　　　固定資產之折舊方法，以採用平均法、定率遞減法、年數合計法、生產數量法、工作時間法或其他經主管機關核定之折舊方法為準；資產種類繁多者，得分類綜合計算之。所稱平均法，係指依固定資產之估計使用年數，每期提相同之折舊額。所稱定率遞減法，係指依固定資產之估計使用年數，按公式求出其折舊率，每年以固定資產之帳面價值，乘以折舊率計算其當年之折舊額。所稱年數合計法，係指以固定資產之應折舊總額，乘以一遞減之分數，其分母為使用年數之合計數，分子則為各使用年次之相反順序，求得各該項之折舊額。所稱生產數量法，係指以固定資產之估計總生產量，除其應折舊之總額，算出一單位產量應負擔之折舊額，乘以每年實際之生產量，求得各該期之折舊額。所稱工作時間法，係指以固定資產之估計全部使用時間除其應折舊之總額，算出一單位工作時間應負擔之折舊額，乘以每年實際使用之工作總時間，求得各該期之折舊額。

第 48 條　　　支出之效益及於以後各期者，列為資產。其效益僅及於當期或無效益者，列為費用或損失。

第 49 條　遞耗資產，應設置累計折耗科目，按期提列折耗額。

第 50 條　　　購入之商譽、商標權、專利權、著作權、特許權及其他等無形資產，應以實際成本為取得成本。前項無形資產以自行發展取得者，僅得以申請登記之成本作為取得成本，其發生之研究支出及發展支出，應作為當期費用。但中央主管機關另有規定者，不在此限。無形資產之經濟效益期限可合理估計者，應按照效益存續期限攤銷；商譽及其他經濟效益期限無法合理估計之無形資產，應定期評估其價值，如有減損，損失應予認列。商業創業期間發生之費用，應作為當期費用。前項所稱創業期間，係指商業自開始籌備至所計劃之主要營業活動開始且產生重要收入前所涵蓋之期間。

第 51 條　　　固定資產、遞耗資產及無形資產，得依法令規定辦理資產重估價。自用土地得按公告現值調整之。

第 52 條　　　依前條辦理重估或調整之資產而發生之增值，應列為業主權益項下之未實現重估增值。經重估之資產，應按其重估後之價額入帳，自重估年度翌年起，其折舊、折耗或攤銷之計提，均應以重估價值為基礎。自用土地經依公告現值調整後而發生之增值，經減除估計之土地增值稅準備及其他法令規定應減除之準備後，列為業主權益項下之未實現重估增值。

第 53 條　　　預付費用應為有益於未來，確應由以後期間負擔之費用，其評價應以其有效期間未經過部分為準；用品盤存之評價，應以其未消耗部分之數額為準；其他遞延費用之評價，應以未攤銷之數額為準。

第 54 條　　　各項負債應各依其到期時應償付數額之折現值列計。但因營業或主要為交易目的而發生或預期在一年內清償者，得以到期值列計。公司債之溢價或折價，應列為公司債之加項或減項。

第 55 條　　　資本以現金以外之財物抵繳者，以該項財物之市價為標準；無市價可據時，得估計之。

第 56 條　　　會計事項之入帳基礎及處理方法，應前後一貫；其有正當理由必須變更者，應在財務報表中說明其理由、變更情形及影響。

第 57 條　　　商業在合併、分割、收購、解散、終止或轉讓時，其資產之計價應依
　　　　　　　其性質，以公平價值、帳面價值或實際成交價格為準。

第七章　損益計算

第 58 條　　　商業在同一會計年度內所發生之全部收益，減除同期之全部成本、費
　　　　　　　用及損失後之差額，為該期稅前純益或純損；再減除營利事業所得稅後，
　　　　　　　為該期稅後純益或純損。前項所稱全部收益及全部成本、費用及損失，包
　　　　　　　括結帳期間，按權責發生制應調整之各項損益及非常損益等在內。收入之
　　　　　　　抵銷額不得列為費用，費用之抵銷額不得列為收入。

第 59 條　　　營業收入應於交易完成時認列。但長期工程合約之工程損益可合理估
　　　　　　　計者，應於完工期前按完工比例法攤計列帳；分期付款銷貨收入得視其性
　　　　　　　質按毛利百分比攤算入帳；勞務收入依其性質分段提供者得分段認列。前
　　　　　　　項所稱交易完成時，在採用現金收付制之商業，指現金收付之時而言；採
　　　　　　　用權責發生制之商業，指交付貨品或提供勞務完畢之時而言。

第 60 條　　　營業成本及費用，應與所由獲得之營業收入相配合，同期認列。損失
　　　　　　　應於發生之當期認列。

第 61 條　　　商業有支付員工退休金之義務者，應於員工在職期間依法提列退休
　　　　　　　金準備、提撥與商業完全分離之退休準備金或退休基金，並認列為當期
　　　　　　　費用。

第 62 條　　　申報營利事業所得稅時，各項所得計算依稅法規定所作調整，應不影
　　　　　　　響帳面紀錄。

第 63 條　　　因防備不可預估之意外損失而提列之準備，或因事實需要而提列之改
　　　　　　　良擴充準備、償債準備及其他依性質應由保留盈餘提列之準備，不得作為
　　　　　　　提列年度之費用或損失。

第 64 條　　　商業對業主分配之盈餘，不得作為費用或損失。但具負債性質之特別
　　　　　　　股，其股利應認列為費用。

第八章　決算及審核

第 65 條　　　商業之決算，應於會計年度終了後二個月內辦理完竣；必要時得延長
　　　　　　　一個半月。

第 66 條 　　　商業每屆決算應編製下列報表：

　　　　　　一、營業報告書。

　　　　　　二、財務報表。

　　　　　　營業報告書之內容，包括經營方針、實施概況、營業計畫實施成果、營業收支預算執行情形、獲利能力分析、研究發展狀況等；其項目格式，由商業視實際需要訂定之。決算報表應由代表商業之負責人、經理人及主辦會計人員簽名或蓋章負責。

第 67 條 　　　有分支機構之商業，於會計年度終了時，應將其本、分支機構之帳目合併辦理決算。

第 68 條 　　　商業負責人應於會計年度終了後六個月內，將商業之決算報表提請商業出資人、合夥人或股東承認。商業出資人、合夥人或股東辦理前項事務，認為有必要時，得委託會計師審核。商業負責人及主辦會計人員，對於該年度會計上之責任，於第一項決算報表獲得承認後解除。但有不法或不正當行為者，不在此限。

第 69 條 　　　代表商業之負責人應將各項決算報表備置於本機構。商業之利害關係人，如因正當理由而請求查閱前項決算報表時，代表商業之負責人於不違反其商業利益之限度內，應許其查閱。

第 70 條 　　　商業之利害關係人，得因正當理由，聲請法院選派檢查員，檢查該商業之會計帳簿報表及憑證。

第九章　罰則

第 71 條 　　　商業負責人、主辦及經辦會計人員或依法受託代他人處理會計事務之人員有下列情事之一者，處五年以下有期徒刑、拘役或科或併科新臺幣六十萬元以下罰金：

　　　　　　一、以明知為不實之事項，而填製會計憑證或記入帳冊。

　　　　　　二、故意使應保存之會計憑證、會計帳簿報表滅失毀損。

　　　　　　三、偽造或變造會計憑證、會計帳簿報表內容或毀損其頁數。

　　　　　　四、故意遺漏會計事項不為記錄，致使財務報表發生不實之結果。

　　　　　　五、其他利用不正當方法，致使會計事項或財務報表發生不實之結果。

第 72 條　　　使用電子方式處理會計資料之商業，其前條所列人員或以電子方式處理會計資料之有關人員有下列情事之一者，處五年以下有期徒刑、拘役或科或併科新臺幣六十萬元以下罰金：

一、故意登錄或輸入不實資料。

二、故意毀損、滅失、塗改貯存體之會計資料，致使財務報表發生不實之結果。

三、故意遺漏會計事項不為登錄，致使財務報表發生不實之結果。

四、其他利用不正當方法，致使會計事項或財務報表發生不實之結果。

第 73 條　　　主辦、經辦會計人員或以電子方式處理會計資料之有關人員，犯前二條之罪，於事前曾表示拒絕或提出更正意見有確實證據者，得減輕或免除其刑。

第 74 條　　　未依法取得代他人處理會計事務之資格而擅自代他人處理商業會計事務者，處新臺幣十萬元以下罰金；經查獲後三年內再犯者，處一年以下有期徒刑、拘役或科或併科新臺幣十五萬元以下罰金。

第 75 條　　　未依法取得代他人處理會計事務之資格，擅自代他人處理商業會計事務而有第七十一條、第七十二條各款情事之一者，應依各該條規定處罰。

第 76 條　　　代表商業之負責人、經理人、主辦及經辦會計人員，有下列各款情事之一者，處新臺幣六萬元以上三十萬元以下罰鍰：

一、違反第二十三條規定，未設置會計帳簿。但依規定免設者，不在此限。

二、違反第二十四條規定，毀損會計帳簿頁數，或毀滅審計軌跡。

三、未依第三十八條規定期限保存會計帳簿、報表或憑證。

四、未依第六十五條規定如期辦理決算。

五、違反第六章、第七章規定，編製內容顯不確實之決算報表。

第 77 條　　　商業負責人違反第五條第一項、第二項或第五項規定者，處新臺幣三萬元以上十五萬元以下罰鍰。

第 78 條　　　代表商業之負責人、經理人、主辦及經辦會計人員，有下列各款情事之一者，處新臺幣三萬元以上十五萬元以下罰鍰：

一、違反第九條第一項規定。

二、違反第十四條規定，不取得原始憑證或給予他人憑證。

三、違反第三十四條規定，不按時記帳。

四、未依第三十六條規定裝訂或保管會計憑證。

五、違反第六十六條第一項規定，不編製報表。

六、違反第六十九條規定，不將決算報表備置於本機構或無正當理由拒絕利害關係人查閱。

第 79 條　　代表商業之負責人、經理人、主辦及經辦會計人員，有下列各款情事之一者，處新臺幣一萬元以上五萬元以下罰鍰：

一、未依第七條或第八條規定記帳。

二、違反第二十五條規定，不設置應備之會計帳簿目錄。

三、未依第三十五條規定簽名或蓋章。

四、未依第六十六條第三項規定簽名或蓋章。

五、未依第六十八條第一項規定期限提請承認。

六、規避、妨礙或拒絕依第七十條所規定之檢查。

第 80 條　　會計師或依法取得代他人處理會計事務資格之人，有違反本法第七十六條、第七十八條及第七十九條各款之規定情事之一者，應依各該條規定處罰。

第 81 條　　本法所定之罰鍰，除第七十九條第六款由法院裁罰外，由各級主管機關裁罰之。

第十章　附則

第 82 條　　小規模之合夥或獨資商業，得不適用本法之規定。前項小規模之合夥或獨資商業之認定標準，由中央主管機關斟酌各直轄市、縣（市）區內經濟情形定之。

第 83 條　　本法自公佈日施行。

美國統一商法典——第二篇　買賣

PART 1.　SHORT TITLE，GENERAL CONSTRUCTION AND SUBJECT MATTER

Uniform Commercial Code

ARTICLE　2　SALES

§ 2-101.　Short Title.

This Article shall be known and may be cited as Uniform Commercial Code-Sales.

§ 2-102.　Scope；Certain Security and Other Transactions Excluded From This Article.

Unless the context otherwise requires，this Article applies to transactions in goods；it does not apply to any transaction which although in the form of an unconditional contract to sell or present sale is intended to operate only as a security transaction nor does this Article impair or repeal any statute regulating sales to consumers，farmers or other specified classes of buyers.

§ 2-103. Definitions and Index of Definitions.

(1)　In this Article unless the context otherwise requires

(a)　"Buyer" means a person who buys or contracts to buy goods.

(b)　"Good faith" in the case of a merchant means honesty in fact and the observance of reasonable commercial standards of fair dealing in the trade.

(c)　"Receipt" of goods means taking physical possession of them.

(d)　"Seller" means a person who sells or contracts to sell goods.

(2)　Other definitions applying to this Article or to specified Parts thereof，and the sections in which they appear are：

"Acceptance"。Section 2-606.

"Banker 's credit"。Section 2-325.

"Between Merchants"。Section 2-104.

"Cancellation"。Section 2-106（4）。

"Commercial unit"　。Section 2-105.

"Confirmed credit"　。Section 2-325.

"Conforming to contract"　。Section 2-106.

"Contract for sale"　。Section 2-106.

"Cover"　。Section 2-712.

"Entrusting"　。Section 2-403.

"Financing agency"　。Section 2-104.

"Future Goods"　。Section 2-105.

"Goods"　。Section 2-105.

"Identification"　。Section 2-501.

"Installment contract"　。Section 2-612.

"Letter of Credit"　。Section 2-325.

"Lot"　。Section 2-105.

"Merchant"　。Section 2-104.

"Overseas"　。Section 2-323.

"Person in position of Seller"　。Section 2-707.

"Present sale"　。Section 2-106.

"Sale"　。Section 2-106.

"Sale on approval"　。Section 2-326.

"Sale or return"　。Section 2-326.

"Termination"　。Section 2-106.

(3)　The following definitions in other Articles apply to this Article：

"Check"　。Section 3-104.

"Consignee"　。Section 7-102.

"Consignor"　。Section 7-102.

"Consumer Goods"　。Section 9-109.

"Dishonor"　。Section 3-507.

"Draft"　。Section 3-104.

(4) In addition Article 1 contains general definitions and principles of construction and interpretation applicable throughout this Article.

§ 2-104. Definitions：“Merchant”：“Between Merchants”：“Financing Agency”。

(1) “Merchant” means a person who deals in goods of the kind or otherwise by his occupation holds himself out as having knowledge or skill peculiar to the practices or goods involved in the transaction or to whom such knowledge or skill may be attributed by his employment of an agent or broker or other intermediary who by his occupation holds himself out as having such knowledge or skill.

(2) “Financing agency” means a bank，finance company or other person who in the ordinary course of business makes advances against goods or documents of title or who by arrangement with either the seller or the buyer intervenes in ordinary course to make or collect payment due or claimed under the contract for sale，as by purchasing or paying the seller 's draft or making advances against it or by merely taking it for collection whether or not documents of title accompany the draft. “Financing agency” includes also a bank or other person who similarly intervenes between persons who are in the position of seller and buyer in respect to the goods（Section 2-707）。

(3) “Between Merchants” means in any transaction with respect to which both parties are chargeable with the knowledge or skill of merchants.

§ 2-105. Definitions：Transferability：“Goods”：“Future” Goods：“Lot”：“Commercial Unit” 。

(1) “Goods” means all things（including specially manufactured goods）which are movable at the time of identification to the contract for sale other than the money in which the price is to be paid，investment securities（Article 8）and things in action. “Goods” also includes the unborn young of animals and growing crops and other identified things attached to realty as described in the section on goods to be severed from realty（Section 2-107）。

(2) Goods must be both existing and identified before any interest in them can pass. Goods which are not both existing and identified are "future" goods. A purported present sale of future goods or of any interest therein operates as a contract to sell.

(3) There may be a sale of a part interest in existing identified goods.

(4) An undivided share in an identified bulk of fungible goods is sufficiently identified to be sold although the quantity of the bulk is not determined. Any agreed proportion of such a bulk or any quantity thereof agreed upon by number，weight or other measure may to the extent of the seller's interest in the bulk be sold to the buyer who then becomes an owner in common.

(5) "Lot" means a parcel or a single article which is the subject matter of a separate sale or delivery，whether or not it is sufficient to perform the contract.

(6) "Commercial unit" means such a unit of goods as by commercial usage is a single whole for purposes of sale and division of which materially impairs its character or value on the market or in use. A commercial unit may be a single article（as a machine）or a set of articles（as a suite of furniture or an assortment of sizes）or a quantity（as a bale，gross，or carload）or any other unit treated in use or in the relevant market as a single whole.

§ 2-106. Definitions："Contract"："Agreement"："Contract for sale"："Sale"："Present sale"："Conforming" to Contract："Termination"："Cancellation"。

(1) In this Article unless the context otherwise requires "contract" and "agreement" are limited to those relating to the present or future sale of goods. "Contract for sale" includes both a present sale of goods and a contract to sell goods at a future time. A "sale" consists in the passing of title from the seller to the buyer for a price（Section 2-401）。A "present sale" means a sale which is accomplished by the making of the contract.

(2) Goods or conduct including any part of a performance are "conforming" or conform to the contract when they are in accordance with the obligations under the contract.

(3) "Termination" occurs when either party pursuant to a power created by agreement or law puts an end to the contract otherwise than for its breach. On "termination" all obligations which are still executory on both sides are discharged but any right based on prior breach or performance survives.

(4) "Cancellation" occurs when either party puts an end to the contract for breach by the other and its effect is the same as that of "termination" except that the cancelling party also retains any remedy for breach of the whole contract or any unperformed balance.

§ 2-107. Goods to Be Severed From Realty：Recording.

(1) A contract for the sale of minerals or the like（including oil and gas）or a structure or its materials to be removed from realty is a contract for the sale of goods within this Article if they are to be severed by the seller but until severance a purported present sale thereof which is not effective as a transfer of an interest in land is effective only as a contract to sell.

(2) A contract for the sale apart from the land of growing crops or other things attached to realty and capable of severance without material harm thereto but not described in subsection（1）or of timber to be cut is a contract for the sale of goods within this Article whether the subject matter is to be severed by the buyer or by the seller even though it forms part of the realty at the time of contracting，and the parties can by identification effect a present sale before severance.

(3) The provisions of this section are subject to any third party rights provided by the law relating to realty records，and the contract for sale may be executed and recorded as a document transferring an interest in land and shall then constitute notice to third parties of the buyer's rights under the contract for sale.

合同法——第九章　買賣合同

第 130 條　　買賣合同是出賣人轉移標的物的所有權於買受人，買受人支付價款的合同。

第 131 條　　買賣合同的內容除依照本法第十二條的規定以外，還可以包括包裝方式、檢驗標準和方法、結算方式、合同使用的文字及其效力等條款。

第 132 條　　出賣的標的物，應當屬於出賣人所有或者出賣人有權處分。法律、行政法規禁止或者限制轉讓的標的物，依照其規定。

第 133 條　　標的物的所有權自標的物交付時起轉移，但法律另有規定或者當事人另有約定的除外。

第 134 條　　當事人可以在買賣合同中約定買受人未履行支付價款或者其他義務的，標的物的所有權屬於出賣人。

第 135 條　　出賣人應當履行向買受人交付標的物或者交付提取標的物的單證，並轉移標的物所有權的義務。

第 136 條　　出賣人應當按照約定或者交易習慣向買受人交付提取標的物單證以外的有關單證和資料。

第 137 條　　出賣具有知識產權的電腦軟體等標的物的，除法律另有規定或者當事人另有約定的以外，該標的物的知識產權不屬於買受人。

第 138 條　　出賣人應當按照約定的期限交付標的物。約定交付期間的，出賣人可以在該交付期間內的任何時間交付。

第 139 條　　當事人沒有約定標的物的交付期限或者約定不明確的，適用本法第六十一條、第六十二條第四項的規定。

第 140 條　　標的物在訂立合同之前已為買受人佔有的，合同生效的時間為交付時間。

第 141 條　　出賣人應當按照約定的地點交付標的物。當事人沒有約定交付地點或者約定不明確，依照本法第六十一條的規定仍不能確定的，適用下列規定：

(一) 標的物需要運輸的，出賣人應當將標的物交付給第一承運人以運交給買受人；

(二) 標的物不需要運輸，出賣人和買受人訂立合同時知道標的物在某一地點的，出賣人應當在該地點交付標的物；不知道標的物在某一地點的，應當在出賣人訂立合同時的營業地交付標的物。

第 142 條　標的物毀損、滅失的風險，在標的物交付之前由出賣人承擔，交付之後由買受人承擔，但法律另有規定或者當事人另有約定的除外。

第 143 條　因買受人的原因致使標的物不能按照約定的期限交付的，買受人應當自違反約定之日起承擔標的物毀損、滅失的風險。

第 144 條　出賣人出賣交由承運人運輸的在途標的物，除當事人另有約定的以外，毀損、滅失的風險自合同成立時起由買受人承擔。

第 145 條　當事人沒有約定交付地點或者約定不明確，依照本法第一百四十一條第二款第一項的規定標的物需要運輸的，出賣人將標的物交付給第一承運人後，標的物毀損、滅失的風險由買受人承擔。

第 146 條　出賣人按照約定或者依照本法第一百四十一條第二款第二項的規定將標的物置於交付地點，買受人違反約定沒有收取的，標的物毀損、滅失的風險自違反約定之日起由買受人承擔。

第 147 條　出賣人按照約定未交付有關標的物的單證和資料的，不影響標的物毀損、滅失風險的轉移。

第 148 條　因標的物質量不符合品質要求，致使不能實現合同目的的，買受人可以拒絕接受標的物或者解除合同。買受人拒絕接受標的物或者解除合同的，標的物毀損、滅失的風險由出賣人承擔。

第 149 條　標的物毀損、滅失的風險由買受人承擔的，不影響因出賣人履行債務不符合約定，買受人要求其承擔違約責任的權利。

第 150 條　出賣人就交付的標的物，負有保證第三人不得向買受人主張任何權利的義務，但法律另有規定的除外。

第 151 條　買受人訂立合同時知道或者應當知道第三人對買賣的標的物享有權利的，出賣人不承擔本法第一百五十條規定的義務。

第 152 條　　買受人有確切證據證明第三人可能就標的物主張權利的，可以中止支付相應的價款，但出賣人提供適當擔保的除外。

第 153 條　　出賣人應當按照約定的品質要求交付標的物。出賣人提供有關標的物質量說明的，交付的標的物應當符合該說明的品質要求。

第 154 條　　當事人對標的物的品質要求沒有約定或者約定不明確，依照本法第六十一條的規定仍不能確定的，適用本法第六十二條第一項的規定。

第 155 條　　出賣人交付的標的物不符合品質要求的，買受人可以依照本法第一百一十一條的規定要求承擔違約責任。

第 156 條　　出賣人應當按照約定的包裝方式交付標的物。對包裝方式沒有約定或者約定不明確，依照本法第六十一條的規定仍不能確定的，應當按照通用的方式包裝，沒有通用方式的，應當採取足以保護標的物的包裝方式。

第 157 條　　買受人收到標的物時應當在約定的檢驗期間內檢驗。沒有約定檢驗期間的，應當及時檢驗。

第 158 條　　當事人約定檢驗期間的，買受人應當在檢驗期間內將標的物的數量或者品質不符合約定的情形通知出賣人。買受人怠於通知的，視為標的物的數量或者品質符合約定。

　　當事人沒有約定檢驗期間的，買受人應當在發現或者應當發現標的物的數量或者品質不符合約定的合理期間內通知出賣人。買受人在合理期間內未通知或者自標的物收到之日起兩年內未通知出賣人的，視為標的物的數量或者品質符合約定，但對標的物有品質保證期的，適用品質保證期，不適用該兩年的規定。

　　出賣人知道或者應當知道提供的標的物不符合約定的，買受人不受前兩款規定的通知時間的限制。

第 159 條　　買受人應當按照約定的數額支付價款。對價款沒有約定或者約定不明確的，適用本法第六十一條、第六十二條第二項的規定。

第 160 條　　買受人應當按照約定的地點支付價款。對支付地點沒有約定或者約定不明確，依照本法第六十一條的規定仍不能確定的，買受人應當在出賣人

的營業地支付，但約定支付價款以交付標的物或者交付提取標的物單證為條件的，在交付標的物或者交付提取標的物單證的所在地支付。

第 161 條　　買受人應當按照約定的時間支付價款。對支付時間沒有約定或者約定不明確，依照本法第六十一條的規定仍不能確定的，買受人應當在收到標的物或者提取標的物單證的同時支付。

第 162 條　　出賣人多交標的物的，買受人可以接收或者拒絕接收多交的部分。買受人接收多交部分的，按照合同的價格支付價款；買受人拒絕接收多交部分的，應當及時通知出賣人。

第 163 條　　標的物在交付之前產生的孳息，歸出賣人所有，交付之後產生的孳息，歸買受人所有。

第 164 條　　因標的物的主物不符合約定而解除合同的，解除合同的效力及於從物。因標的物的從物不符合約定被解除的，解除的效力不及於主物。

第 165 條　　標的物為數物，其中一物不符合約定的，買受人可以就該物解除，但該物與他物分離使標的物的價值顯受損害的，當事人可以就數物解除合同。

第 166 條　　出賣人分批交付標的物的，出賣人對其中一批標的物不交付或者交付不符合約定，致使該批標的物不能實現合同目的的，買受人可以就該批標的物解除。

　　　　　　出賣人不交付其中一批標的物或者交付不符合約定，致使今後其他各批標的物的交付不能實現合同目的的，買受人可以就該批以及今後其他各批標的物解除。

　　　　　　買受人如果就其中一批標的物解除，該批標的物與其他各批標的物相互依存的，可以就已經交付和未交付的各批標的物解除。

第 167 條　　分期付款的買受人未支付到期價款的金額達到全部價款的五分之一的，出賣人可以要求買受人支付全部價款或者解除合同。出賣人解除合同的，可以向買受人要求支付該標的物的使用費。

第 168 條　　憑樣品買賣的當事人應當封存樣品，並可以對樣品品質予以說明。出賣人交付的標的物應當與樣品及其說明的品質相同。

第 169 條　　憑樣品買賣的買受人不知道樣品有隱蔽瑕疵的，即使交付的標的物與樣品相同，出賣人交付的標的物的品質仍然應當符合同種物的通常標準。

第 170 條　　試用買賣的當事人可以約定標的物的試用期間。對試用期間沒有約定或者約定不明確，依照本法第六十一條的規定仍不能確定的，由出賣人確定。

第 171 條　　試用買賣的買受人在試用期內可以購買標的物，也可以拒絕購買。試用期間屆滿，買受人對是否購買標的物未作表示的，視為購買。

第 172 條　　招標投標買賣的當事人的權利和義務以及招標投標程式等，依照有關法律、行政法規的規定。

第 173 條　　拍賣的當事人的權利和義務以及拍賣程式等，依照有關法律、行政法規的規定。

第 174 條　　法律對其他有償合同有規定的，依照其規定；沒有規定的，參照買賣合同的有關規定。

第 175 條　　當事人約定易貨交易，轉移標的物的所有權的，參照買賣合同的有關規定。

國家圖書館出版品預行編目

商業策略管理 / 葉長齡著.
　-- 一版. -- 臺北市：秀威資訊科技, 2009.02
　　面；　　公分. -- (商業企管類；PI0013)
　BOD 版
　ISBN 978-986-221-179-3(平裝)

　1.策略管理　　2.商業管理

494.1　　　　　　　　　　　　　　　　98002308

商業企管類　　PI0013

商業策略管理

作　　者 / 葉長齡
發 行 人 / 宋政坤
執行編輯 / 藍志成
圖文排版 / 陳湘陵
封面設計 / 唐啟堯
數位轉譯 / 徐真玉　沈裕閔
圖書銷售 / 林怡君
法律顧問 / 毛國樑　律師
出版印製 / 秀威資訊科技股份有限公司
　　　　　　台北市內湖區瑞光路 583 巷 25 號 1 樓
　　　　　　電話：02-2657-9211　　　　傳真：02-2657-9106
　　　　　　E-mail：service@showwe.com.tw
經 銷 商 / 紅螞蟻圖書有限公司
　　　　　　台北市內湖區舊宗路二段 121 巷 28、32 號 4 樓
　　　　　　電話：02-2795-3656　　　　傳真：02-2795-4100
　　　　　　http://www.e-redant.com

2009 年 2 月 BOD 一版
定價：550 元

讀　者　回　函　卡

感謝您購買本書，為提升服務品質，煩請填寫以下問卷，收到您的寶貴意見後，我們會仔細收藏記錄並回贈紀念品，謝謝！

1. 您購買的書名：＿＿＿＿＿＿＿＿＿＿＿＿＿＿＿＿＿＿＿＿

2. 您從何得知本書的消息？

　　□網路書店　□部落格　□資料庫搜尋　□書訊　□電子報　□書店

　　□平面媒體　□ 朋友推薦　□網站推薦 □其他＿＿＿＿＿＿

3. 您對本書的評價：(請填代號　1.非常滿意 2.滿意 3.尚可 4.再改進)

　　封面設計＿＿＿　版面編排＿＿＿　內容＿＿＿　文/譯筆＿＿＿　價格＿＿＿

4. 讀完書後您覺得：

　　□很有收獲　□有收獲　□收獲不多　□沒收獲

5. 您會推薦本書給朋友嗎？

　　□會　□不會，為什麼？＿＿＿＿＿＿＿＿＿＿＿＿＿＿＿＿＿＿＿

6. 其他寶貴的意見：＿＿＿＿＿＿＿＿＿＿＿＿＿＿＿＿＿＿＿＿＿＿

＿＿＿＿＿＿＿＿＿＿＿＿＿＿＿＿＿＿＿＿＿＿＿＿＿＿＿＿＿＿＿＿

＿＿＿＿＿＿＿＿＿＿＿＿＿＿＿＿＿＿＿＿＿＿＿＿＿＿＿＿＿＿＿＿

＿＿＿＿＿＿＿＿＿＿＿＿＿＿＿＿＿＿＿＿＿＿＿＿＿＿＿＿＿＿＿＿

讀者基本資料

姓名：＿＿＿＿＿＿＿＿＿＿＿＿＿　年齡：＿＿＿＿　性別：□女 □男

聯絡電話：＿＿＿＿＿＿＿＿＿　E-mail：＿＿＿＿＿＿＿＿＿＿＿

地址：＿＿＿＿＿＿＿＿＿＿＿＿＿＿＿＿＿＿＿＿＿＿＿＿＿＿＿＿

學歷：□高中(含)以下　　□高中　　□專科學校　　□大學

　　　□研究所(含)以上 □其他＿＿＿＿＿＿＿＿

職業：□製造業 □金融業 □資訊業 □軍警 □傳播業 □自由業

　　　□服務業 □公務員 □教職　　□學生 □其他＿＿＿＿＿＿

To：114

台北市內湖區瑞光路 583 巷 25 號 1 樓

秀威資訊科技股份有限公司　　　收

寄件人姓名：

寄件人地址：□□□

(請沿線對摺寄回,謝謝!)

秀威與 BOD

BOD（Books On Demand）是數位出版的大趨勢,秀威資訊率先運用 POD 數位印刷設備來生產書籍,並提供作者全程數位出版服務,致使書籍產銷零庫存,知識傳承不絕版,目前已開闢以下書系:

一、BOD 學術著作—專業論述的閱讀延伸

二、BOD 個人著作—分享生命的心路歷程

三、BOD 旅遊著作—個人深度旅遊文學創作

四、BOD 大陸學者—大陸專業學者學術出版

五、POD 獨家經銷—數位產製的代發行書籍

BOD 秀威網路書店：www.showwe.com.tw

政府出版品網路書店：www.govbooks.com.tw

永不絕版的故事・自己寫・永不休止的音符・自己唱